기초 · 전자회로

박건호 · 박영철 공저

도서출판 상 학 당

머리말

정보기술(information technology) 분야가 정보화 시대의 핵심으로 자리매김하고 있는 실정에서 이에 부응하는 전기·전자·통신에 관한 지식의 전문화 및 기술 축적이 절대적으로 필요하다. 그러나, 전기·전자·통신 공학을 학습하는데 필수적인 분야인 회로이론 및 전자회로는 학생들에게 쉬운 과목만은 결코 아니며, 더욱이 대부분의 교재들이 난해한 내용에 대한 막연한 설명으로 이내 의욕을 잃게 만들어 결국 학생들에게는 상당히 부담이 가는 과목으로 여기게끔 하고 있는 것이 현실이다.

이에 미력하나마 그 동안의 강의 경험을 토대로 이 책을 집필하여 전기·전자·통신 공학을 처음으로 접하는 학생들이 쉽게 이해할 수 있도록 기초회로 및 전자회로의 기본적인 요소를 엄선하여 필수적인 내용을 효과적으로 이해할 수 있도록 도모하였다.

이 책은 제Ⅰ편 기초회로에서는 직류회로 및 교류회로에 관한 내용을 회로의 연결 상태에 따라 구성하였으며, 제Ⅱ편 전자회로에서는 반도체를 기반으로 하는 전자회로 소자들의 특성을 중심으로 체계화하였다. 특히, 수학적 지식이 부족한 학생이라도 쉽게 이해하고 자습할 수 있도록 이론 정리 및 수식 전개에 세심한 배려를 하였으며, 반드시 익혀야 할 내용에 대해서는 별도의 예제를 마련하여 복습의 효과를 충분히 발휘하도록 하였다.

아무쪼록 이 책이 전기·전자·통신 공학을 학습하는 학생들에게 회로이론 및 전자회로 과목에 대해 자신감을 줄 수 있도록 유용하게 쓰이기를 바란다. 내용 면에서의 미흡한 점에 대해서는 선배제현들의 지도편달을 부탁드리며, 수정해야 할 부분에 대해서는 지속적으로 보완해나갈 것을 약속드린다. 여러모로 도움을 주신 교수님들께 이 지면을 빌려 감사의 말씀을 전하고, 끝으로 도서출판 상학당 사장님과 편집부 여러분의 노고에 감사를 드린다.

저자 씀

차 례

제 I 편
기초회로 11

제 I 편

기초회로

제 1 장 전자공학 개론

1-1. 전기 · 전자 공학의 적용

1-1-1. 컴퓨터 분야

Compute(계산하다) + -(e)r(기계) ; PC(Personal Computer)를 중심으로 정리

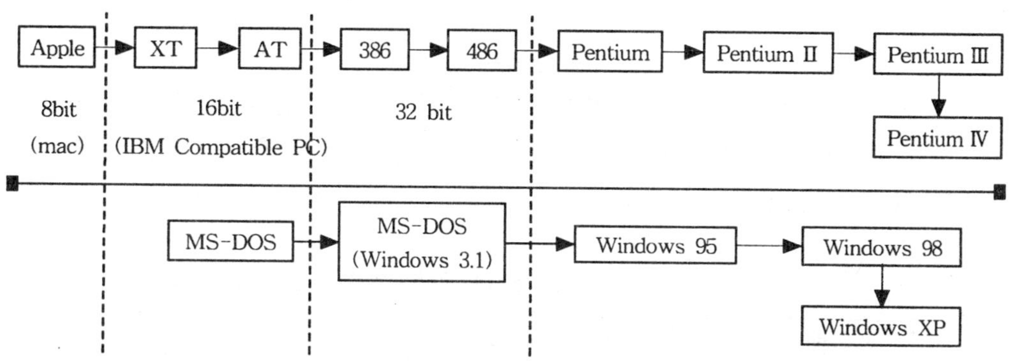

[그림 1-1] PC의 하드웨어 및 소프트웨어의 변천

1-1-2. 통신 분야

① 유선통신(wire communication) ; 전화기

② 무선통신(wireless communication) ; 이동통신

예 B.P, C.P, PCS, Iridium Service, IMT-2000 등

1-1-3. 자동화 분야

① OA(Office Automation) ; 사무자동화 예 업무용 각종 유틸리티
② FA(Factory Automation) ; 공장자동화 예 산업용 로봇
③ HA(Home Automation) ; 가정자동화 예 원격 제어 시스템

1-1-4. 의학 분야

컴퓨터 단층촬영(CT), 자기공명장치(MRI) 등

1-1-5. 기타 분야

각종 가전제품 등

1-2. 단 위

일반적으로 전기 · 전자 공학에서 전기적인 양의 표시 단위(unit)는 주로 길이의 미터(meter), 질량의 킬로그램(kilogram), 시간의 초(second)를 기본으로 한 MKS 단위계에 필요한 이차적인 단위를 부가하여 〈표 1-1〉과 같이 사용하고 있다.

〈표 1-1〉 주요 단위

물리량	기호	단위	명칭	물리량	기호	단위	명칭
저항	R	[Ω]	ohm	에너지	W	[J]	joule
전압	V	[V]	volt	주파수	f	[Hz]	hertz
전류	I	[A]	ampere	임피던스	Z	[Ω]	ohm
커패시턴스	C	[F]	farad	전력	P	[W]	watt
인덕턴스	L	[H]	henry	리액턴스	X	[Ω]	ohm
전하량	Q	[C]	coulomb	시간	t	[s]	sec

1-3. 과학적 표기법 ; 접두 미터법

숫자의 배수를 나타내는 표준 접두 미터는 〈표 1-2〉와 같다.

〈표 1-2〉 접두 미터

10의 누승	기 호	명 칭	10의 누승	기 호	명 칭
10^{3}	k	kilo	10^{-3}	m	milli
10^{6}	M	mega	10^{-6}	μ	micro
10^{9}	G	giga	10^{-9}	n	nano
10^{12}	T	tera	10^{-12}	p	pico

예제 1 0.55[mA]를 [μA]로 바꾸어라.

〈풀이〉 $0.55\times10^{-3}=0.55\times10^{-3}\times10^{-3}\times10^{3}=0.55\times10^{3}\times10^{-6}=550$ [μA]

예제 2 4500[nA]를 [μA]로 바꾸어라.

〈풀이〉 $4500\times10^{-9}=4500\times10^{-3}\times10^{-6}=4.5\times10^{-6}=4.5$ [μA]

예제 3 5000[μV]를 [mV]로 바꾸어라.

〈풀이〉 $5000\times10^{-6}=5000\times10^{-3}\times10^{-3}=5$ [mV]

예제 4 2000[kΩ]을 [MΩ]으로 바꾸어라.

〈풀이〉 $2000\times10^{3}=2000\times10^{3}\times10^{3}\times10^{-3}=2000\times10^{-3}\times10^{6}=2$ [MΩ]

예제 5 0.0022[μF]을 [pF]로 바꾸어라.

〈풀이〉 $0.0022\times10^{-6}=2.2\times10^{-9}=2.2\times10^{-9}\times10^{-3}\times10^{3}=2.2\times10^{3}\times10^{-12}$
$=2200$ [pF]

예제 6 470[nF]을 [μF]으로 바꾸어라.

〈풀이〉 $470\times10^{-9}=470\times10^{-3}\times10^{-6}=0.47$ [μF].

예제 7 20[mV]+900[μV]는 몇 [mV]인가?

〈풀이〉 900[μV] $=900\times10^{-6}=900\times10^{-3}\times10^{-3}=0.9$ [mV]이므로,
20[mV]+900[μV]=20[mV]+0.9[mV]=20.9[mV]

제 2 장 전압, 전류와 저항

2-1. 전 압

- 전압 : (V, [V])

2-1-1. 물리적 표현

$$V = \frac{W\,[\mathrm{J}]}{Q\,[\mathrm{C}]} \quad [\mathrm{V}] \tag{2-1}$$

2-1-2. 전압원(voltage source)

① DC(Direct Current) ; —┤├—

② AC(Alternate Current) ; —(~)—

2-1-3. 전압의 측정방법

[원리] 전압은 병렬연결일 때, 일정하므로 측정소자와 VOM을 병렬로 한다.

전기회로의 특정 단자나 소자의 전압(voltage)을 측정하려면 [그림 2-1]과 같이 회로가 완전히 연결된 상태에서 VOM(Volt Ohm Miliammeter)을

측정하려는 단자나 소자에 그대로 병렬로 접속하여 측정한다.

측정값이 0 이상으로 양(+)인 경우에는 실제의 전압 극성과 리드선이 나타내는 극성이 동일한 것이며, 측정값이 0 이하로 음(−)인 경우에 실제 전압의 극성은 리드선이 나타내는 극성과 반대이다. 즉 적색의 리드선이 접속된 단자가 양(+)의 극성이며, 흑색의 리드선이 연결된 단자가 음(−)의 극성이다.

또한 VOM을 전압계로 사용하는 경우에 병렬로 연결된 전압계를 통하여 전류가 누설되지 않을수록 정확한 전압값을 측정할 수 있으므로 전압계의 내부 저항은 가급적 큰 것이 바람직하다.

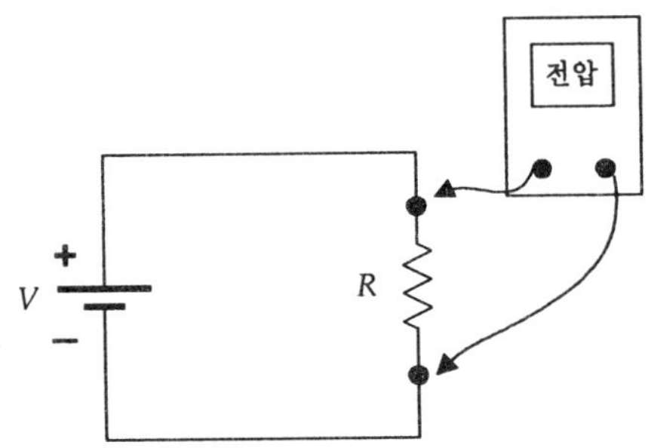

[그림 2-1] 전압의 측정

2-2. 전 류

- 전자의 흐름 : *I*, [A]

2-2-1. 물리적 표현

$$I = \frac{Q\,[\mathrm{C}]}{t\,[\mathrm{s}]} \quad [\mathrm{A}] \tag{2-2}$$

2-2-2. 전류의 방향

전류(current)는 (+)에서 (−)로 흐른다. 이는 전자의 이동 방향이 (−)에서 (+) 쪽임을 고려할 때, 반대 방향임을 알 수 있다.

2-2-3. 전류의 측정방법

전류는 직렬연결일 때 일정하므로, 측정소자와 VOM을 직렬로 한다.

전기회로에서 특정한 경로의 전류를 측정하려면 [그림 2-2]와 같이 전류를 측정하려는 경로를 끊고(개방하고) VOM의 두 리드선을 끊어진 단자에 직렬로 접속함으로써 전류가 흐를 수 있도록 폐회로를 구성하여 측정한다. 전류는 양(+)의 단자에서 음(−)의 단자의 방향으로 흐른다. 따라서 측정값이 양(+)인 경우에는 실제의 전류가 흐르는 방향과 리드선이 나타내는 방향이 동일한 것이며, 측정값이 음(−)인 경우에는 실제 전류의 방향과 리드선이 나타내는 방향이 반대이다. 즉 실제의 전류는 흑색 리드선에서 적색 리드선 방향으로 흐른다.

또한 VOM을 전류계로 사용하는 경우에 직렬로 연결된 전류계로 인하여 실제 흐르는 전류량이 변하지 않아야 하므로 전류계의 내부 저항은 가급적 작은 것이 바람직하다. 여기서 아날로그 멀티미터를 이용하여 직류전압 또는 전류를 측정하는 경우에 실제로 음(−)의 값을 측정할 수는 없으며, 이때에는 바늘이 반대 방향으로 움직이므로 리드선의 위치를 바꾸어 측정한다.

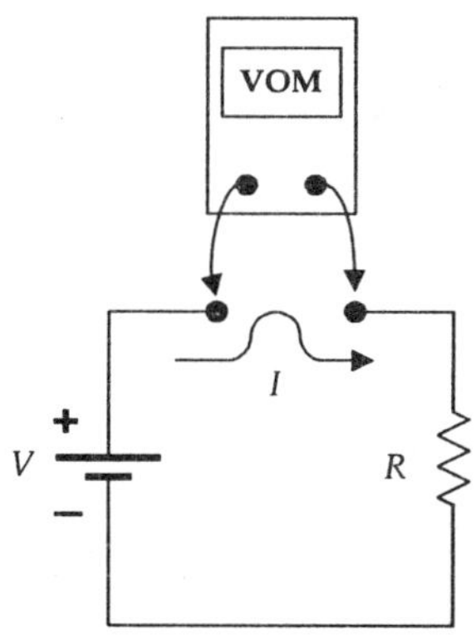

[그림 2-2] 전류의 측정

2-3. 저 항

- 저항 : R, [Ω],

2-3-1. 저항의 색 표시

전기회로에서 가장 많이 사용되는 소자 가운데 하나인 저항(resistance)의 크기를 나타내는 데는 색 표시(color code) 방법을 사용하고 있다. 색 표시는 원래 미국의 EIA(Electronic Industrial Association)에서 고안한 것인데 매우 편리하기 때문에 세계적으로 사용하게 되었다.

고정저항의 크기를 색띠로 나타내는 방법을 [그림 2-3]과 〈표 2-1〉에 나타내었다. 4개의 색띠를 갖는 저항은 ±5[%] 이상의 오차를 갖는 일반 용도의 저항이며, 5개의 색띠를 갖는 저항은 ±2[%] 이하의 오차를 갖는 정밀저항이다.

[그림 2-3]의 색 표시 방법에 의한 저항의 크기는 다음과 같이 구한다.

일반저항 : $(1)(2) \times 10^{(3)} \pm (4)$ 정밀저항 : $(1)(2)(3) \times 10^{(4)} \pm (5)$

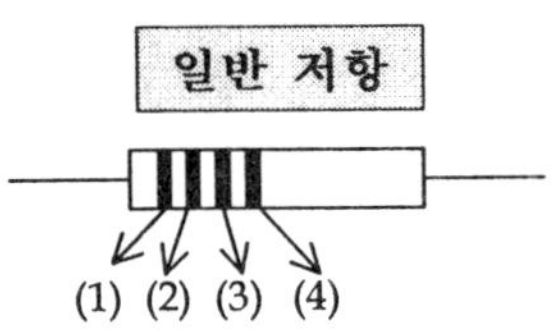

(1) 첫째 자릿수
(2) 둘째 자릿수
(3) 배수
(4) 오차
- 금색 : ±5 [%]
- 은색 : ±10 [%]
- 무색 : ±20 [%]

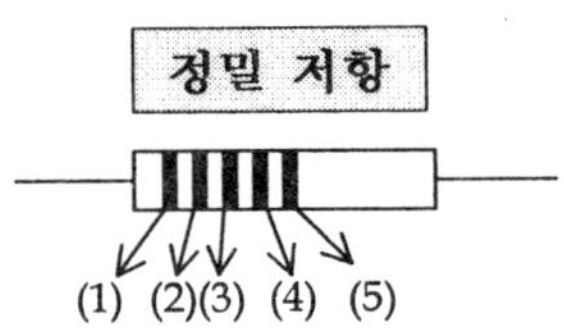

(1) 첫째 자릿수
(2) 둘째 자릿수
(3) 셋째 자릿수
(4) 배수
(5) 오차
- 적색 : ±2 [%]
- 갈색 : ±1 [%]
- 녹색 : ±0.5 [%]
- 청색 : ±0.25 [%]
- 보라색 : ±0.1 [%]

[그림 2-3] 저항의 색 표시

또한 저항의 물리적인 크기는 [그림 2-4]와 같이 그 저항이 열 형태로 소모할 수 있는 전력량과 관계가 있다. 즉 저항에 전류가 흐르면 열이 발생한다. 단위시간당 소모되는 열의 양은 와트(Watt ; [W])로 측정되며, 각 저항은 그 자체의 정격전력을 가진다. 이 정격전력은 저항을 연속적으로 안전하게 다룰 수 있는 최대 전력이며, 저항의 물리적인 크기가 클수록 더 많은 열을 소모할 수 있다.

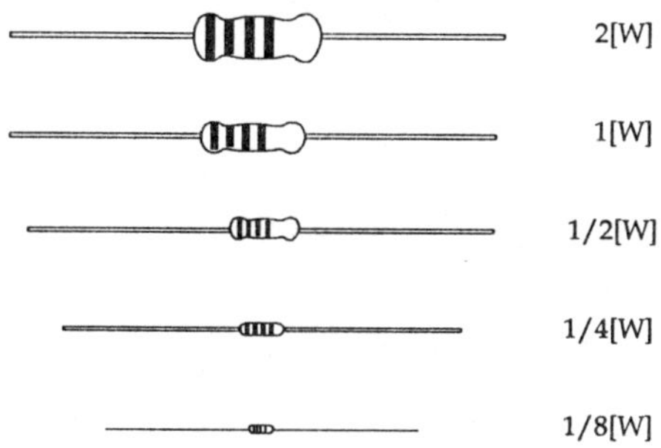

[그림 2-4] 저항의 정격전력

2-3-2. 저항의 색상 코드

〈표 2-1〉 저항의 색상 코드

색상	흑색	갈색	적색	오렌지색	노랑색	녹색	청색	자색	회색	백색	오차율[%]		
											금색	은색	무색
숫자	0	1	2	3	4	5	6	7	8	9	±5	±10	±20

특히, 셋째 자리가 금색일 경우는 10^{-1}, 은색일 경우는 10^{-2}를 각각 나타낸다.

2-3-3. 저항의 측정방법

VOM의 적색 리드선과 흑색 리드선을 서로 접촉(단락)시켜 바늘이 저항 눈금선의 0에 정확히 오도록 '0' 옴 조정기를 조정한다.

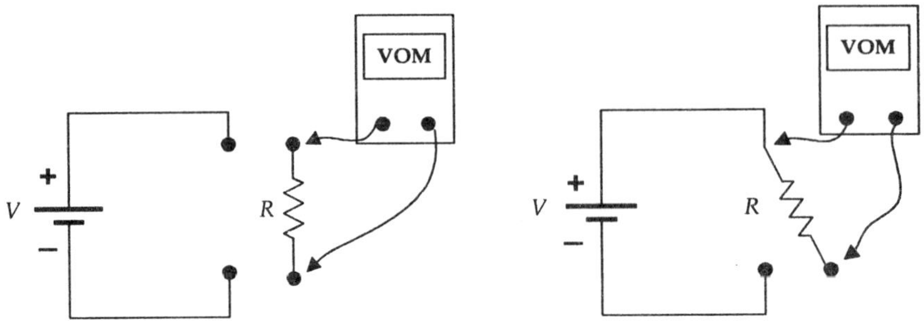

[그림 2-5] 저항의 측정

VOM으로 저항을 측정하려면 극성에 관계없이 저항의 양단에 리드선을 접속시켜 저항값을 읽으면 되는데, 이때 선택된 저항 레인지에 표시된 수치만큼 지시값을 곱하여 읽어야 한다.

만일 전기회로 상의 저항을 측정하는 경우에는 [그림 2-5]와 같이 저항을 회로에서 완전히 분리하거나 저항의 한쪽을 회로에서 분리하여 측정하여야 한다. 이는 저항의 양쪽이 모두 회로에 연결된 상태로 측정하는 경우 저항에 연결된 주변회로로 인하여 저항값이 다르게 측정될 수 있기 때문이다.

2-4. 회로의 상태

2-4-1. 단락 상태 ; 단락회로

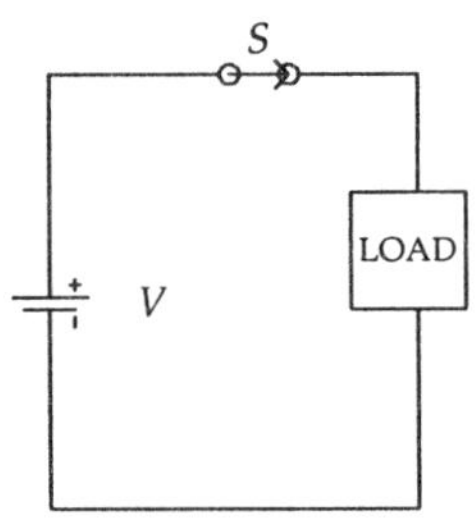

[그림 2-6] 단락회로

2-4-2. 개방 상태 ; 개방회로

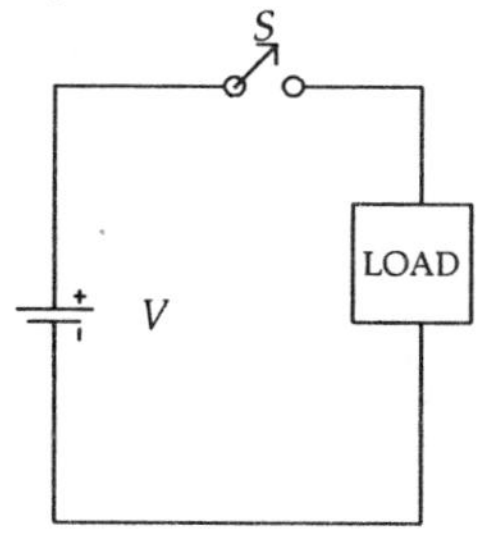

[그림 2-7] 개방회로

예제 1 다음 저항의 이론값을 구하여라.

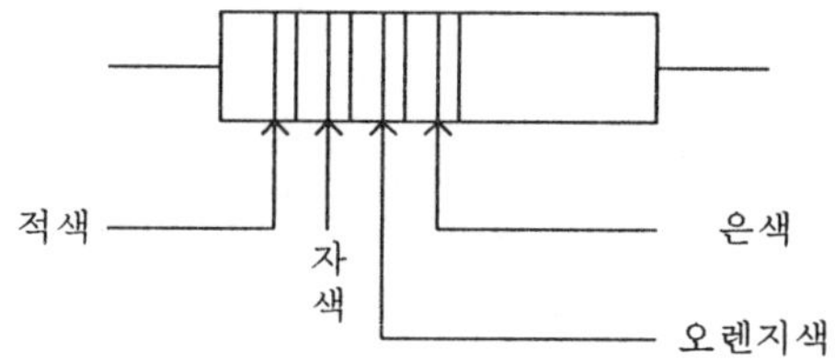

〈풀이〉 적색-2, 자색-7, 오렌지색-3, 은색-오차율 ±10[%]이므로,
$27\times10^3\times\pm0.1=27\times\pm0.1$[kΩ]

예제 2 다음 저항의 이론값을 구하여라.

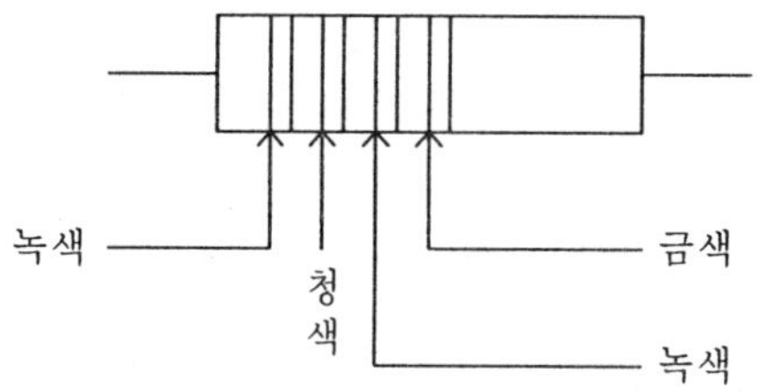

〈풀이〉 녹색-5, 청색-6, 녹색-5, 금색-오차율 ±5[%]이므로,
$56\times10^5\times\pm0.05=5.6\times\pm0.05$[MΩ]

제 3 장 옴의 법칙

3-1. 정 의

옴(ohm)의 법칙은 전기회로에서의 전압, 전류, 저항 사이의 관계를 나타내는 것으로 도체 내를 흐르는 전류는 그 도체에 가해진 전압에 비례하고 도체가 가진 저항에 반비례한다는 것이다.

$$I = \frac{V}{R} \rightarrow V = IR \rightarrow R = \frac{V}{I} \tag{3-1}$$

3-2. 전류의 계산

예제 1 다음의 회로에서 전류를 구하여라. 단, $R = 4.7$ [MΩ]이다.

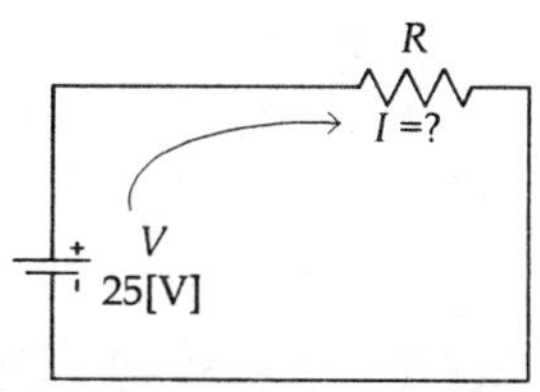

〈풀이〉 $I = \frac{V}{R} = \frac{25[\text{V}]}{4.7 \times 10^6[\Omega]} = 5.32 \times 10^{-6}[\text{A}] = 5.32[\mu\text{A}]$

3-3. 전압의 계산

예제 2 다음의 회로에서 전압을 구하여라. 단, $R = 4.7[\text{M}\Omega]$이다.

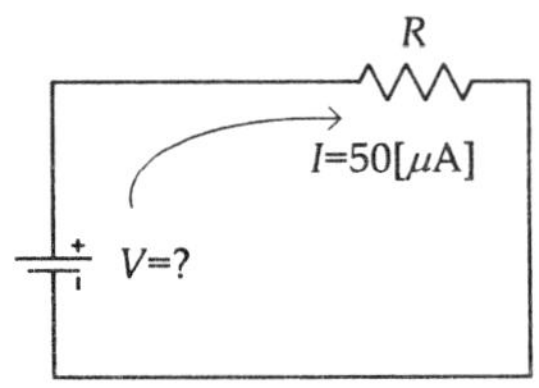

〈풀이〉 $V = IR = 50 \times 10^{-6}[\text{A}] \times 4.7 \times 10^{6}[\Omega] = 235\ [\text{V}]$

3-4. 저항의 계산

예제 3 다음의 회로에서 저항을 구하여라. 단, $I = 4.55[\text{mA}]$이다.

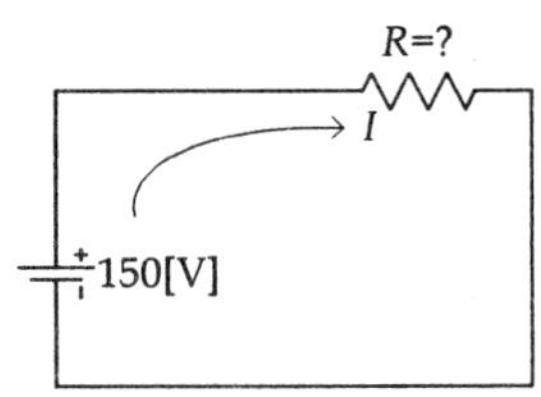

〈풀이〉 $R = \dfrac{V}{I} = \dfrac{150[\text{V}]}{4.55 \times 10^{-3}[\text{A}]} = 33 \times 10^{3}[\Omega] = 33[\text{k}\Omega]$

3-5. 전압, 전류와 저항 사이의 관계

$$V \propto I, \quad V \propto R, \quad I \propto \frac{1}{R} \tag{3-2}$$

3-6. 회로 연결 방법에 따른 *V, I, R*의 계산

〈표 3-1〉 회로 연결에 따른 *V, I, R*의 계산

구 분	직렬연결(분전압)	병렬연결(분전류)
V	$V_T = V_1 + V_2 + \cdots + V_n$	일정
I	일정	$I_T = I_1 + I_2 + \cdots + I_n$
R	$R_T = R_1 + R_2 + \cdots + R_n$	$\frac{1}{R_T} = \frac{1}{R_1} + \frac{1}{R_2} + \cdots + \frac{1}{R_n}$

제 4 장 전기회로

4-1. 직렬회로

4-1-1. 전 압

$$V_T = V_1 + V_2 + \cdots + V_n = \sum_{k=1}^{k=n} V_k \tag{4-1}$$

☞ 극성을 고려해서 더해 나간다 : 'KVL(Kirchihoff's Voltage Law)'

4-1-2. 전류 ; 일정(一定)

4-1-3. 저 항

$$R_T = R_1 + R_2 + \cdots + R_n = \sum_{k=1}^{k=n} R_k \tag{4-2}$$

4-1-4. 키르히호프의 전압법칙(KVL)

회로에 인가한 전압의 합 = 소자에 걸리는 전압 강하의 합

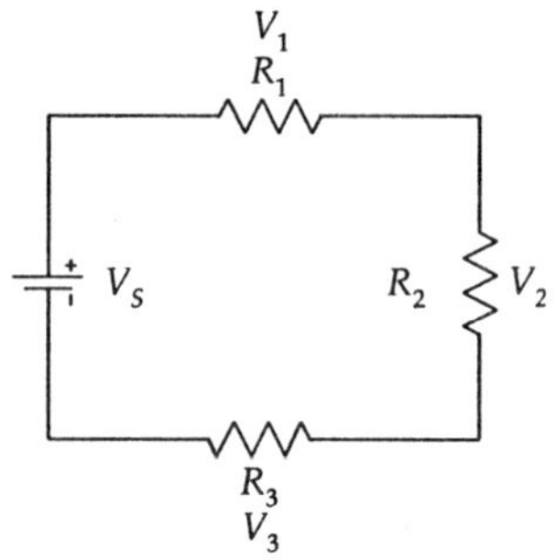

☞ $V_S = V_1 + V_2 + V_3$

[그림 4-1] 키르히호프의 전압법칙

예제 1 다음의 회로에서 R_4를 구하여라. 단, $I=200[\text{mA}]$이다.

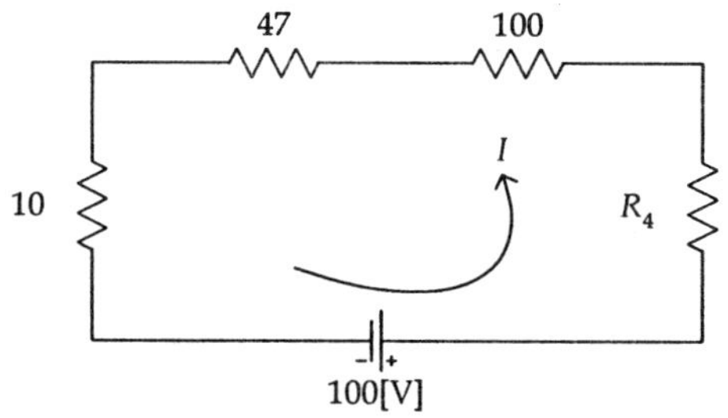

〈풀이〉 ① 옴의 법칙에 의한 해법

$R_T = 10+47+100+R_4 = 157+R_4$

$157+R_4 = \dfrac{V}{I} = \dfrac{100}{200\times 10^{-3}} = 500$

$\therefore\ R_4 = 500-157 = 343[\Omega]$

② KVL에 의한 해법

㉠ $10[\Omega]$ 양단전압 $=10\times 200\times 10^{-3} = 2[\text{V}]$

㉡ $47[\Omega]$ 양단전압 $=47\times 200\times 10^{-3} = 9.4[\text{V}]$

㉢ $100[\Omega]$ 양단전압 $=100\times 200\times 10^{-3} = 20[\text{V}]$

㉣ R_4 양단전압 $=R_4\times 200\times 10^{-3} = 0.2R_4[\text{V}]$이므로, KVL을 적용하면

$100 = 2+9.4+20+0.2R_4$

$0.2R_4 = 68.6,\quad \therefore\ R_4 = 343[\Omega]$

☜ 위의 두 가지 방법 중 택일하여 숙지할 것!

4-1-5. 전압 분배기

예제 2 다음의 회로에서 각 저항의 양단전압을 구하여라.

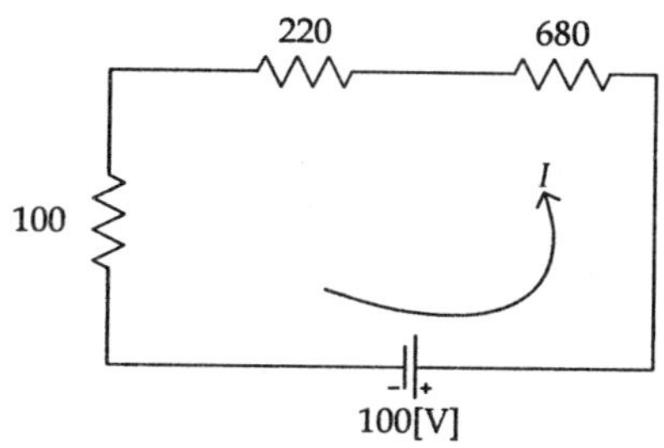

〈풀이〉 ① 옴의 법칙에 의한 해법

$R_T = 100 + 220 + 680 = 1000[\Omega]$

$I = 100[V]/1000[\Omega] = 0.1[A]$

㉠ $100[\Omega]$ 양단전압 $= 100 \times 0.1 = 10[V]$
㉡ $220[\Omega]$ 양단전압 $= 220 \times 0.1 = 22[V]$
㉢ $680[\Omega]$ 양단전압 $= 680 \times 0.1 = 68[V]$

② KVL에 의한 해법

$V \propto R$이므로,

㉠ $100[\Omega]$ 양단전압 $= \left(\frac{R_1}{R_T}\right) \times V_S$

$= \left(\frac{100}{1000}\right) \times 100 = 10[V]$

㉡ $220[\Omega]$ 양단전압 $= \left(\frac{R_2}{R_T}\right) \times V_S$

$= \left(\frac{220}{1000}\right) \times 100 = 22[V]$

㉢ $680[\Omega]$ 양단전압 $= \left(\frac{R_3}{R_T}\right) \times V_S$

$= \left(\frac{680}{1000}\right) \times 100 = 68[V]$

☜ 위의 두 가지 방법 중 택일하여 숙지할 것!

4-2. 병렬회로

4-2-1. 전압 ; 일정(一定)

4-2-2. 전 류

$$I_T = I_1 + I_2 + \cdots + I_n = \sum_{k=1}^{k=n} I_k \tag{4-3}$$

4-2-3. 저 항

$$R_T = \left(\frac{1}{R_1} + \frac{1}{R_2} + \cdots + \frac{1}{R_n} \right)^{-1} = \left(\sum_{k=1}^{k=n} \frac{1}{R_k} \right)^{-1} \tag{4-4}$$

☜ 역을 취해서 더한 후, 역을 취한다.

4-2-4. 키르히호프의 전류법칙(KCL)

접속점에 들어온 전류의 합 = 접속점에서 나가는 전류의 합

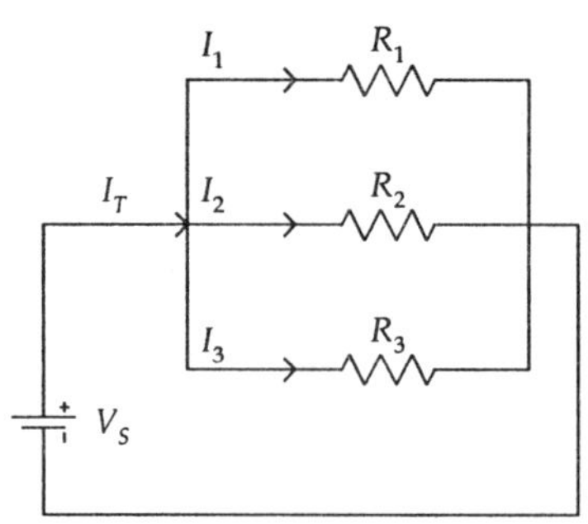

☞ $I_T = I_1 + I_2 + I_3$

[그림 4-2] 키르히호프의 전류법칙

예제 3 다음의 회로에서 I' 및 I''를 구하여라.

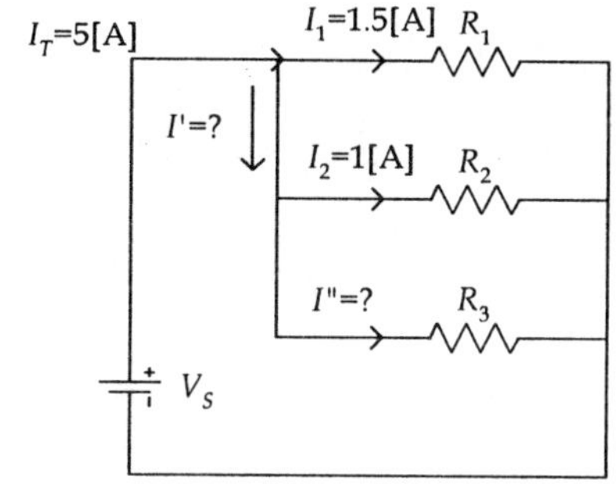

〈풀이〉 $I_T = I_1 + I' \Rightarrow 5 = 1.5 + I'$ $\quad\therefore I' = 3.5\,[A]$

$I' = I_2 + I'' \Rightarrow 3.5 = 1 + I''$ $\quad\therefore I'' = 2.5\,[A]$

예제 4 다음의 회로에서 각 저항에 흐르는 전류를 구하여라.

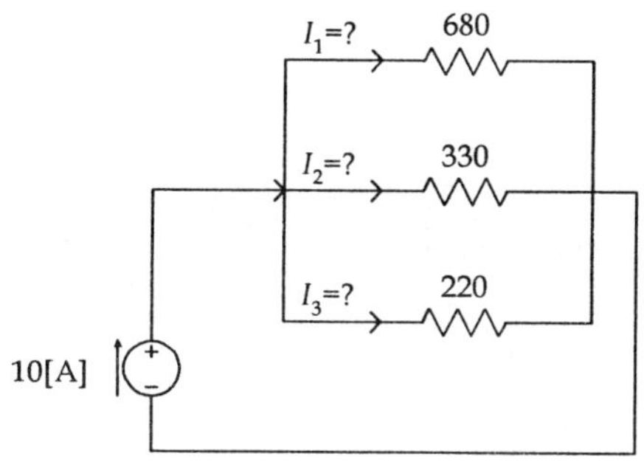

〈풀이〉 ① 옴의 법칙에 의한 해법

$$R_T = \left(\frac{1}{680} + \frac{1}{330} + \frac{1}{220}\right)^{-1} = 111\,[\Omega]$$

$$V_S = 10 \times R_T = 1110\,[V]$$

㉠ $I_1 = \dfrac{V_S}{R_1} = \dfrac{1110}{680} = 1.63\,[A]$

㉡ $I_2 = \dfrac{V_S}{R_2} = \dfrac{1110}{330} = 3.36\,[A]$

㉢ $I_3 = \dfrac{V_S}{R_3} = \dfrac{1110}{220} = 5.05\,[A]$

② KCL에 의한 해법

$I \propto R^{-1}$이므로,

㉠ $I_1 = \left(\frac{R_T}{R_1}\right) \times I_T = \left(\frac{111}{680}\right) \times 10 = 1.63\,[\mathrm{A}]$

㉡ $I_2 = \left(\frac{R_T}{R_2}\right) \times I_T = \left(\frac{111}{330}\right) \times 10 = 3.36\,[\mathrm{A}]$

㉢ $I_3 = \left(\frac{R_T}{R_3}\right) \times I_T = \left(\frac{111}{220}\right) \times 10 = 5.05\,[\mathrm{A}]$

☜ 위의 두 가지 방법 중 택일하여 숙지할 것!

예제 5 다음의 회로에서 I_T를 구하여라.

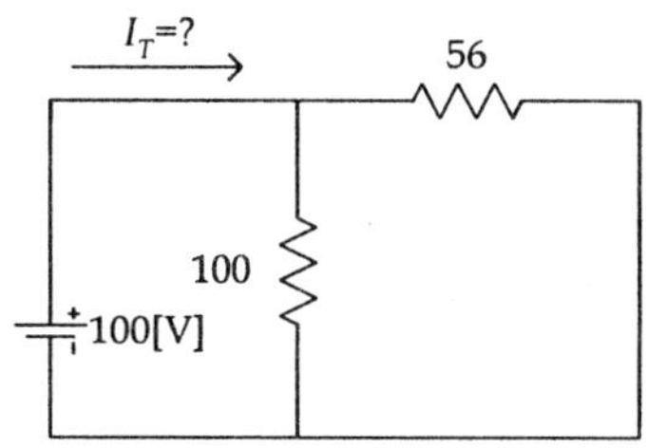

〈풀이〉 $R_T = \left(\frac{1}{56} + \frac{1}{100}\right)^{-1} = 35.9\,[\Omega]$

$\therefore\ I_T = \frac{V_S}{R_T} = \frac{100}{35.9} = 2.79\,[\mathrm{A}]$

※ 알아두면 유용한 사항

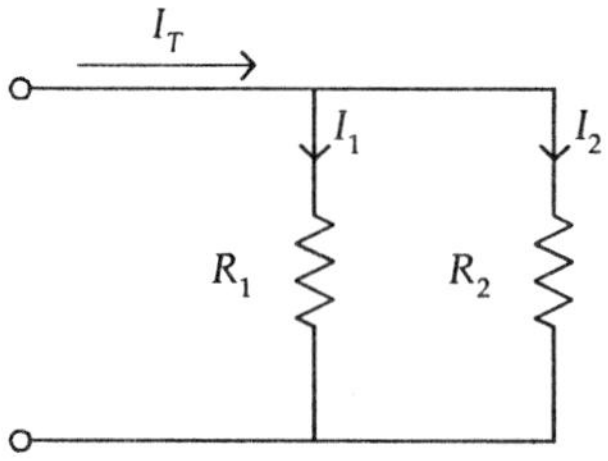

$$R_T = \left(\frac{1}{R_1} + \frac{1}{R_2}\right)^{-1} = \frac{R_1 R_2}{R_1 + R_2}$$

$$I_1 = \left(\frac{R_T}{R_1}\right) \times I_T = \frac{\left(\frac{R_1 R_2}{R_1 + R_2}\right)}{R_1} \times I_T = \frac{R_2}{R_1 + R_2} \times I_T$$

$$I_2 = \left(\frac{R_T}{R_2}\right) \times I_T = \frac{\left(\frac{R_1 R_2}{R_1 + R_2}\right)}{R_2} \times I_T = \frac{R_1}{R_1 + R_2} \times I_T$$

☜ 두 저항의 합 분의 상대방 저항×전체 전류

4-3. 직렬 · 병렬 회로

4-3-1. 저 항

예제 6 다음의 회로에서 전체 저항(R_T)를 구하여라.

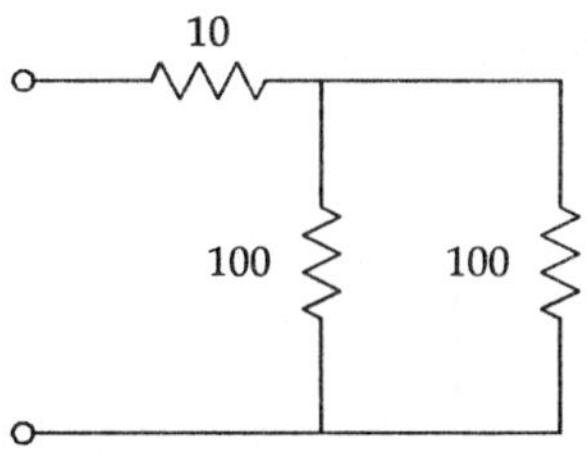

〈풀이〉 $R_T = 10 + 100 \parallel 100$

$$= 10 + \left(\frac{1}{100} + \frac{1}{100}\right)^{-1}$$

$$= 60 [\Omega]$$

4-3-2. 전 류

예제 7 다음의 회로에서 각 소자에 흐르는 전류를 구하여라.
단, $V_S = 22 [V]$이다.

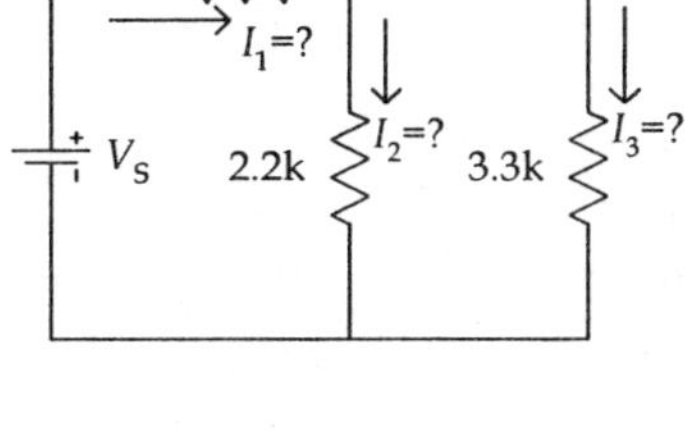

〈풀이〉 $R_T = 1000 + 2200 \parallel 3300$

$$= 1000 + \left(\frac{1}{2200} + \frac{1}{3300}\right)^{-1}$$

$$= 2.32\,[\text{k}\Omega]$$

① $I_T = I_1 = \dfrac{V_S}{R_T} = \dfrac{22}{2320} = 9.48\,[\text{mA}]$

② $I_2 = \dfrac{3300}{2200 + 3300} \times 9.48 = 5.69\,[\text{mA}]$

③ $I_3 = \dfrac{2200}{2200 + 3300} \times 9.48 = 3.79\,[\text{mA}]$

4-3-3. 전 압

예제 8 다음의 회로에서 각 소자의 양단 전압을 각각 구하여라. 단, $V_S = 80\,[\text{V}]$이다.

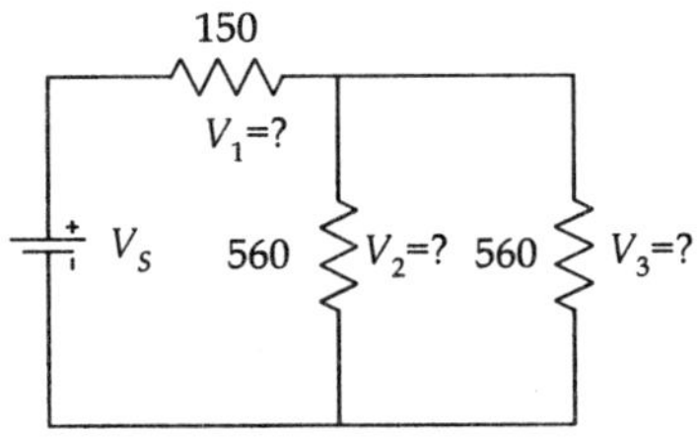

〈풀이〉 $R_T = 150 + 560 \parallel 560$

$$= 150 + \left(\frac{1}{560} + \frac{1}{560}\right)^{-1}$$

$$= 430\,[\Omega]$$

$$I_T = \frac{V_S}{R_T} = \frac{80}{430} = 186\,[\text{mA}]$$

① $V_1 = I_T \times 150 = 186\,[\text{mA}] \times 150\,[\Omega]$
$= 27.9\,[\text{V}]$

② $V_2 = V_3 = 80 - 27.9 = 52.1\,[\text{V}]$

제 5 장 회로 정리

5-1. 전 압 원

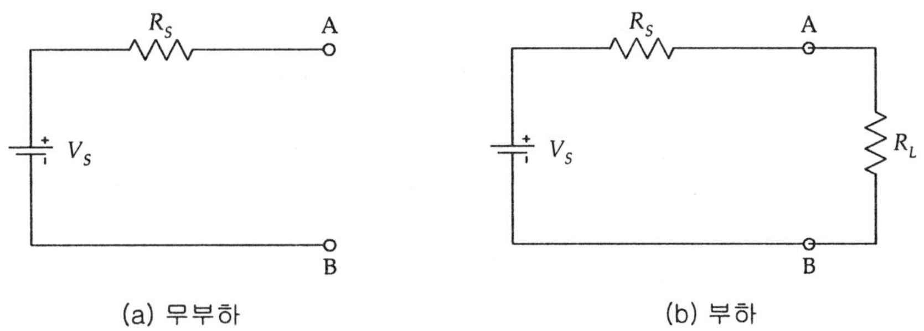

[그림 5-1] 전압원(voltage source)

예제 1 다음의 회로에서 R_L이 100[Ω]일 때, V_{out}을 구하여라. 단, $R_S = 10$[Ω]이다.

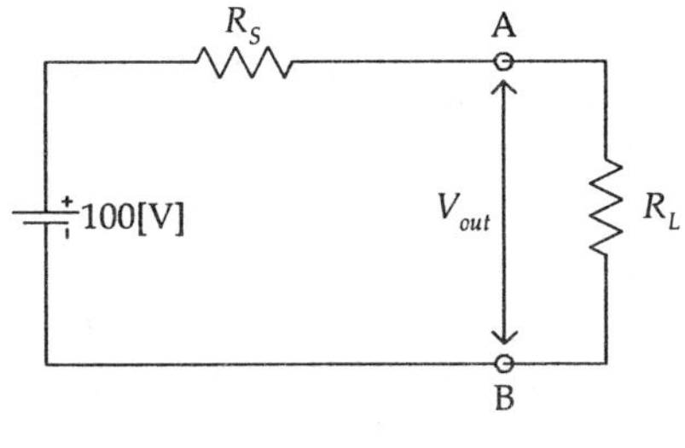

〈풀이〉 $V_{out} = V_L$이므로,

$$V_{out} = \frac{100[\Omega]}{10[\Omega]+100[\Omega]} \times 100\,[V]$$
$$= 90.9\,[V] = V_L$$

5-2. 전 류 원

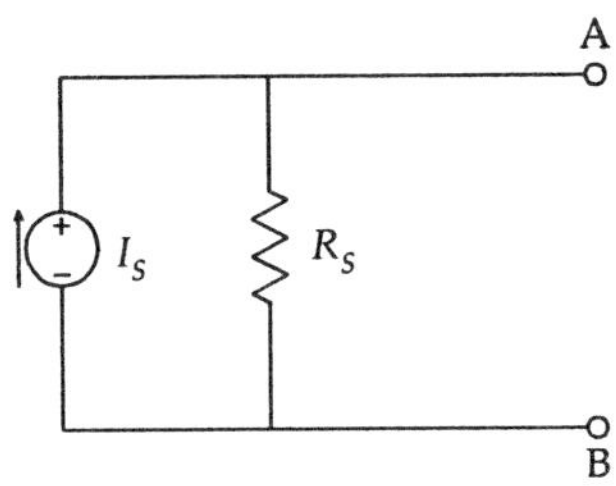

(a) 무부하

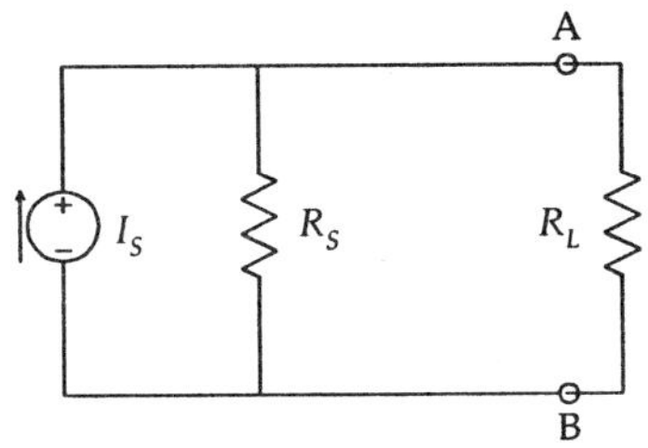

(b) 부하

[그림 5-2] 전류원(current source)

예제 2 다음의 회로에서 R_L이 100[Ω]일 때, I_L을 구하여라.
단, $R_S = 10$[kΩ]이다.

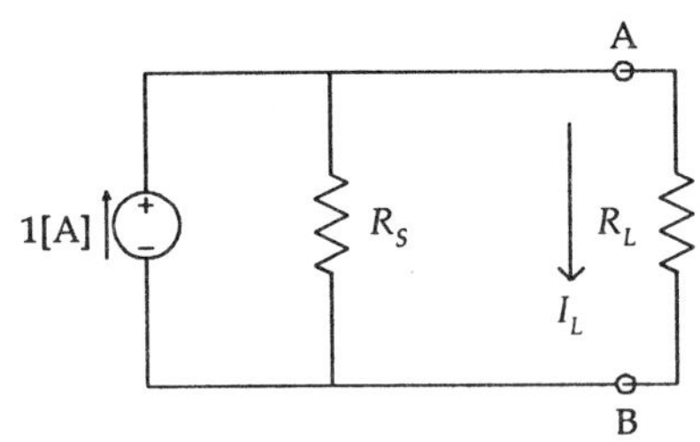

〈풀이〉 $I_L = \frac{10\,[k\Omega]}{10\,[k\Omega]+100[\Omega]} \times 1\,[A] = 990\,[mA]$

5-3. 전원 변환

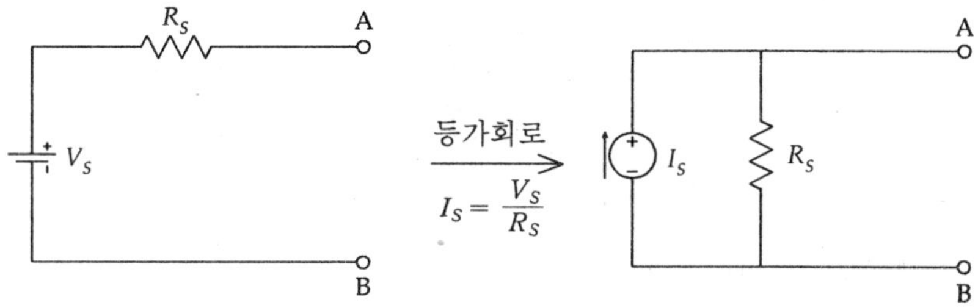

(a) 전압원 (b) 등가 전류원

[그림 5-3] 전원 변환

예제 3 다음의 회로를 등가 전류원 회로로 변환하여라.

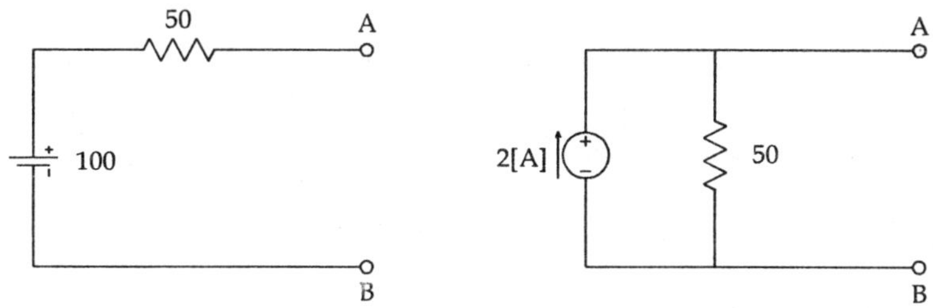

〈풀이〉 $I_S = \frac{V_S}{R_S} = \frac{100}{50} = 2\,[\mathrm{A}]$

5-4. 중첩의 정리

전원이 2개 이상인 회로에 적용하며, 전원이 2개 이상인 회로에서 각 단자에 걸리는 전압과 각 경로를 흐르는 전류는 각 전원이 단독으로 존재한다고 가정하였을 경우에 각 단자에 걸리는 전압과 각 경로를 흐르는 전류를 모두 대수적으로 합한 것과 동일하다.

전압원 ⇒ 단락시키고, 전류원 ⇒ 개방시킨다.

예제 4 다음의 회로에서 R_2에 흐르는 전류(I_2)를 구하여라.

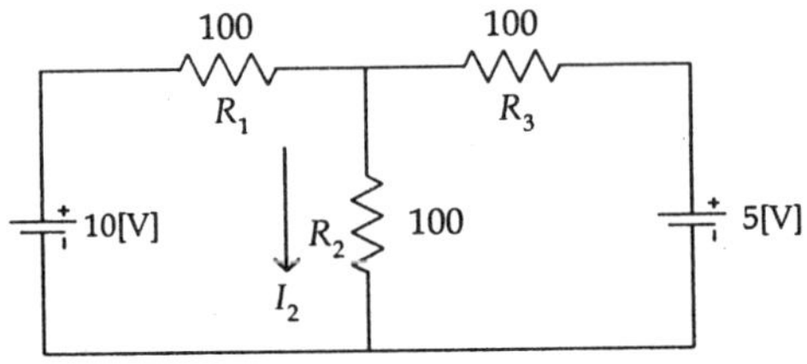

〈풀이〉 ① 10 [V] 중심

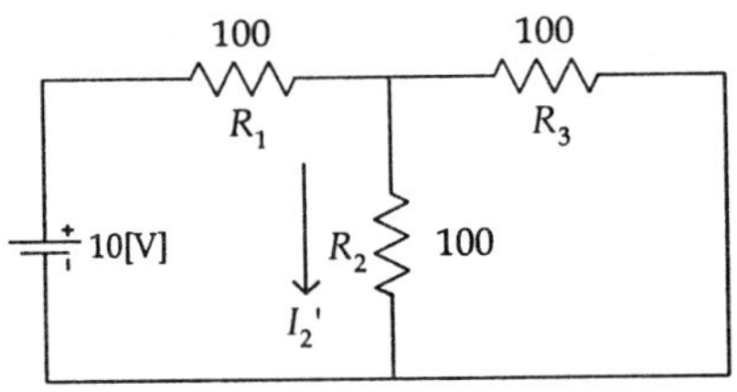

$$R_T = 100 + (100^{-1} + 100^{-1})^{-1} = 150[\Omega]$$

$$I = \frac{V_S}{R_T} = \frac{10}{150} = 66.7[\text{mA}]$$

$$\therefore\ I_2' = \frac{100}{100+100} \times 66.7[\text{mA}] = 33.3[\text{mA}]$$

② 5 [V] 중심

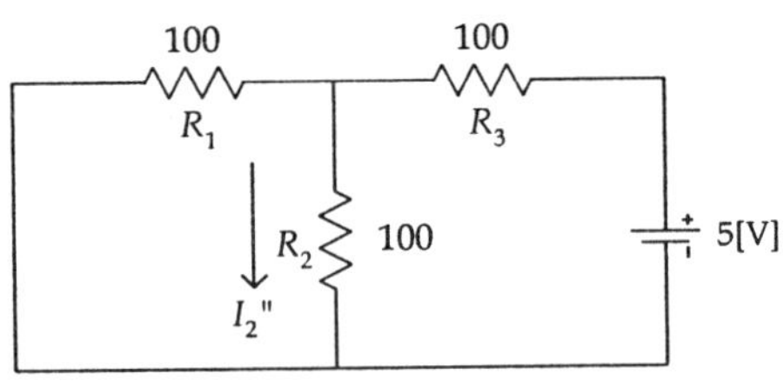

$$R_T = 100 + (100^{-1} + 100^{-1})^{-1} = 150[\Omega]$$

$$I = \frac{V_S}{R_T} = \frac{5}{150} = 33.3[\text{mA}]$$

$$\therefore\ I_2'' = \frac{100}{100+100} \times 33.3[\text{mA}] = 16.7[\text{mA}]$$

$$\therefore\ I_2 = I_2' + I_2'' = 33.3[\text{mA}] + 16.7[\text{mA}] = 50[\text{mA}]$$

예제 5 다음의 회로에서 100[Ω]에 흐르는 전류(I_2)를 구하여라.

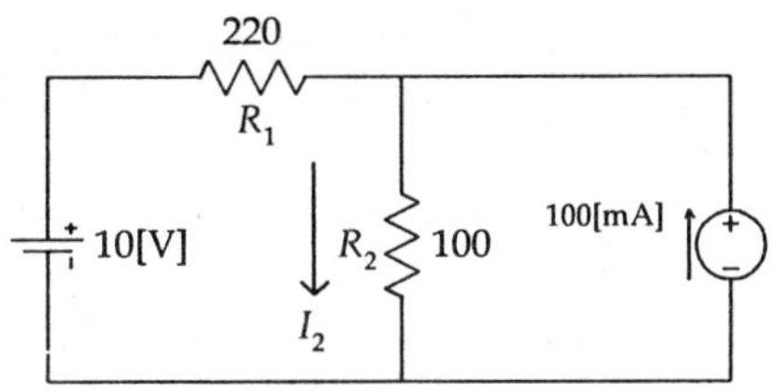

〈풀이〉 ① 10 [V] 중심

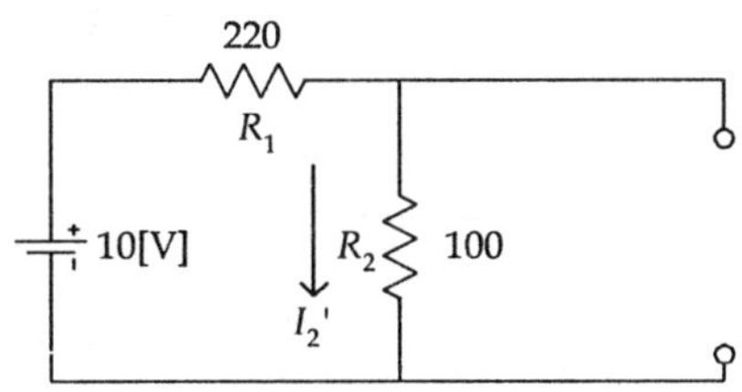

$$I_2' = \frac{10}{220+100} = 31.2\,[\text{mA}]$$

② 100 [mA] 중심

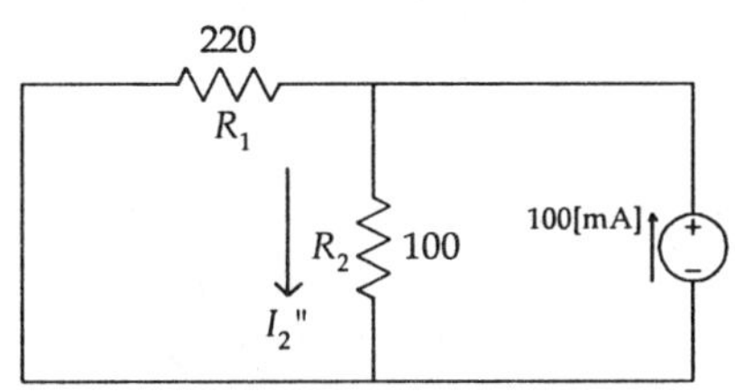

$$I_2'' = \frac{220}{100+220} \times 100\,[\text{mA}] = 68.8\,[\text{mA}]$$

$$\therefore\ I_2 = I_2' + I_2'' = 31.2\,[\text{mA}] + 68.8\,[\text{mA}] = 100\,[\text{mA}]$$

예제 6 다음의 회로에서 2[Ω]의 양단전압을 구하여라.

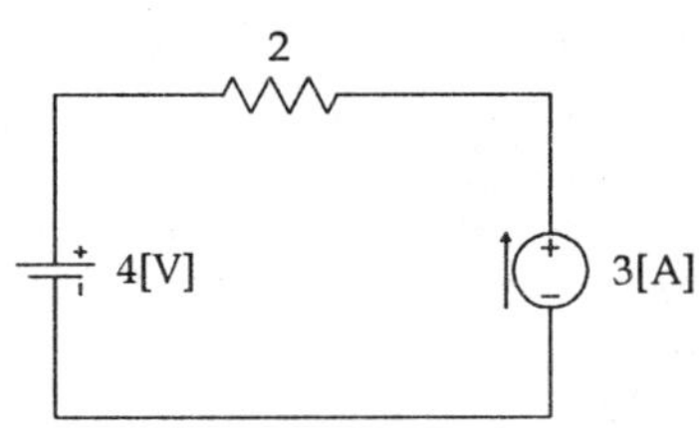

〈풀이〉 ① 4[V] 중심 — 개방회로이므로 양단전압은 0[V]

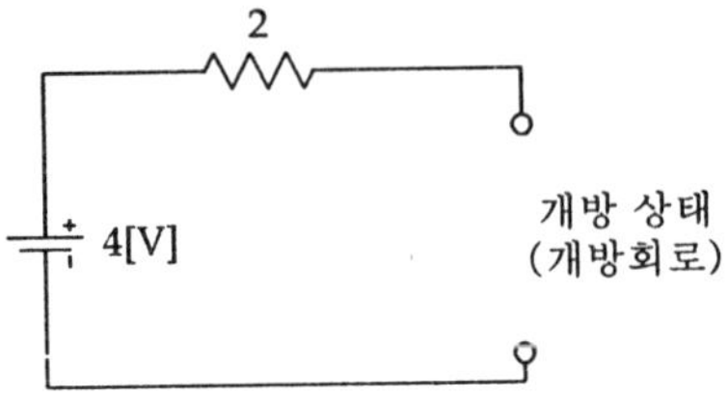

② 3[A] 중심 — 2[Ω]의 양단전압

$V_2 = -3 \times 2 = -6$ [V] ☞ 극성에 주의할 것!!

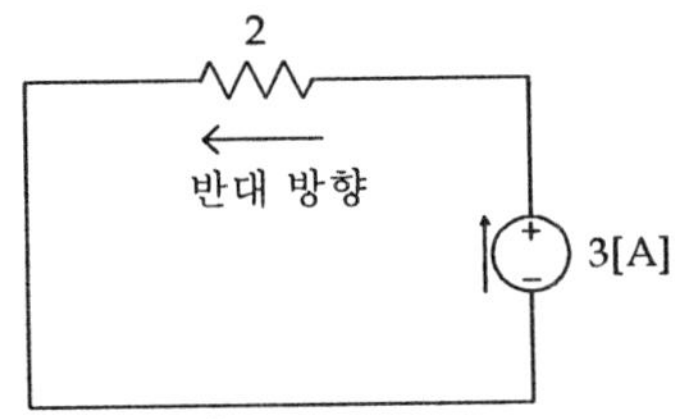

예제 7 다음의 회로에서 100[Ω]에 흐르는 전류(I_2)를 구하여라.

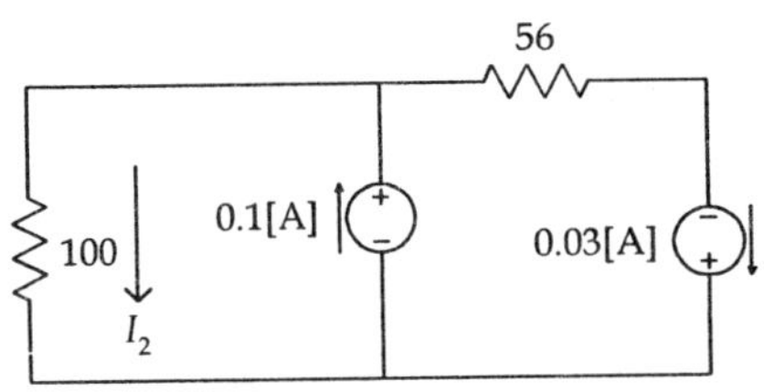

〈풀이〉 ① 0.03[A] 중심

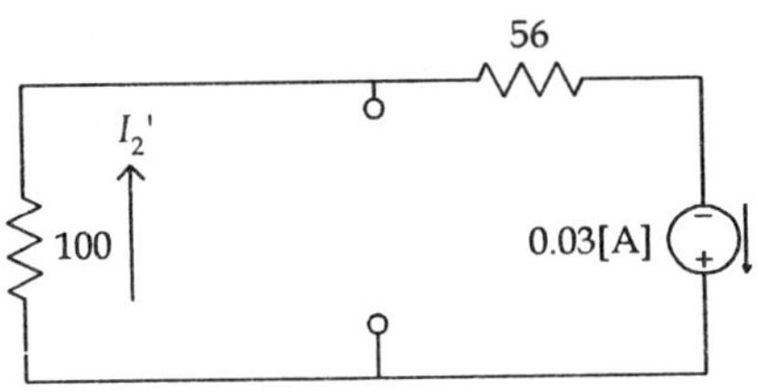

$I_2' = 0.03$ [A] (↑)

② 0.1[A] 중심

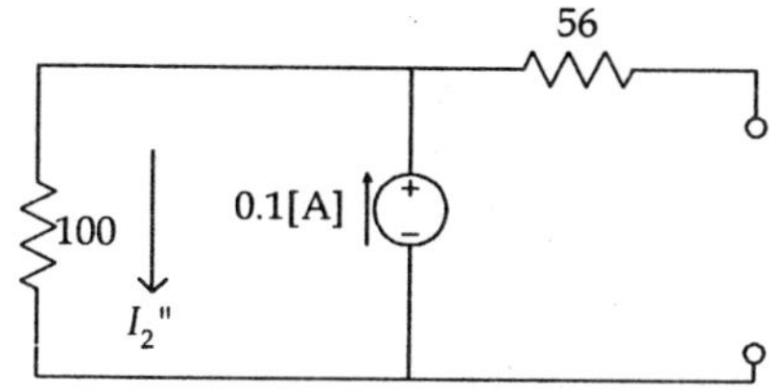

$I_2'' = 0.1\,[A]\ (\downarrow)$

I_2가 아래 방향이 기준이므로,

$\therefore\ I_2 = I_2' + I_2'' = -0.03\,[A] + 0.1\,[A] = 0.07\,[A]$

☜ 극성에 주의할 것!!

예제 8 다음의 회로에서 I를 구하여라.

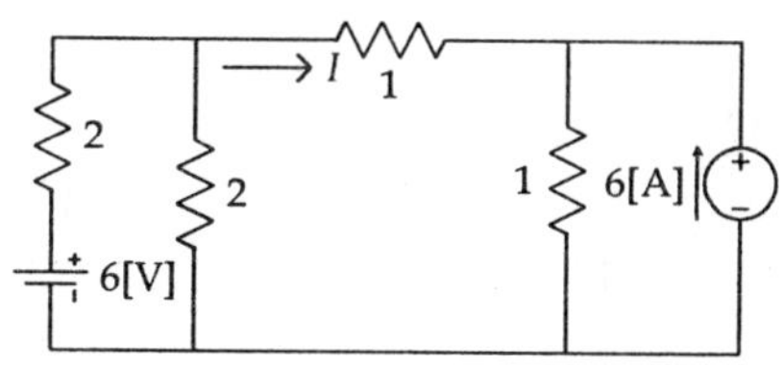

〈풀이〉 ① 6[V] 중심

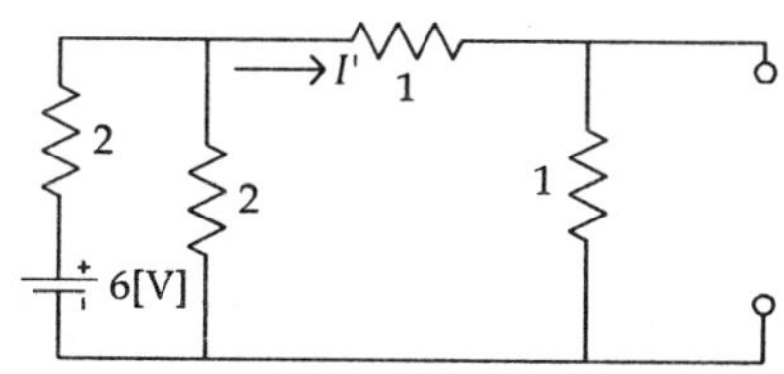

$R_T = 2 + 2 \parallel 2 = 3[\Omega]$

$I_T = \dfrac{6}{3} = 2\,[A]$

$I' = \dfrac{2}{2+2} \times 2 = 1\,[A]\ \ (\rightarrow)$

② 6[A] 중심

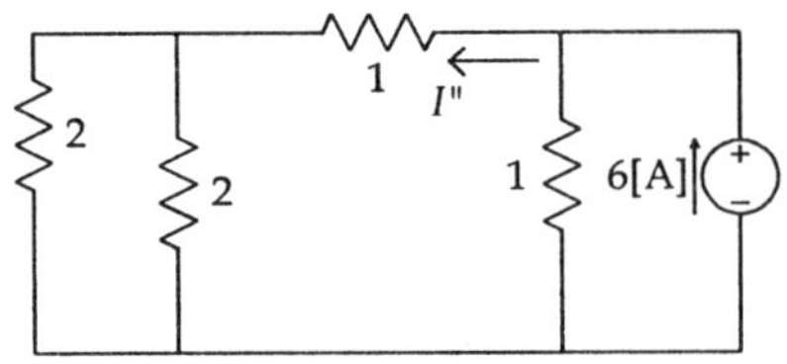

$I'' = \frac{1}{1+2} \times 6 = 2\,[\mathrm{A}]$ (←)

$\therefore\ I = I' + I'' = 1 + (-2) = -1\,[\mathrm{A}]$ ☜ 주어진 방향과 반대 방향이다.

예제 9 다음의 회로에서 I를 구하여라.

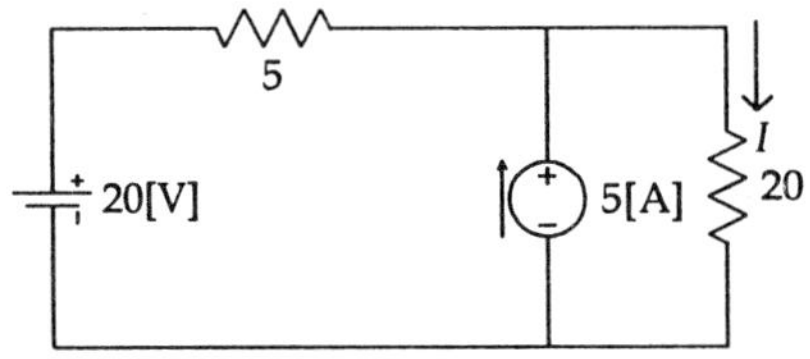

〈풀이〉 ① 20[V] 중심

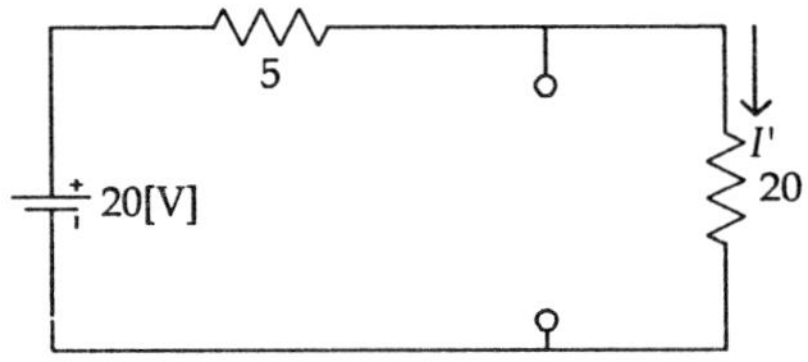

$I' = \frac{20}{5+20} = 0.8\,[\mathrm{A}]$ (↓)

② 5[A] 중심

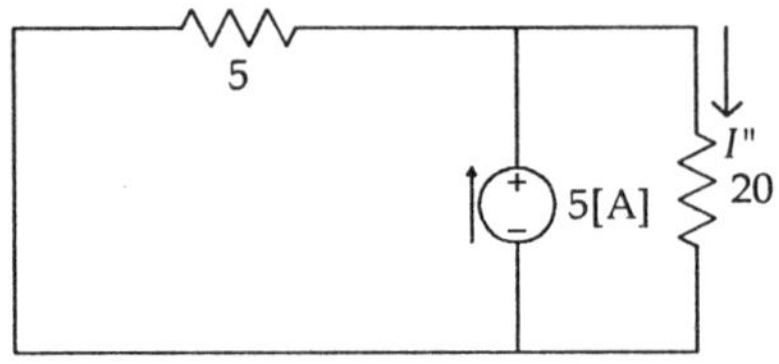

$I'' = \frac{5}{5+20} \times 5 = 1\,[\mathrm{A}]$ (↓)

$\therefore\ I = I' + I'' = 0.8 + 1 = 1.8\,[\mathrm{A}]$ (↓)

예제 10 다음의 회로에서 3[Ω]에 흐르는 전류(I)를 구하여라.

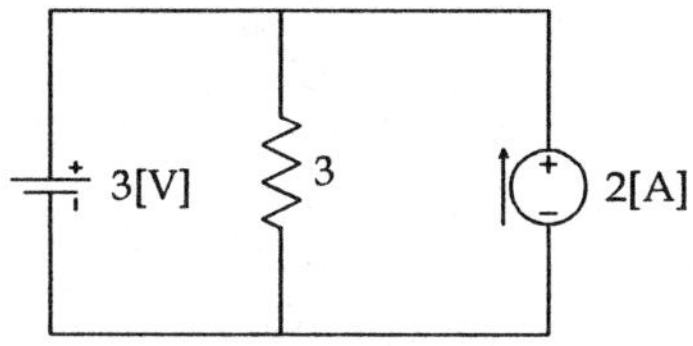

〈풀이〉 ① 3[V] 중심

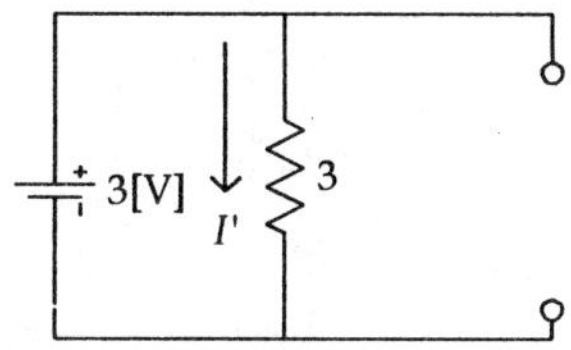

$I' = 3/3 = 1\,[\mathrm{A}]$ (↓)

② 2[A] 중심 — 전류(I'')는 0[A]이 된다.
☜ 그림과 같이 저항이 없는 쪽으로 흐른다.

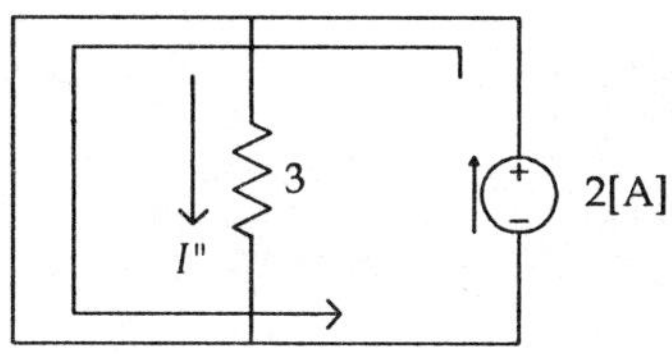

$\therefore\ I = 1 + 0 = 1\,[\mathrm{A}]$(↓)

예제 11 다음의 회로에서 I를 구하여라.

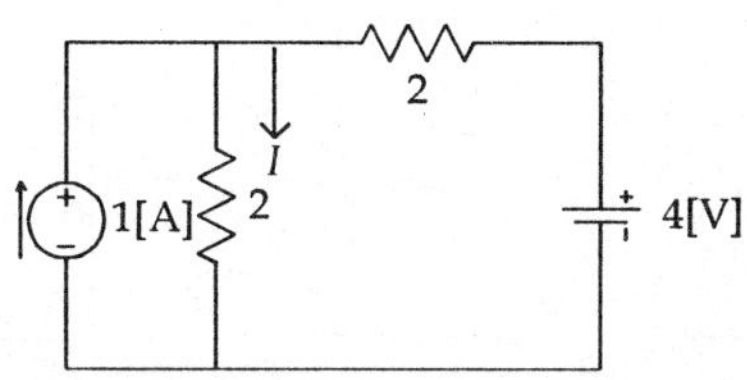

〈풀이〉 ① 1[A] 중심

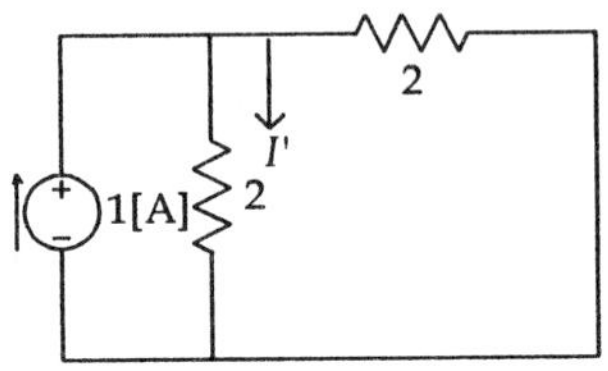

$$I' = \frac{2}{2+2} \times 1 = 0.5[A] \ (\downarrow)$$

② 4[V] 중심

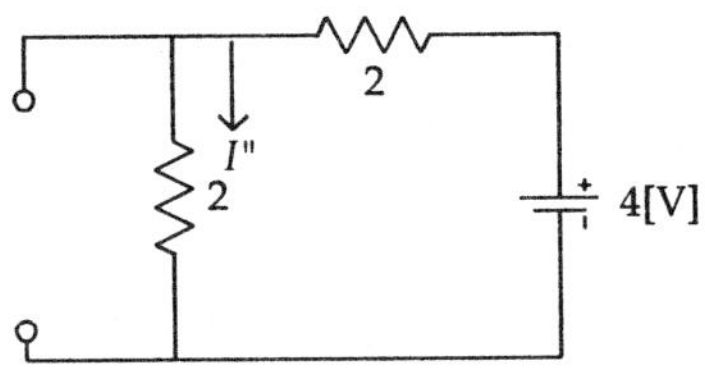

$$I'' = \frac{4}{2+2} = 1[A] \ (\downarrow)$$

$$\therefore I = I' + I'' = 0.5 + 1 = 1.5[A](\downarrow)$$

5-5. 테브난의 정리

복잡한 원래 회로의 등가회로를 직렬로 구성하여 등가 전압원으로 표현한다.

- R_{Th} : 전압원 ⇒ 단락시키고, 전류원 ⇒ 개방시킨 후, 외부 단자 쪽으로부터 계산
- V_{Th} : 외부 부하를 개방시킨 후, 마주 보이는 소자의 양단전압을 계산

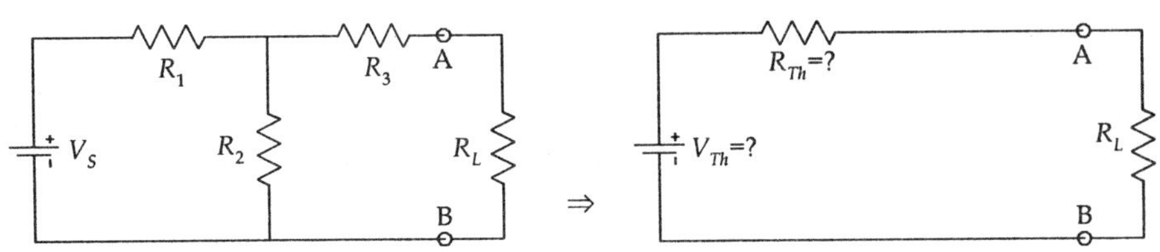

[그림 5-4] 테브난의 정리

예제 12 다음 회로의 테브난의 등가회로를 구하여라.

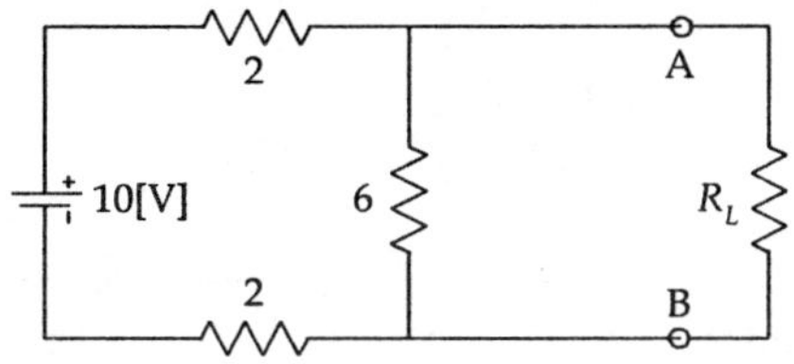

〈풀이〉 ① V_{Th}

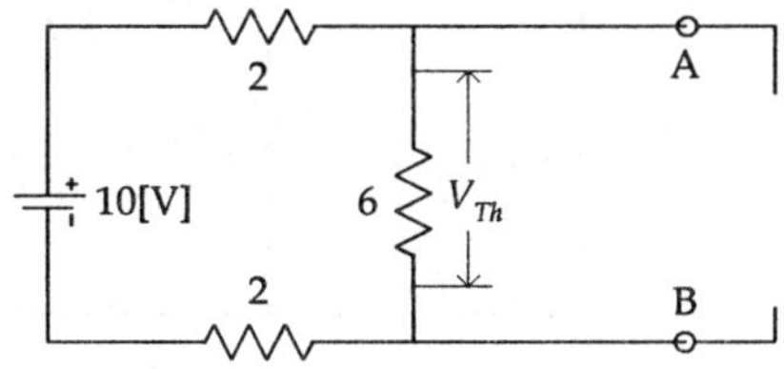

$$I_T = \frac{10}{2+6+2} = 1\,[\text{A}]$$

$$\therefore\ V_{Th} = 1 \times 6 = 6\,[\text{V}]$$

② R_{Th} ─ 전압원이므로 단락시킨다.

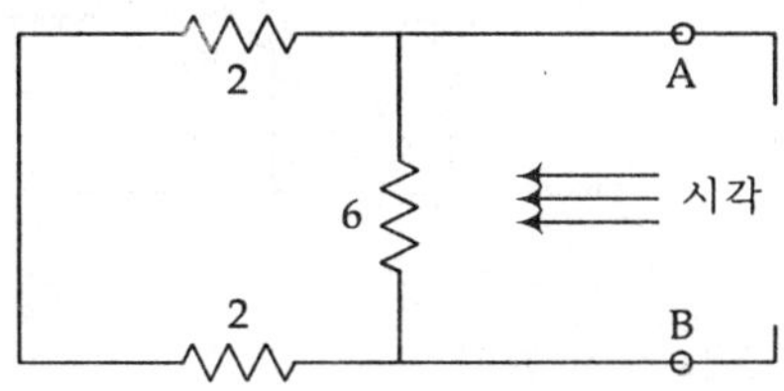

$$R_{Th} = 6 \parallel (2+2) = (6^{-1} + 4^{-1})^{-1} = 2.4\,[\Omega]$$

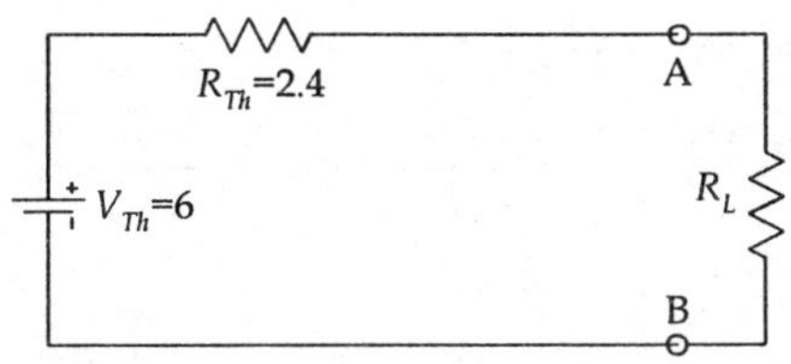

예제 13 다음 회로의 테브난의 등가회로를 구하여라.

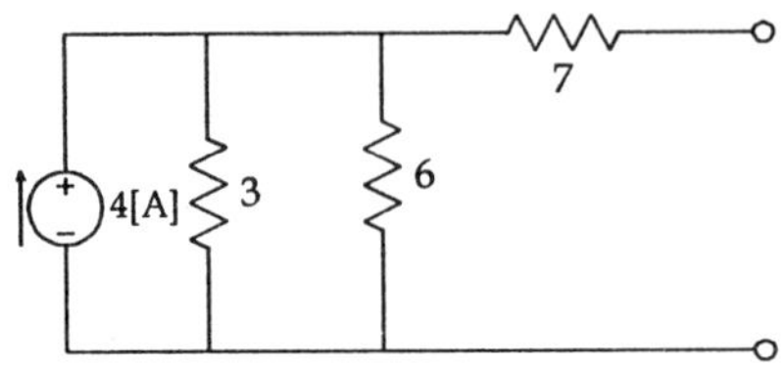

〈풀이〉 ① V_{Th} — 2[Ω] 양단전압

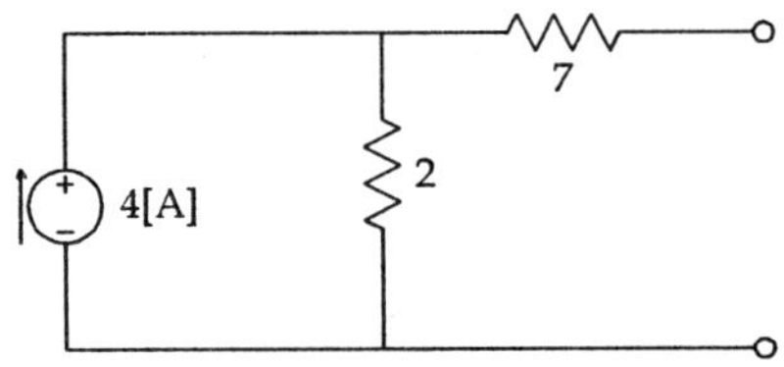

$V_{Th}=4\times2=8\,[\text{V}]$

② R_{Th}— 전류원이므로 개방시킨다.

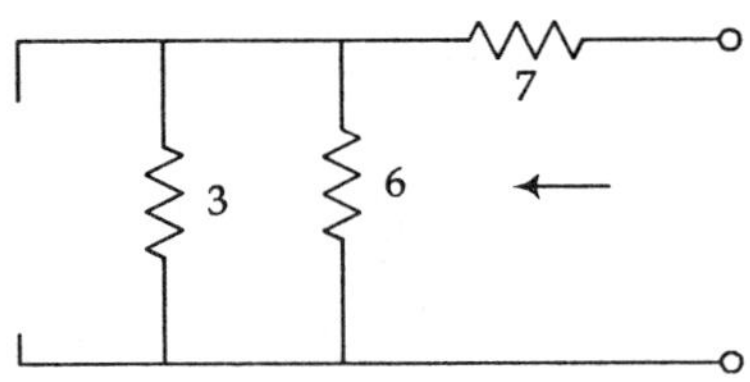

$R_{Th}=7+3\parallel6=9\,[\Omega]$

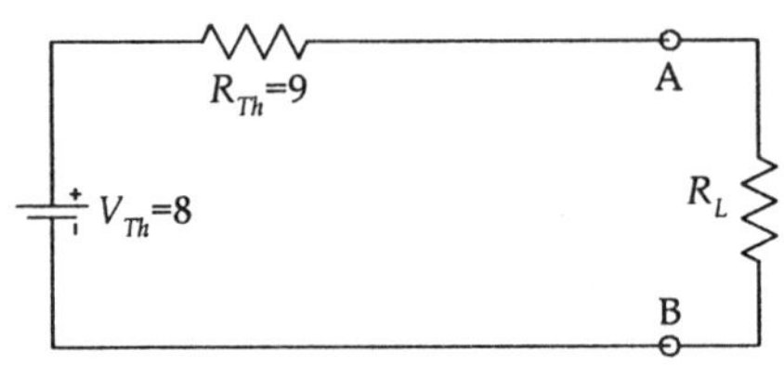

예제 14 다음 회로의 테브난의 등가회로를 구하여라.

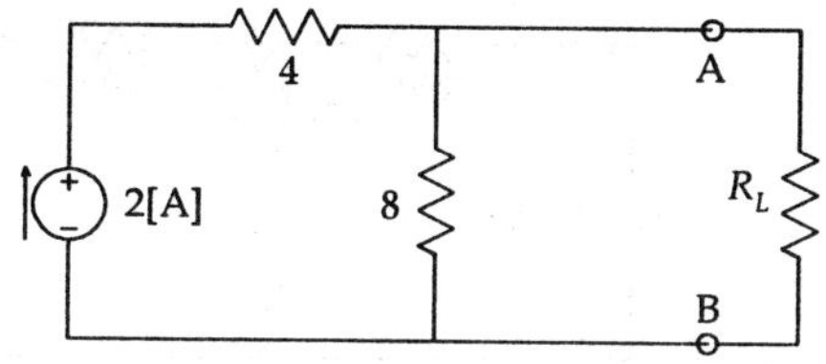

〈풀이〉 ① V_{Th}

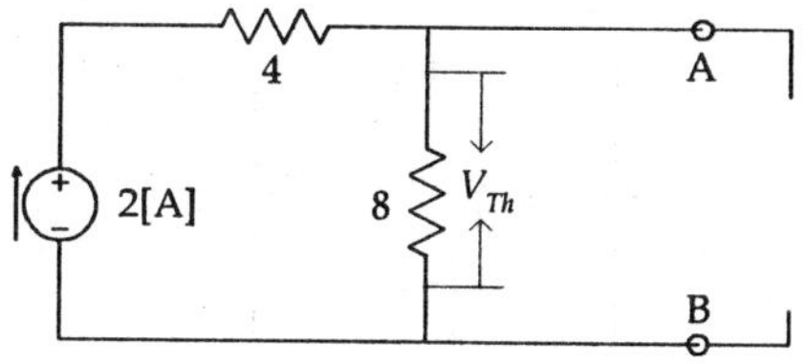

$\therefore\ V_{Th} = 2 \times 8 = 16\ [\text{V}]$

② R_{Th} — 전류원이므로 개방시킨다.

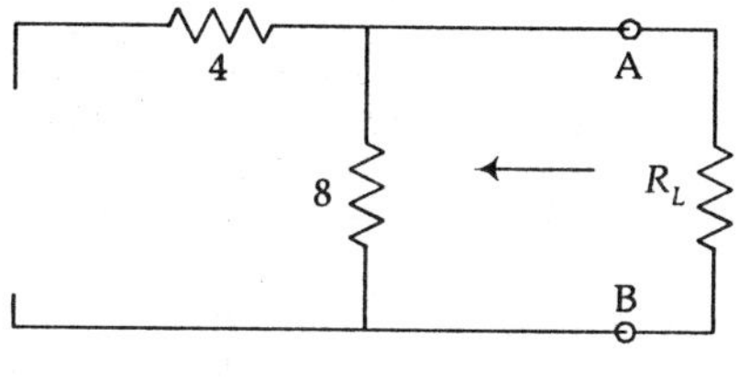

$R_{Th} = 8[\Omega]$

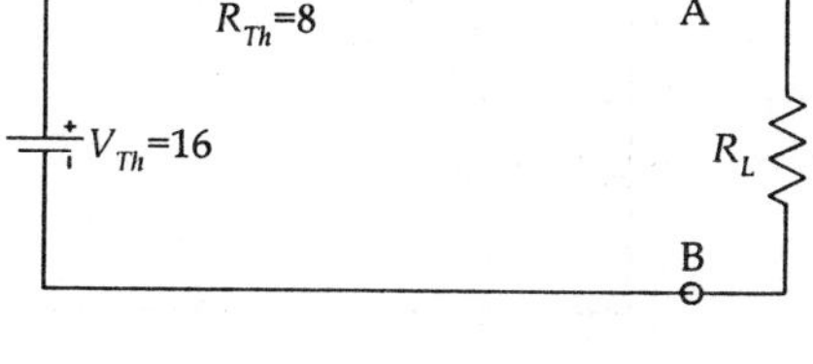

예제 15 다음 회로의 테브난의 등가회로를 구하여라.

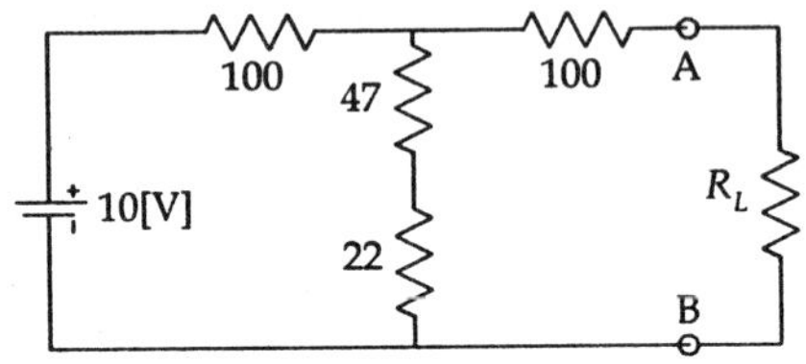

〈풀이〉 ① V_{Th}

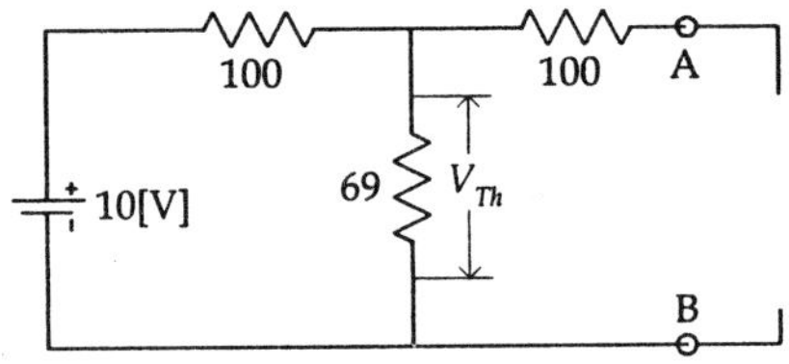

$$V_{Th} = \frac{69}{100+69} \times 10 = 4.08\,[\mathrm{V}]$$

② R_{Th} — 전압원이므로 단락시킨다.

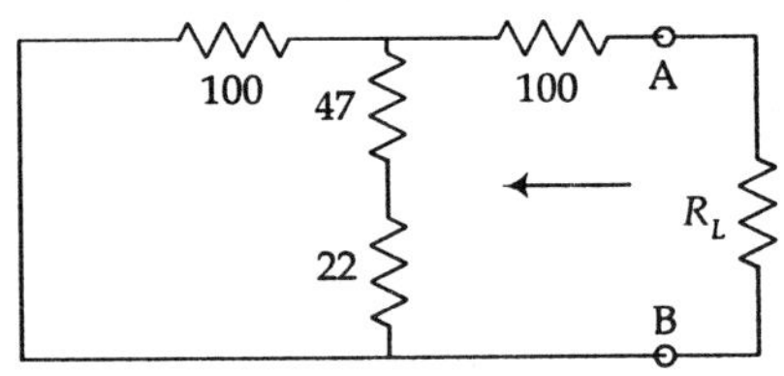

$$R_{Th} = 100 + 100 \parallel 69 = 141\,[\Omega]$$

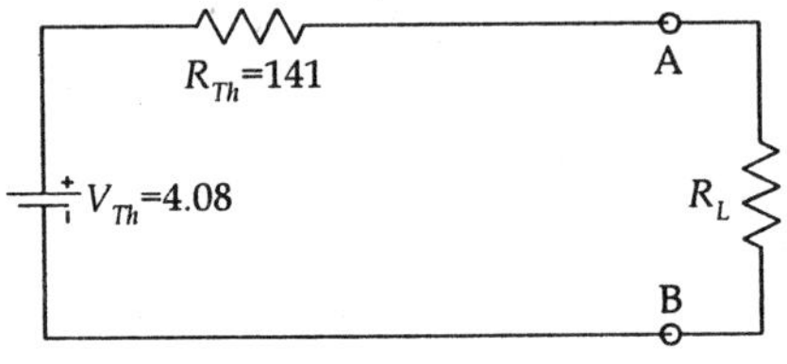

5-6. 노턴의 정리

복잡한 원래 회로의 등가회로를 병렬로 구성하여 등가 전류원으로 표현한다.

- R_N : 전압원 ⇒ 단락시키고, 전류원 ⇒ 개방시킨 후, 외부 단자 쪽으로부터 계산
- I_N : 외부 부하를 단락시킨 후, 외부 부하 쪽에 흐르는 전류를 계산

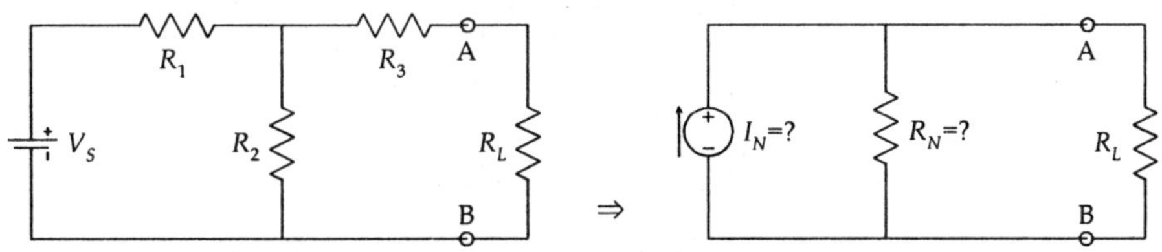

[그림 5-5] 노턴의 정리

결론 | 테브난의 등가회로 $\overset{\equiv}{(등가회로)}$ 노턴의 등가회로

예제 16 다음 회로의 노턴의 등가회로를 구하여라.

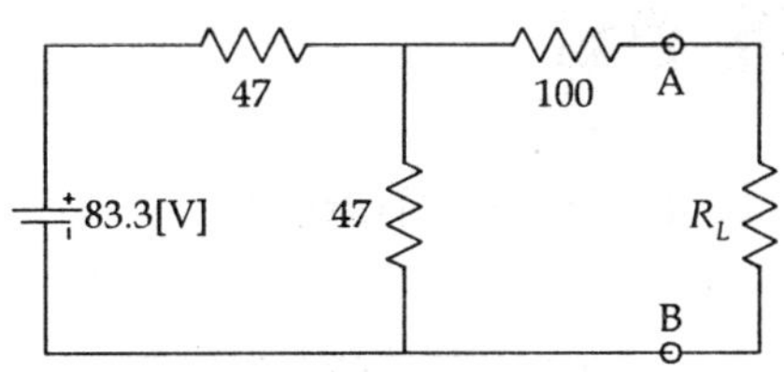

〈풀이〉 ① $I_N \Rightarrow R_L$ 단락

$$R_T = 47 + 100 \parallel 47 = 79\,[\Omega]$$

$$I_T = \frac{V_S}{R_T} = \frac{83.3}{79} = 1.05\,[\text{A}]$$

$$\therefore\ I_N = \frac{47}{100+47} \times 1.05\,[\mathrm{A}] = 336\,[\mathrm{mA}]$$

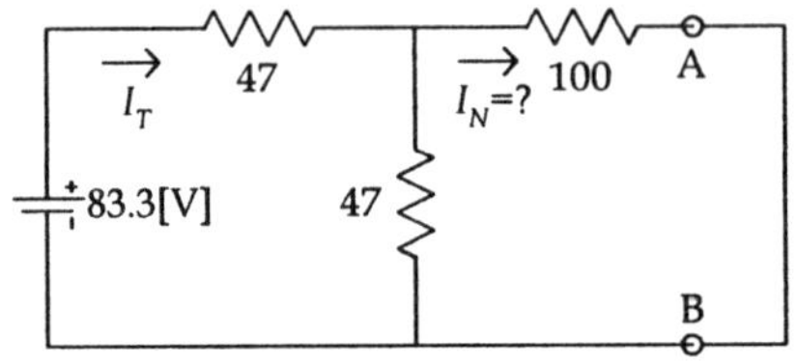

② R_N — 전압원이므로 단락시킨다.

$R_N = 100 + 47 \parallel 47 = 124\,[\Omega]$

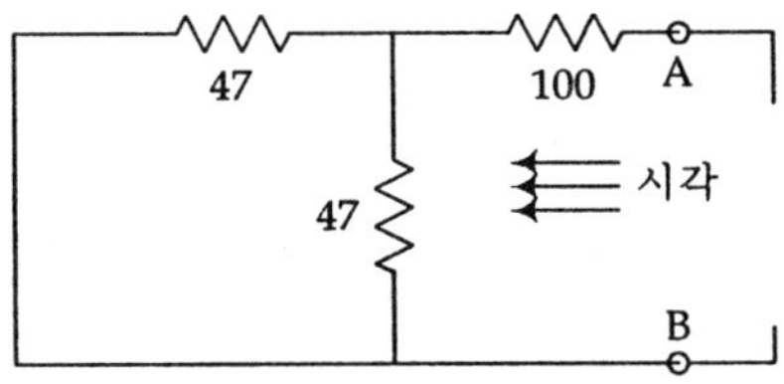

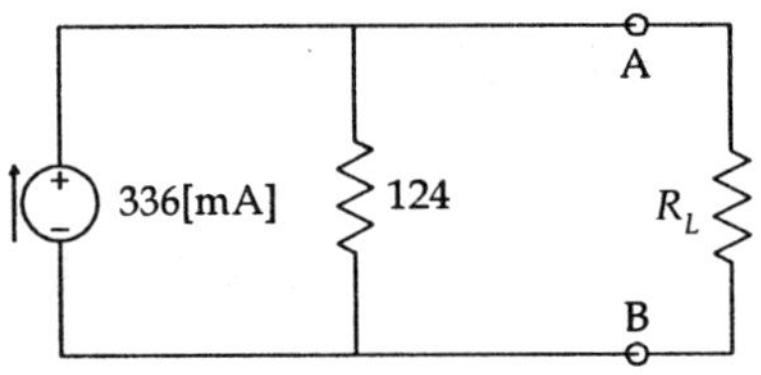

〈노턴의 등가회로〉

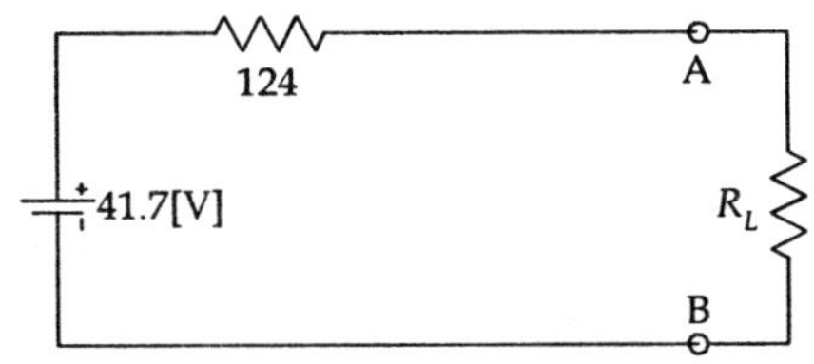

〈테브난의 등가회로〉

5-7. 최대 전력 전달

- $R_S = R_L$일 때, P_L이 최대이다.

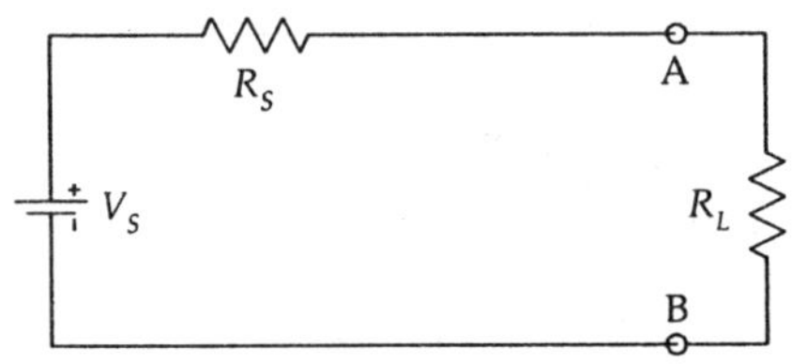

[그림 5-6] 최대 전력 전달

$$V_L = \frac{R_L}{R_S + R_L} \times V_S \tag{5-1}$$

$$I_L = \frac{V_S}{R_S + R_L} \tag{5-2}$$

$$P_L = V_L I_L = \frac{V_L^2}{R_L} = I_L^2 R_L \tag{5-3}$$

식 (5-3)에 식 (5-2)를 대입하면,

$$P_L = I_L^2 R_L = \left(\frac{V_S}{R_S + R_L}\right)^2 R_L = \frac{R_L}{(R_S + R_L)^2} V_S^2 \tag{5-4}$$

식 (5-4)를 R_L에 대해 미분하면,

$$\frac{dP_L}{dR_L} = V_S^2 \frac{(R_S + R_L)^2 - R_L \cdot (2R_S + 2R_L)}{(R_S + R_L)^4}$$

$$= V_S^2 \frac{(R_S + R_L)^2 - 2R_L \cdot (R_S + R_L)}{(R_S + R_L)^4} \tag{5-5}$$

식 (5-5) =0일 때, P_L이 최대가 되므로 다음과 같이 된다.

$$R_S^2 + R_L^2 + 2R_S R_L - 2R_S R_L - 2P_L^2 = 0$$

$$\therefore R_S = R_L$$

예제 17 다음 회로에서 R_L에 따른 소비전력을 구하여라.

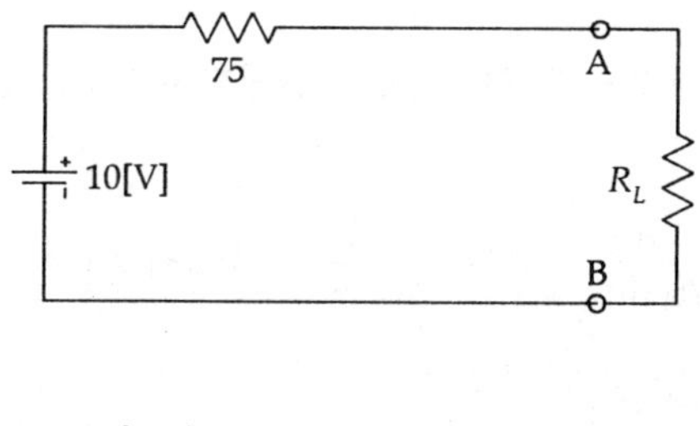

〈풀이〉 ① $R_L = 25[\Omega]$일 때,

$$I = \frac{10}{75 + 25} = 0.1\,[\mathrm{A}]$$

$$P_L = I^2 R_L = 0.1^2 \times 25 = 250\,[\mathrm{mW}]$$

② $R_L = 50[\Omega]$일 때,

$$I = \frac{10}{75+50} = 0.08\,[\mathrm{A}]$$

$$P_L = I^2 R_L = 0.08^2 \times 50 = 320\,[\mathrm{mW}]$$

③ $R_L = 75[\Omega]$일 때,

$$I = \frac{10}{75+75} = 0.067\,[\mathrm{A}]$$

$$P_L = I^2 R_L = 0.067^2 \times 75 = 334\,[\mathrm{mW}]$$; 최대 전력

④ $R_L = 100[\Omega]$일 때,

$$I = \frac{10}{75+100} = 0.057\,[\mathrm{A}]$$

$$P_L = I^2 R_L = 0.057^2 \times 100 = 326\,[\mathrm{mW}]$$

⑤ $R_L = 125[\Omega]$일 때,

$$I = \frac{10}{75+125} = 0.05\,[\mathrm{A}]$$

$$P_L = I^2 R_L = 0.05^2 \times 125 = 313\,[\mathrm{mW}]$$

5-8. 휘스톤 브리지 회로

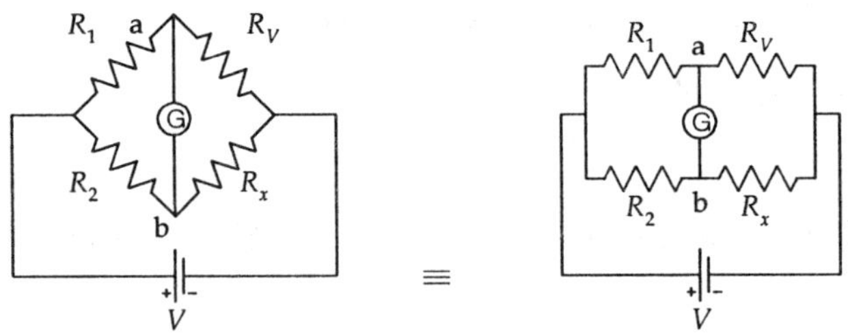

[그림 5-7] 휘스톤 브리지(Whitstone bridge) **회로**

$$V_{ab} = \frac{R_V}{R_1 + R_V} V - \frac{R_x}{R_2 + R_x} V = 0$$ 에서

$$\frac{R_V}{R_1 + R_V} = \frac{R_x}{R_2 + R_x}$$

$$R_1 R_x + R_V R_x = R_2 R_V + R_V R_x$$

$\therefore\ R_1 R_x = R_2 R_V$ ☜ 대각의 곱은 같다.

제 6 장 지로 · 망로 · 절점 해석

6-1. 명 칭

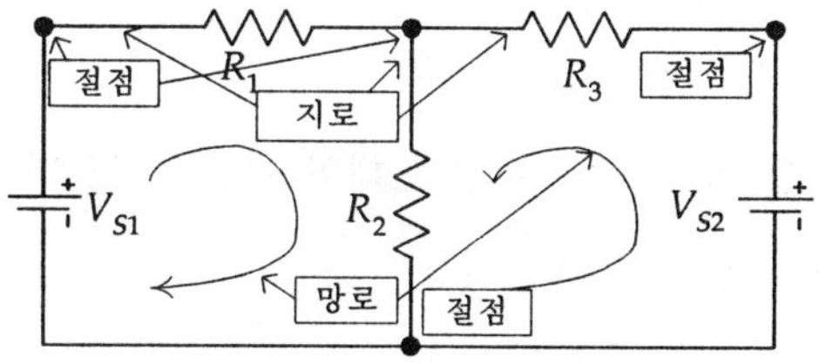

[그림 6-1] **지로**(branch) · **망로**(loop) · **절점**(node)

6-2. 회로망 정리

	구 분	주안점	방 법
회로망 정리	지로전류법 (branch current method)	branch 중심	KVL, KCL 사용
	망로전류법 (mesh current method)	loop 중심	시계 방향으로 망로 방향 설정 ⇒ 전류 표현
	절점전압법 (node voltage method)	node 중심	옴의 법칙 사용

※ 중첩의 정리는 부분적인 해석만 가능하나 회로망 정리는 포괄적 해석이 가능하다.

6-3. 지로전류법

예제 1 다음 회로에서 각 지로전류(I_1, I_2, I_3)를 구하여라.

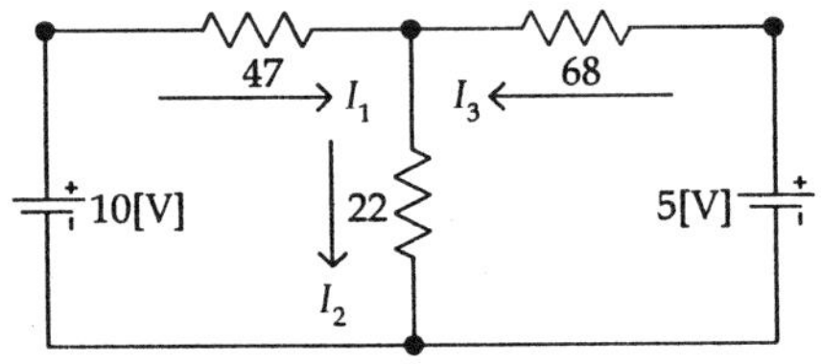

〈풀이〉 $47I_1 + 22I_2 = 10$ ……① ; KVL

$22I_2 + 68I_3 = 5$ ……② ; KVL

$I_1 + I_3 = I_2$ ……③ ; KCL

에서, 식 ③을 식 ① 및 식 ②에 대입하여 정리하면,

$69I_1 + 22I_3 = 10$ ……④

$22I_1 + 90I_3 = 5$ ……⑤

식 ④ 및 식 ⑤를 행렬식을 이용하여 풀면,

$$I_1 = \frac{\begin{vmatrix} 10 & 22 \\ 5 & 90 \end{vmatrix}}{\begin{vmatrix} 69 & 22 \\ 22 & 90 \end{vmatrix}} = \frac{790}{5726} \fallingdotseq 138\,[\mathrm{mA}] \quad \cdots\cdots ⑥$$

식 ⑥에서 구한 값을 식 ④에 대입하면,

$$I_3 = \frac{10 - 69 \times 0.138}{22} \fallingdotseq 22\,[\mathrm{mA}] \quad \cdots\cdots ⑦$$

식 ⑥ 및 식 ⑦에서 구한 값을 식 ③에 대입하면,

$$I_2 = I_1 + I_3 = 138 + 22 = 160\,[\mathrm{mA}]$$

6-4. 망로전류법

예제 2 다음 회로에서 각 망로전류(I_1'', I_2'', I_3'')를 구하여라.

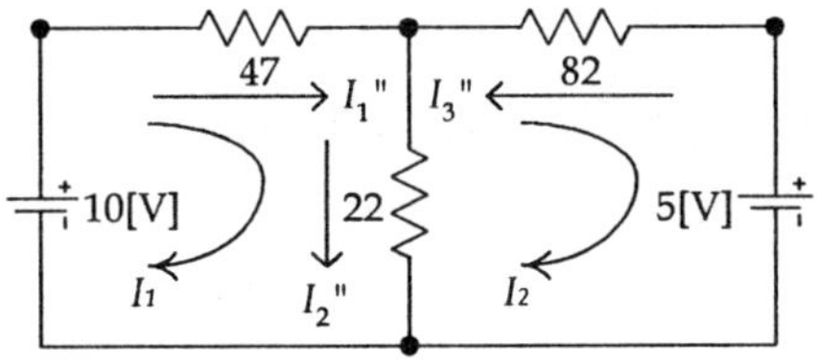

〈풀이〉 $47I_1 + 22(I_1 - I_2) = 10 \cdots\cdots ①$

$22(I_2 - I_1) + 82I_2 = -5 \cdots\cdots ②$

식 ① 및 식 ②를 정리하면,

$69I_1 - 22I_2 = 10 \cdots\cdots ③$

$-22I_1 + 104I_2 = -5 \cdots\cdots ④$

식 ③ 및 식 ④를 행렬식을 이용하여 풀면,

$$I_1 = \frac{\begin{vmatrix} 10 & -22 \\ -5 & 104 \end{vmatrix}}{\begin{vmatrix} 69 & -22 \\ -22 & 104 \end{vmatrix}} = \frac{930}{6692} \fallingdotseq 139\,[\text{mA}] \quad \cdots\cdots ⑤$$

식 ⑤에서 구한 값을 식 ③에 대입하면,

$$I_2 = -\frac{10 - 69 \times 0.139}{22} \fallingdotseq -18.6\,[\text{mA}] \cdots\cdots ⑥$$

$\therefore\ I_1'' = I_1 = 139\,[\text{mA}]$

$I_3'' = -I_2 = 18.6\,[\text{mA}]$

$I_2'' = I_1'' + I_3'' = 139 + 18.6 = 157.6\,[\text{mA}]$

[참조] 지로전류법에 의한 해법

$47I_1'' + 22I_2'' = 10 \quad \cdots\cdots ①$; KVL

$22I_2'' + 82I_3'' = 5 \quad \cdots\cdots ②$; KVL

$I_1'' + I_3'' = I_2'' \quad \cdots\cdots ③$; KCL

식 ③을 식 ① 및 식 ②에 대입하여 정리하면,

$$69I_1'' + 22I_3'' = 10 \quad \cdots\cdots ④$$
$$22I_1'' + 104I_3'' = 5 \quad \cdots\cdots ⑤$$

식 ④ 및 식 ⑤를 행렬식을 이용하여 풀면,

$$I_1'' = \frac{\begin{vmatrix} 10 & 22 \\ 5 & 104 \end{vmatrix}}{\begin{vmatrix} 69 & 22 \\ 22 & 104 \end{vmatrix}} = \frac{930}{6692} \fallingdotseq 139\,[\text{mA}] \quad \cdots\cdots ⑥$$

식 ⑥에서 구한 값을 식 ④에 대입하면,

$$I_3'' = \frac{10 - 69 \times 0.139}{22} \fallingdotseq 18.6\,[\text{mA}] \cdots\cdots ⑦$$

식 ⑥ 및 식 ⑦에서 구한 값을 식 ③에 대입하면,

$$I_2'' = I_1'' + I_3'' = 139 + 18.6 = 157.6\,[\text{mA}]$$

6-5. 절점전압법

예제 3 다음 회로에서 절점전압(V_A)을 구하여라.

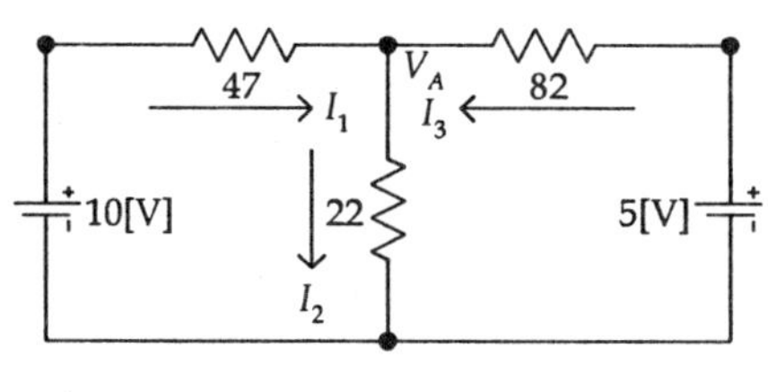

〈풀이〉 $I_1 + I_3 = I_2 \quad \cdots\cdots ①$

각 지로전류에 대해 옴의 법칙을 적용하면,

$$I_1 = \frac{10 - V_A}{47}, \quad I_2 = \frac{V_A}{22}, \quad I_3 = \frac{5 - V_A}{82} \cdots\cdots ②$$

식 ②를 식 ①에 대입하면,

$$\frac{10 - V_A}{47} + \frac{5 - V_A}{82} = \frac{V_A}{22} \quad \cdots\cdots ③$$
$$\therefore \ V_A = 3.47\,[\text{V}]$$

제 7 장 교류전류 및 교류전압 입문

7-1. DC와 AC의 비교

DC와 AC의 비교	DC(Direct Current ; 직류)	시간(t)에 대해서 일정(一定)
	AC(Alternate Current ; 교류)	시간(t)에 대해서 교번(交番)

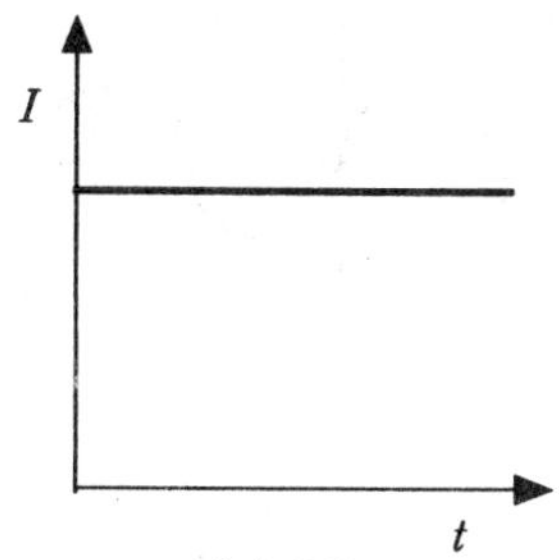

(a) DC

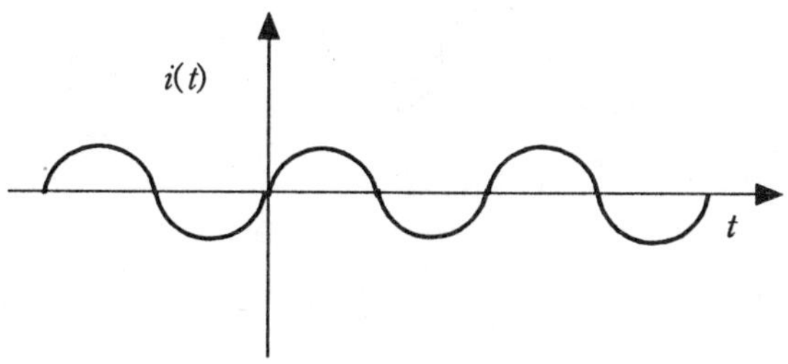

(b) AC

[그림 7-1] DC와 AC의 파형

7-2. 정 현 파

• 동일한 주기 + 모양

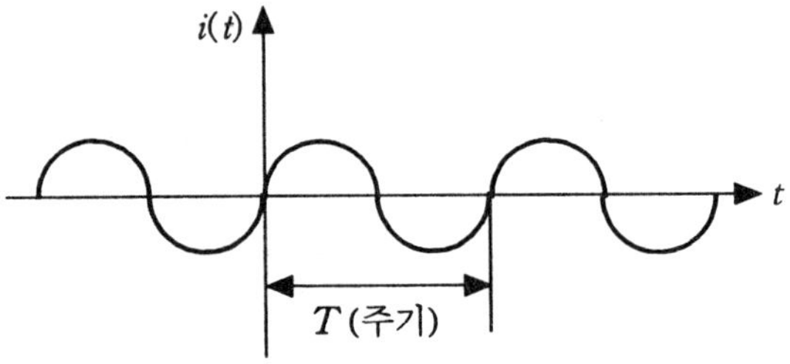

$$\Rightarrow \quad T[\text{sec}] = \frac{1}{f}[\text{Hz}]$$

$$f[\text{Hz}] = \frac{1}{T[\text{sec}]}$$

예제 1 다음 정현파에서 주기와 주파수를 구하여라.

(a)

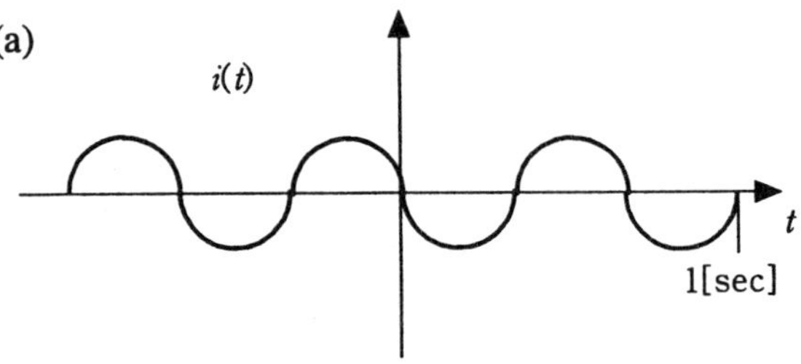

〈풀이〉 $T = \frac{1}{2}[\text{sec}]$

$f = 2[\text{Hz}]$

(b)

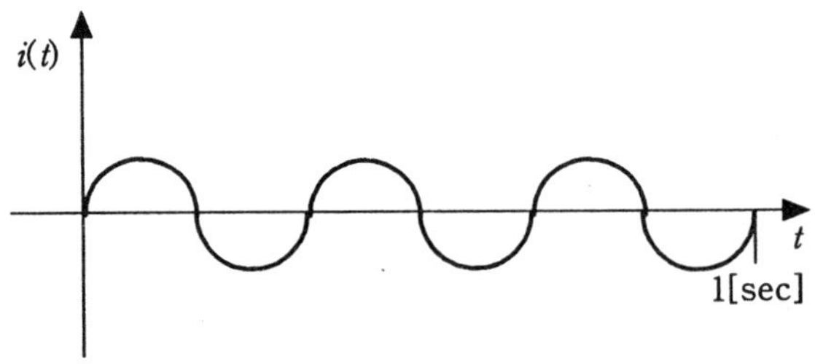

〈풀이〉 $T = \frac{1}{2}[\text{sec}]$

$f = 2[\text{Hz}]$

7-3. 정현파의 값

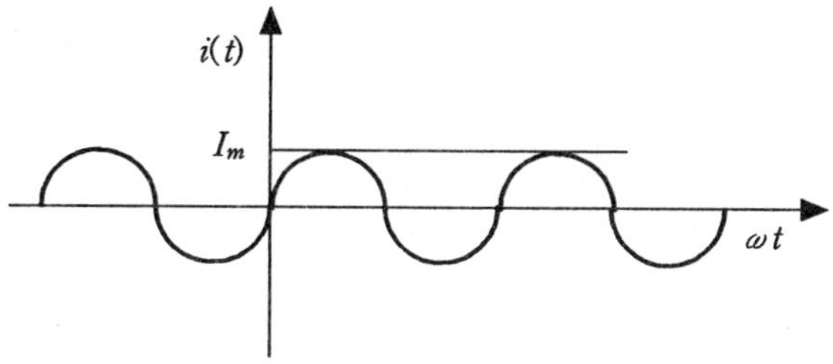

$i(t) = I_m \sin \omega t$ [A]에서,

① 순시값 ; $i(t)$, $I_m \sin \omega t$

② 최대값 ; I_m(최대 진폭)

③ 실효값(rms) ; $\frac{1}{\sqrt{2}} \times I_m$

④ 평균값 ; $\frac{2}{\pi} \times I_m$

예제 2 다음의 정현파에서 전류의 순시값, 최대값, 실효값, 평균값을 각각 구하여라.

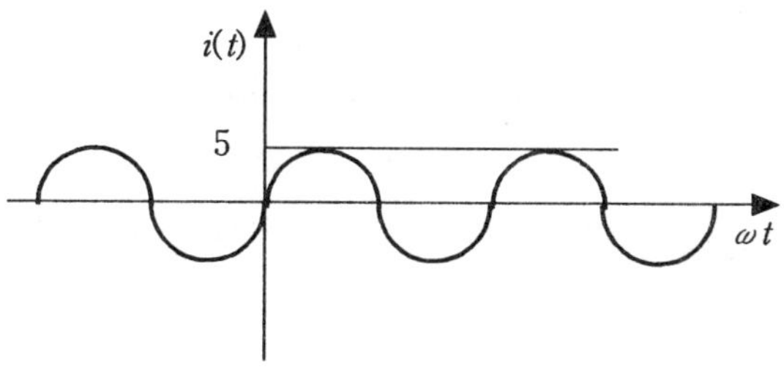

〈풀이〉 $i(t) = 5 \sin \omega t$ [A]에서,
① 순시값 ; $i(t)$, $5 \sin \omega t$ [A]
② 최대값 ; 5 [A]
③ 실효값 ; $\frac{5}{\sqrt{2}}$ [A]
④ 평균값 ; $\frac{10}{\pi}$ [A]

예제 3 다음의 회로에서 rms 전류 및 V_1, V_2를 각각 구하여라.

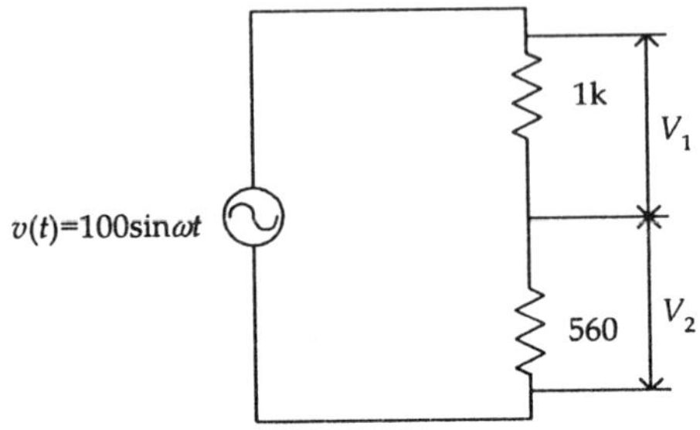

〈풀이〉 $I_{rms} = \dfrac{V_{rms}}{R} = \dfrac{50\sqrt{2}}{1.56\,[\text{k}\Omega]} \fallingdotseq 45.3\,[\text{mA}]$

$V_{1rms} = I_{rms} \times 1\,[\text{k}\Omega] = 45.3\,[\text{V}]$

$V_{2rms} = I_{rms} \times 0.56\,[\text{k}\Omega] = 25.4\,[\text{V}]$

7-4. 정현파의 각도

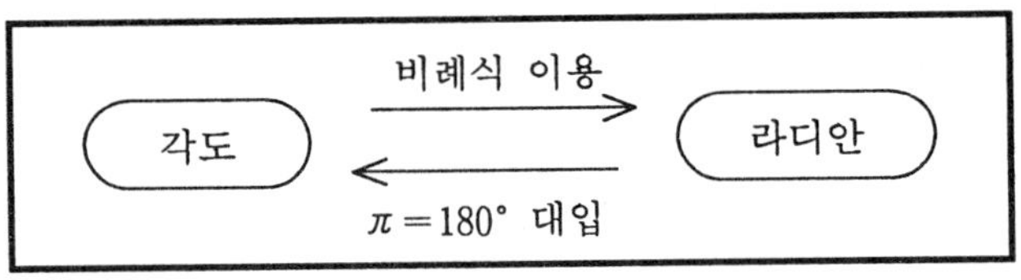

예제 4 다음에서 각도는 라디안으로, 라디안은 각도로 변환하여라.

① 60°

② $\dfrac{\pi}{4}$

〈풀이〉 ① $180 : \pi = 60° : x\pi$

$60\pi = 180x\pi$

$\therefore\ x = \dfrac{1}{3}$ 이므로 $60° = \dfrac{\pi}{3}$

② $\dfrac{\pi}{4} = \dfrac{180°}{4} = 45°$

제 8 장 페이저 및 복소수

8-1. 페 이 저

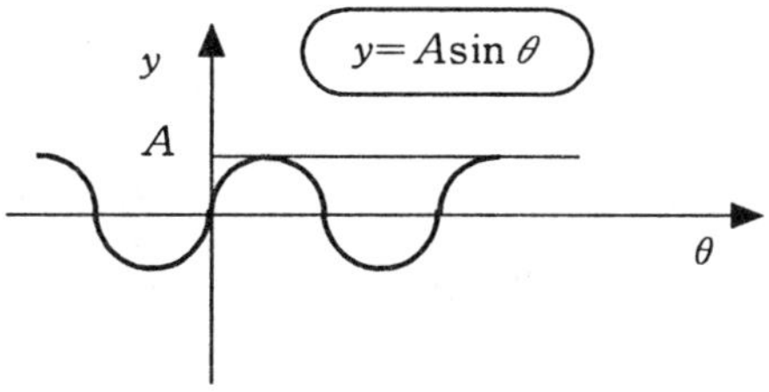

(a) 수학

⇓
이용

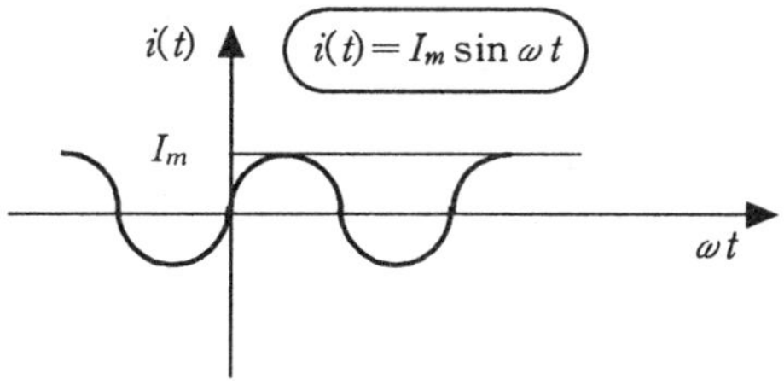

(b) 회로

$\theta \neq t$이므로, 매개체(변수)가 필요하다.

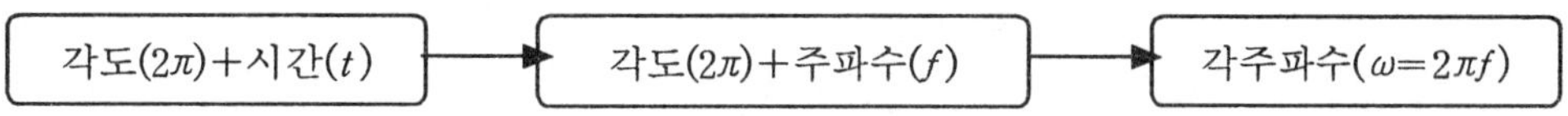

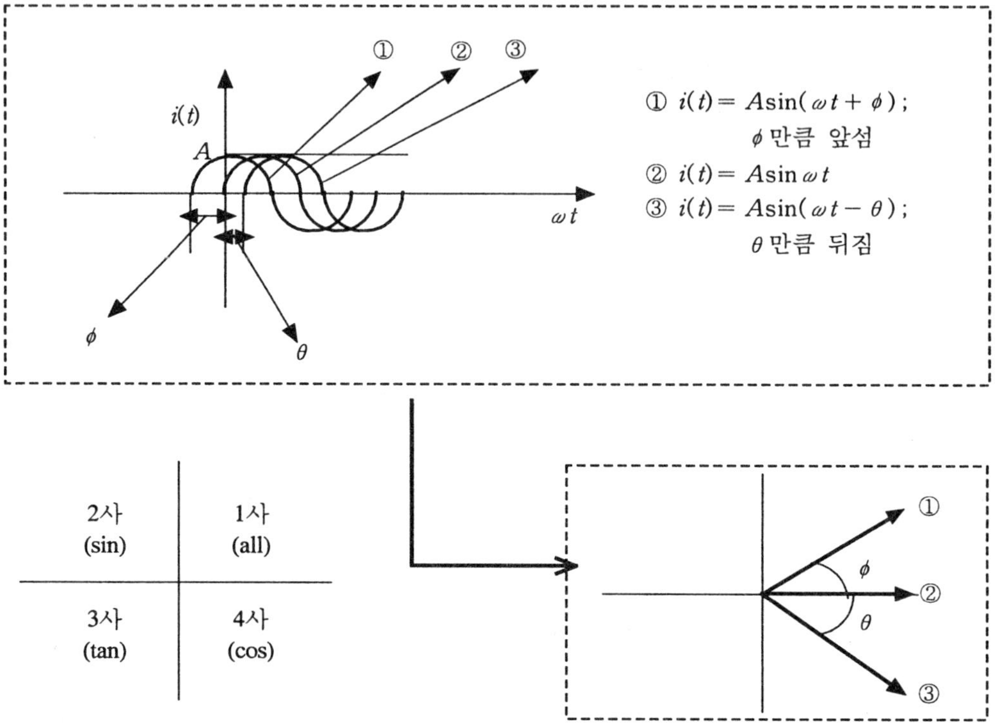

[그림 8-1] 페이저(phasor)의 개요

예제 1 다음의 페이저에 대해 정현파의 순시값을 구하여라.

(a)

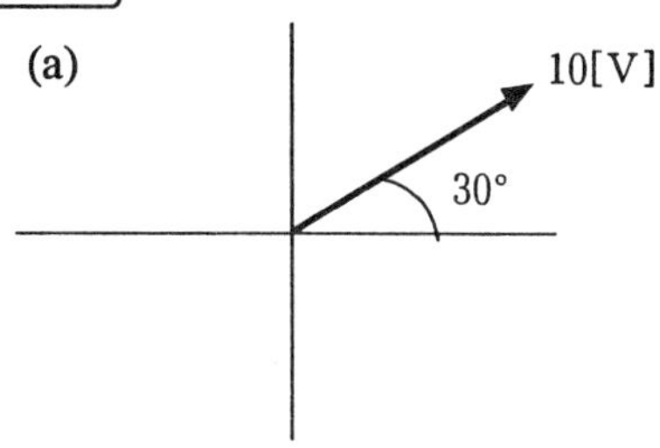

〈풀이〉 $v(t) = 10\sin 30° = 10 \times \frac{1}{2} = 5$ [V]

(b)

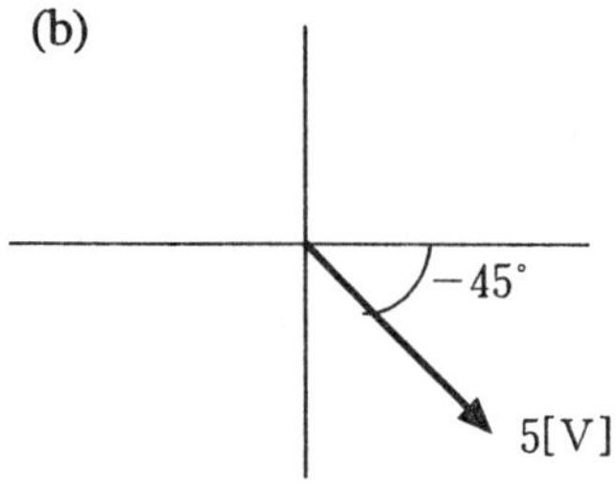

〈풀이〉 $v(t) = 5\sin(-45°) = 5 \times -\frac{\sqrt{2}}{2}$

$= -2.5\sqrt{2}$ [V]

(c)

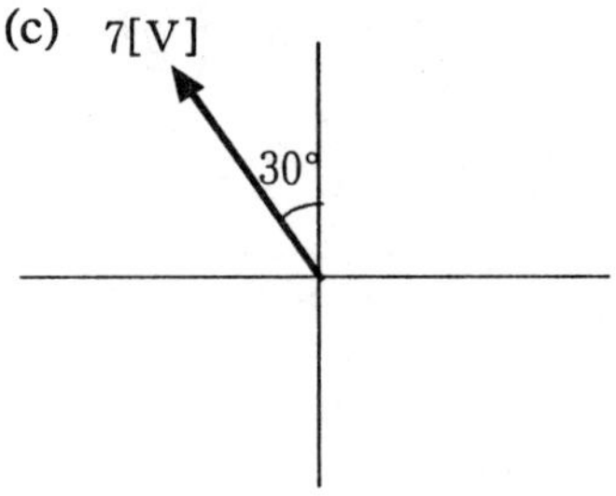

〈풀이〉 $v(t) = 7\sin 120° = 7\cos 30°$

$= 7 \times \frac{\sqrt{3}}{2} = 3.5\sqrt{3}$ [V]

8-2. 복 소 수

• 복소수(complex)

(실수부) + (허수부)

▶ 수학 ; $a+bi$, $i=\sqrt{-1}$

▶ 회로 ; $a+jb$, $j=\sqrt{-1}$

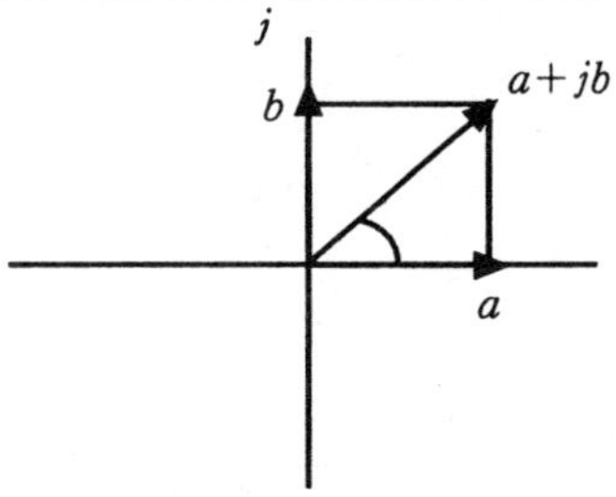

8-3. 좌표 형식

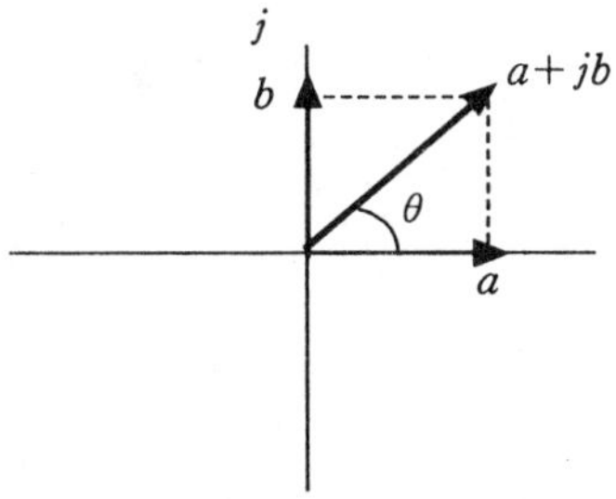

$$\cos\theta = \frac{a}{\sqrt{a^2+b^2}}$$

$$\sin\theta = \frac{b}{\sqrt{a^2+b^2}}$$

① 직각좌표 형식 ; $a+jb$ ☜ 복소수 형태

② 극좌표 형식 ; (크기) ∠ (위상)

$$= \sqrt{a^2+b^2} \angle \tan^{-1}\left(\frac{b}{a}\right)$$

☜ 크기 : $\sqrt{a^2+b^2}$, 위상 : $\tan^{-1}\left(\frac{b}{a}\right)$

③ 삼각함수 형식 ; (크기) $(\cos\theta + j\sin\theta)$

$$=\sqrt{a^2+b^2}\left(\frac{a}{\sqrt{a^2+b^2}}+j\frac{b}{\sqrt{a^2+b^2}}\right)$$

④ 오일러 정리 ; (크기) $\varepsilon^{j\theta}$

$\varepsilon^{j\theta} = \cos\theta + j\sin\theta$로 놓으면,

$\therefore \sqrt{a^2+b^2}\,\varepsilon^{j\tan^{-1}\left(\frac{b}{a}\right)}$

예제 2 다음을 변환하여라.

① $8+j6$을 극좌표로

〈풀이〉 $8+j6=\sqrt{8^2+6^2}\angle\tan^{-1}\left(\frac{6}{8}\right)$

$= 10\angle 36.9°$

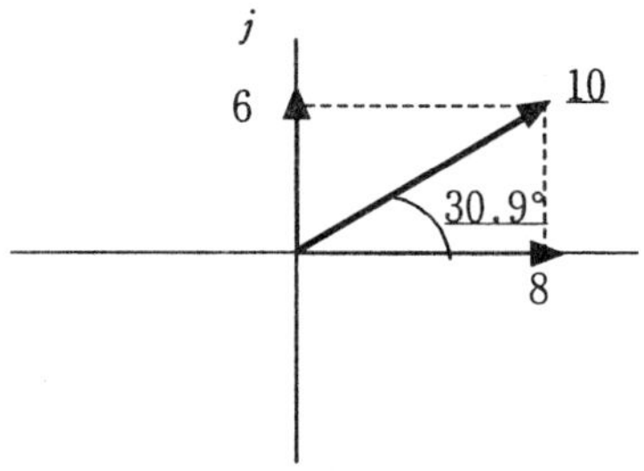

② $200\angle -45°$를 직각좌표로

〈풀이〉 $a = 200\cos 45° = 100\sqrt{2}$

$b = -200\sin 45° = -100\sqrt{2}$

$\therefore 100\sqrt{2} - j100\sqrt{2}$: 제4사분면

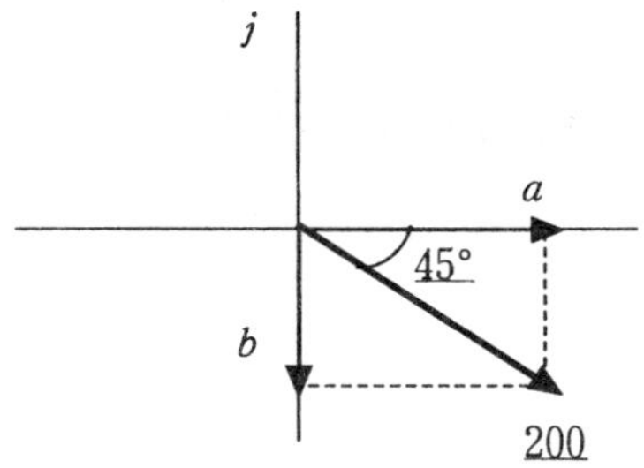

8-4. 수학적인 연산

구 분	연 산 방 법	유리한 좌표
+, −	실수부는 실수부끼리, 허수부는 허수부끼리 가(+), 감(−)	직각좌표
×, ÷	크기는 승/제, 각도는 × ⇒가(+), ÷ ⇒감(−)	극좌표

예제 3 다음의 연산을 계산하여라.

① $(8+j5)+(2+j1)=10+j6$

② $(3+j4)-(1+j2)=2+j2$

③ $10\angle 45° + 5\angle 30° = ?$

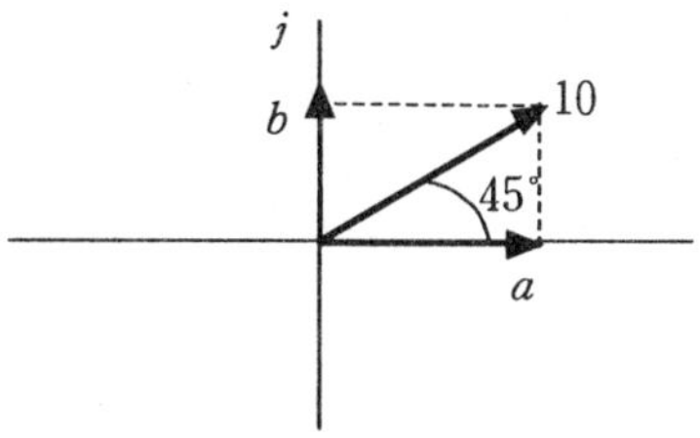

〈풀이〉 $a = 10\cos 45° = 5\sqrt{2}$

$b = 10\sin 45° = 5\sqrt{2}$

$\therefore\ 10\angle 45° = 5\sqrt{2} + j5\sqrt{2}$

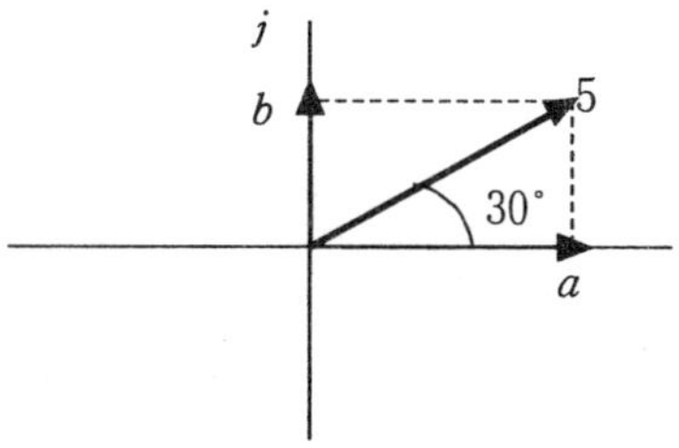

$a = 5\cos 30° = \frac{5\sqrt{3}}{2} = 2.5\sqrt{3}$

$b = 10\sin 30° = 2.5$

$\therefore\ 5\angle 30° = 2.5\sqrt{3} + j2.5$

$$\begin{aligned}\therefore\ & 10\angle 45° + 5\angle 30° \\ &= (5\sqrt{2} + j5\sqrt{2}) + (2.5\sqrt{3} + j2.5) \\ &= 11.4 + j9.57\end{aligned}$$

④ $10\angle 45° \times 5\angle 20° = (5\times 10)\angle(45°+20°) = 50\angle 65°$

⑤ $100\angle 50° \div 25\angle 20° = (100\div 25)\angle(50°-20°) = 4\angle 30°$

⑥ $(3+j4)\div(1+j2) = ?$

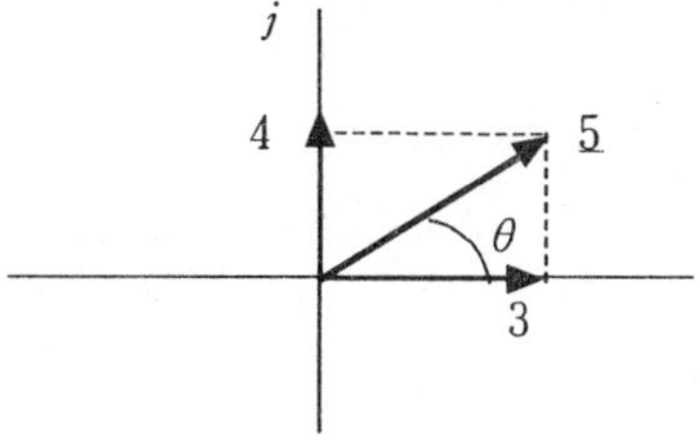

$\theta = \tan^{-1}\left(\frac{4}{3}\right) = 53.1°$

$\therefore\ 3 + j4 = 5\angle 53.1°$

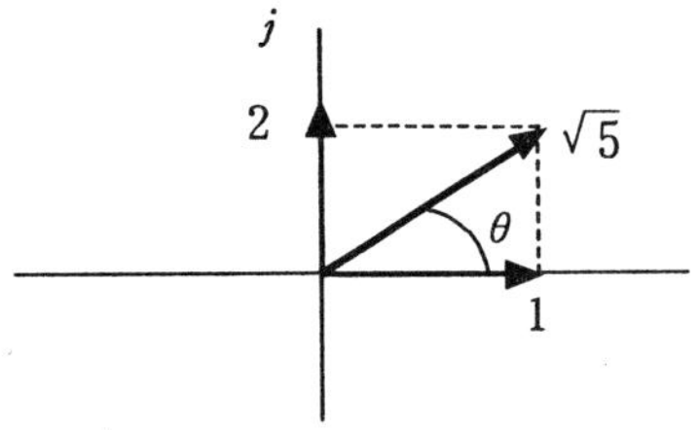

$$\theta = \tan^{-1}\left(\frac{2}{1}\right) = 63.4°$$

$$\therefore\ 1 + j2 = \sqrt{5}\angle 63.4°$$

$$\therefore\ (3 + j4) \div (1 + j2) = 5\angle 53.1° \div \sqrt{5}\angle 63.4°$$
$$= \sqrt{5}\angle -10.3°$$

제 9 장 R−C 회로

9-1. 커패시터

- 커패시터(capacitor) ; C, [F], —||— ☜ 주 단위는 [μF]

  $Q[\text{C}] = C[\text{F}] \times V[\text{V}]$

9-1-1. 직렬(serial)

$C \propto \frac{1}{V}$ 이므로

$$C_T = \left(\frac{1}{C_1} + \frac{1}{C_2} + \cdots + \frac{1}{C_n}\right)^{-1} \tag{9-1}$$

예제 1 다음을 구하여라.

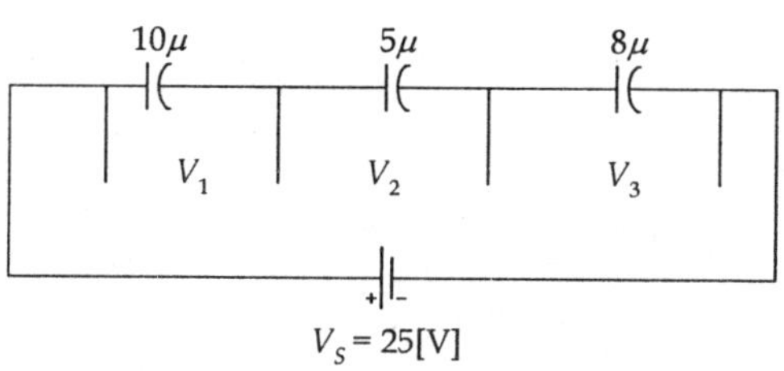

① $C_T = ?$

② 각 커패시터의 양단전압은? (V_1, V_2, V_3)

〈풀이〉 ① $C_T = \left(\frac{1}{10\mu} + \frac{1}{5\mu} + \cdots + \frac{1}{8\mu}\right)^{-1}$

$= 2.35\,[\mu F]$

② $Q_T = Q_1 = Q_2 = Q_3$ 이므로, ☜ 직렬에서

$C_T V_S = C_1 V_1 = C_2 V_2 = C_3 V_3$

위에서 $C_T = 2.35\,[\mu F]$ 이므로,

$$V_1 = \frac{C_T}{C_1} \times V_S = \frac{2.35\mu}{10\mu} \times 25 \fallingdotseq 5.88\,[V]$$

$$V_2 = \frac{C_T}{C_2} \times V_S = \frac{2.35\mu}{5\mu} \times 25 \fallingdotseq 11.75\,[V]$$

$$V_3 = \frac{C_T}{C_3} \times V_S = \frac{2.35\mu}{8\mu} \times 25 \fallingdotseq 7.34\,[V]$$

9-1-2. 병렬(parallel)

$$C_T = C_1 + C_2 + \cdots + C_n \tag{9-2}$$

예제 2 다음을 구하여라.

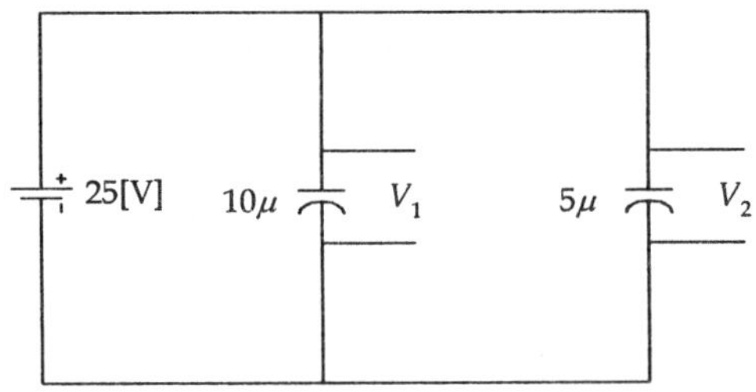

① $C_T = ?$

② V_1, $V_2 = ?$

〈풀이〉 ① $C_T = 330\,[pF] + 220\,[pF] = 550\,[pF]$

② $V_1 = V_2 = 5\,[V]$ ☜ 병렬연결

9-2. DC에서의 커패시터

- 충전 및 방전

$$v = V_F + (V_i - V_F)e^{-t/\tau}$$

$$i = I_F + (I_i - I_F)e^{-t/\tau} \qquad (9\text{-}3)$$

여기서, τ(시정수) $= R \times C$

예제 3 $t = 50\,[\mu s]$일 때, C의 전압값은?

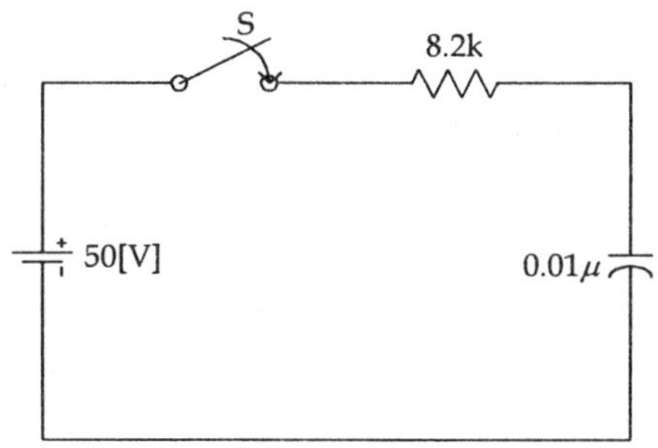

〈풀이〉 $v = V_F + (V_i - V_F)e^{-t/\tau}$에서

$$v = 50 + (0 - 50)\,e^{-50\mu/8.2k \times 0.01\mu}$$

$$= 50 - 50 \times 0.543 = 22.8\,[\text{V}]$$

예제 4 $t = 6\,[\text{ms}]$일 때, C의 전압값은?

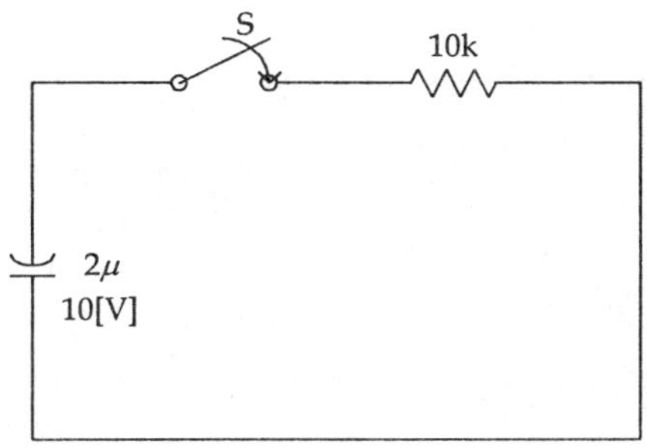

〈풀이〉 $v = V_F + (V_i - V_F)e^{-t/\tau}$에서

$$v = 0 + (10 - 0)\, e^{-6m/10k \times 2\mu}$$
$$= 10e^{-0.3} = 7.41\,[\mathrm{V}]$$

9-3. AC에서의 커패시터

$$Q = C \times V \rightarrow q = C \times v(t) \tag{9-4}$$

$$Q = I \times t \rightarrow q = i(t) \times t \rightarrow i(t) = \frac{dQ}{dt} \tag{9-5}$$

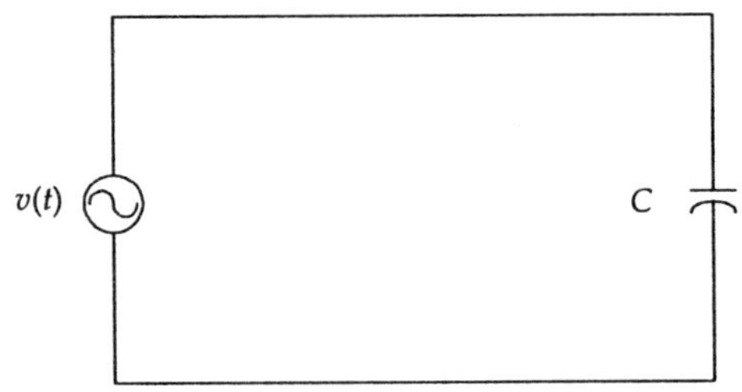

$v(t) = V_m \sin\omega t\,[\mathrm{V}]$로 놓으면, 식 (9-4)는 $q = CV_m \sin\omega t\,[\mathrm{V}]$이 되며, 식 (9-5)에 대입하면,

$$i(t) = \frac{d}{dt}(CV_m \sin\omega t)$$
$$= \omega CV_m \cos\omega t$$
$$= \omega CV_m \sin\left(\omega t + \frac{\pi}{2}\right) \tag{9-6}$$

식 (9-6)으로부터,

① 전류는 전압보다 90° 앞선다. (진상 ; 용량성)

② 옴의 법칙을 고려하면,

$$X_C[\Omega] = \frac{1}{\omega C}$$
$$= \frac{1}{2\pi fC} \quad \text{; 용량성 리액턴스}$$

예제 5 다음의 회로에서 X_C의 값을 구하여라.

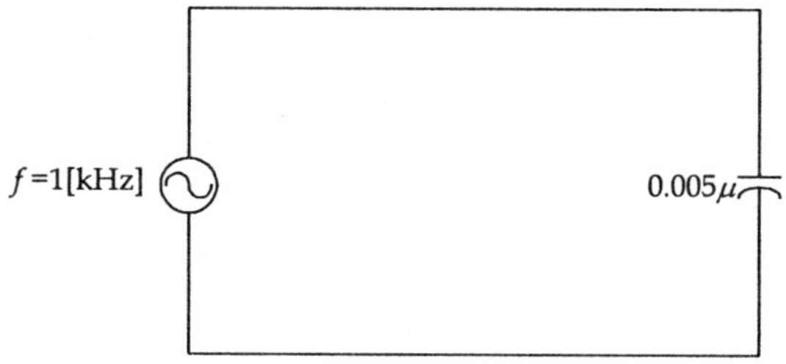

〈풀이〉 $X_C = \frac{1}{2\pi fC}$

$= \frac{1}{2\pi \times 1\,[\text{kHz}] \times 0.005\,[\mu\text{F}]} = 31.8\,[\text{k}\Omega]$

예제 6 다음 회로에서 I_{rms}의 값을 구하여라. 단, $V_{rms} = 5\angle 0°\,[\text{V}]$이다.

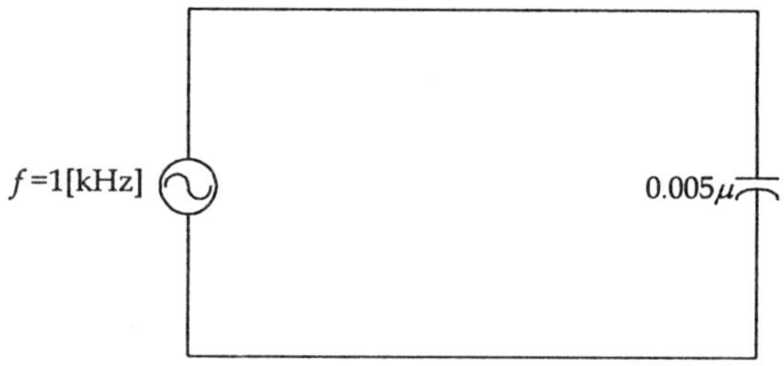

〈풀이〉 $I_{rms} = \frac{V_{rms}}{X_C}$

$= \frac{5\angle 0°}{31.8\,[\text{k}\Omega]\angle -90°}$

$= 0.16\angle 90°\,[\text{mA}]$

9-4. *R-C* 직렬회로

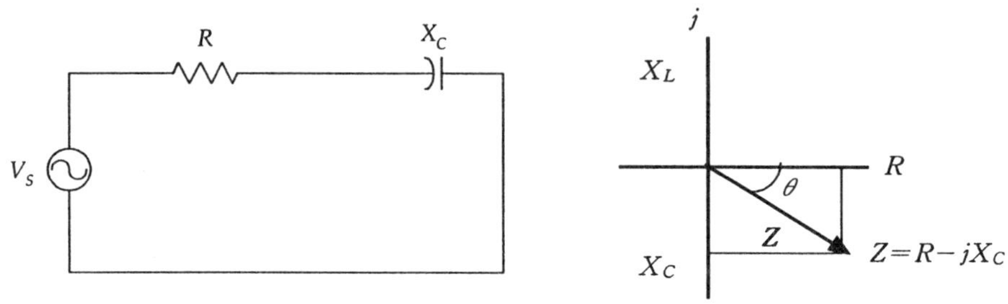

[그림 9-1] *R-C* **직렬회로와 페이저도**

여기서, $\boldsymbol{Z}$은 임피던스(impedance)이며, 단위는 [Ω]을 쓴다.

$$\boldsymbol{Z} = \boldsymbol{R} - j\,\boldsymbol{X_C} \text{ ; 직각좌표(제4사분면)} \tag{9-7}$$

$$= Z\angle\theta = \sqrt{R^2 + X_C^2}\angle -\tan^{-1}\frac{X_C}{R} \text{ ; 극좌표} \tag{9-8}$$

예제 7 다음의 회로에서 $\boldsymbol{Z}$을 구하여라.

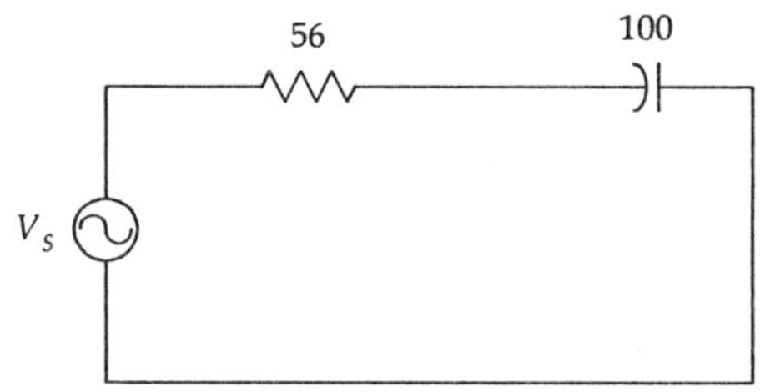

〈풀이〉

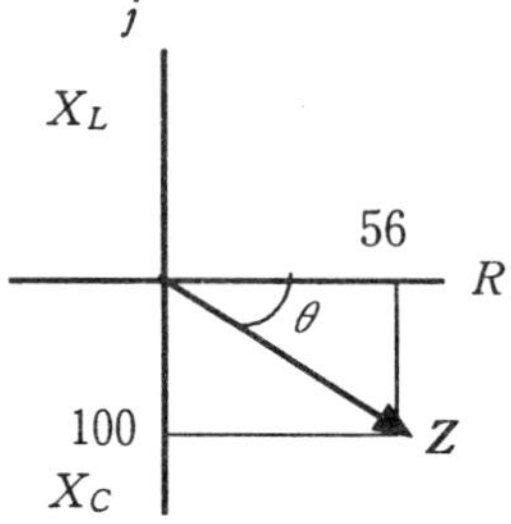

$$\boldsymbol{Z} = 56 - j100$$
$$= \sqrt{56^2 + 100^2}\angle -\tan^{-1}\frac{100}{56}$$
$$= 115\angle -60.8°\,[\Omega]$$

예제 8 다음의 회로에서 $I = 0.2\angle 0°$ [mA] 일 때, V_S를 구하여라.
단, $f = 1$ [kHz]이다.

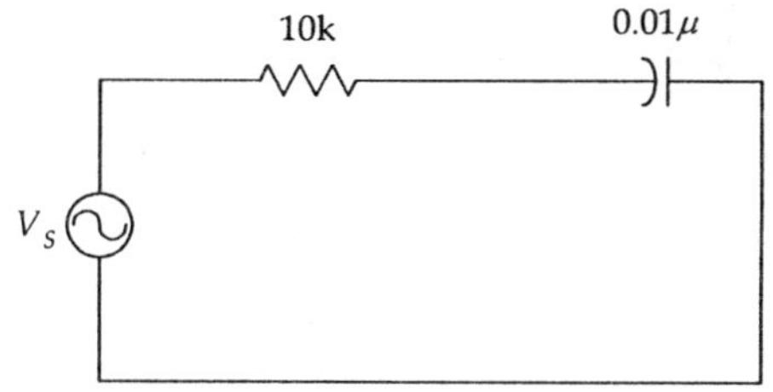

〈풀이〉

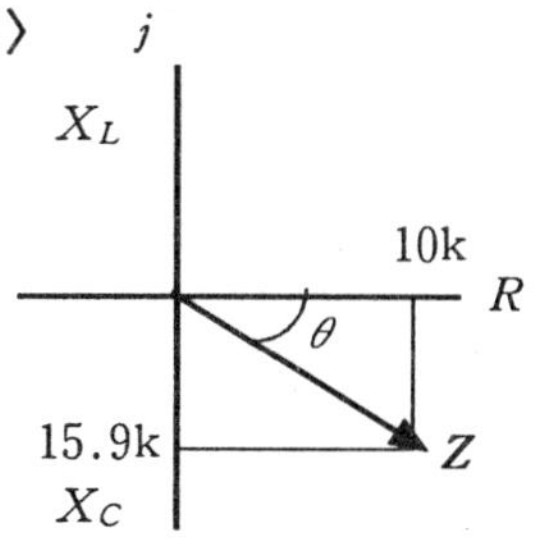

$$X_C = \frac{1}{2\pi fC} = \frac{1}{2\pi \times 1\,[\text{kHz}] \times 0.01\,[\mu\text{F}]} = 15.9\,[\text{k}\Omega]$$

$$\boldsymbol{Z} = 10 - j15.9\,[\text{k}\Omega] = \sqrt{(10\,\text{k})^2 + (15.9\,\text{k})^2}\angle -\tan^{-1}\frac{15.9}{10} = 18.8\angle -57.8°\,[\text{k}\Omega]$$

에서,

$$V_S = IZ = 0.2\angle 0°\,[\text{mA}] \times 18.8\angle -57.8°\,[\text{k}\Omega] = 3.76\angle -57.8°\,[\text{V}]$$; 진상(용량성)

예제 9 다음 회로에서 $V_S = 10\angle 0°$ [V] 일 때, I를 구하여라.
단, $f = 1.5$ [kHz]이다.

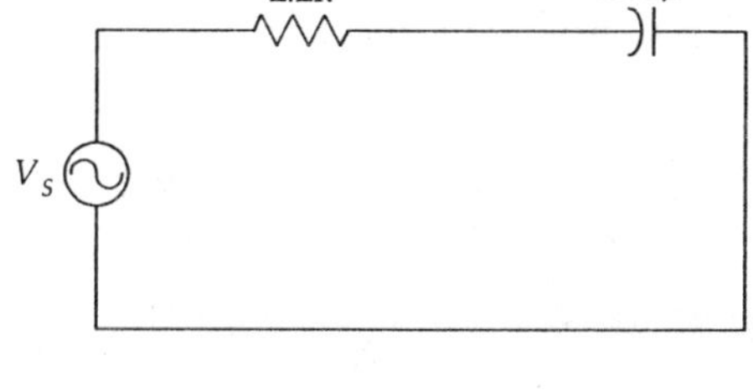

〈풀이〉

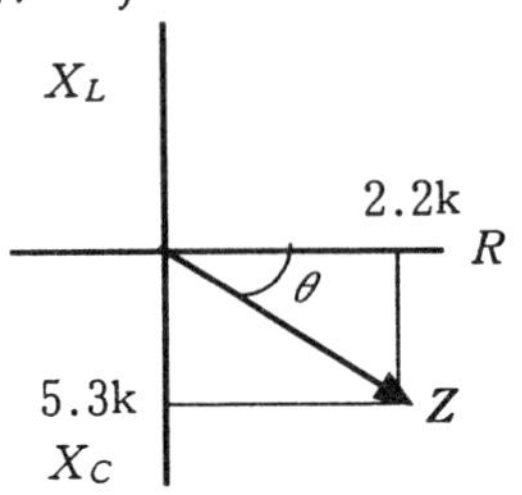

$$X_C = \frac{1}{2\pi fC} = \frac{1}{2\pi \times 1.5\,[\text{kHz}] \times 0.02\,[\mu\text{F}]} = 5.3\,[\text{k}\Omega]$$

$$\begin{aligned} Z &= 2.2 - j5.3\,[\text{k}\Omega] \\ &= \sqrt{(2.2\,\text{k})^2 + (5.3\,\text{k})^2} \angle -\tan^{-1}\frac{5.3}{2.2} \\ &= 5.74\angle -67.5°\,[\text{k}\Omega] \end{aligned}$$

$$\begin{aligned} \therefore\ I &= \frac{V_S}{Z} \\ &= \frac{10\angle 0°\,[\text{V}]}{5.74\angle -67.5°\,[\text{k}\Omega]} \\ &= 1.74\angle 67.5°\,[\text{mA}] \end{aligned}$$; 진상(용량성)

9-5. *R-C* 병렬회로

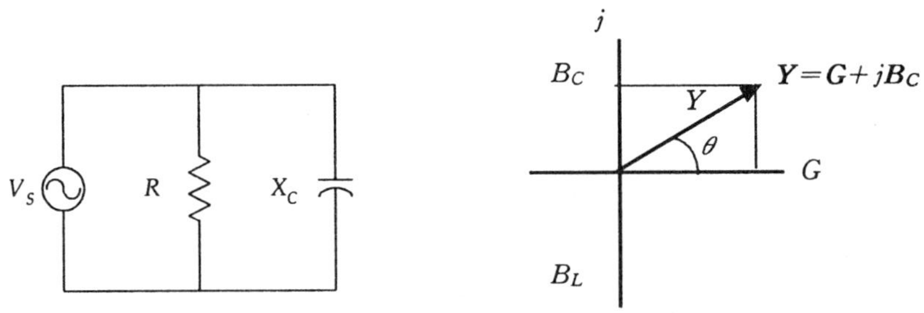

[그림 9-2] *R-C* 병렬회로와 페이저도

$Z = R - jX_C$; *R-C* 직렬회로(제4사분면)이므로, 병렬에서는

$$\frac{1}{Z} = \frac{1}{R} + \frac{1}{-jX_C} = \frac{1}{R} + j\frac{1}{X_C} \tag{9-9}$$

여기서, Y(어드미턴스) $= \frac{1}{Z}$, G(컨덕턴스) $= \frac{1}{R}$,

$$B_C(\text{용량성 서셉턴스}) = \frac{1}{X_C}$$

로 각각 놓고, 식 (9-9)에 대입하면,

$$Y = G + jB_C \text{ ; 직각좌표(제1사분면)}$$

$$= Y\angle\theta = \sqrt{G^2 + B_C^2}\angle\tan^{-1}\frac{B_C}{G} \text{ ; 극좌표} \quad (9\text{-}10)$$

이 된다. 여기서, Y, G와 B_C의 단위는 [S]로 표기하며, '지멘스'로 읽는다.

예제 10 다음의 회로에서 Y 및 Z을 각각 구하여라. 단, $f = 1$ [㎑]이다.

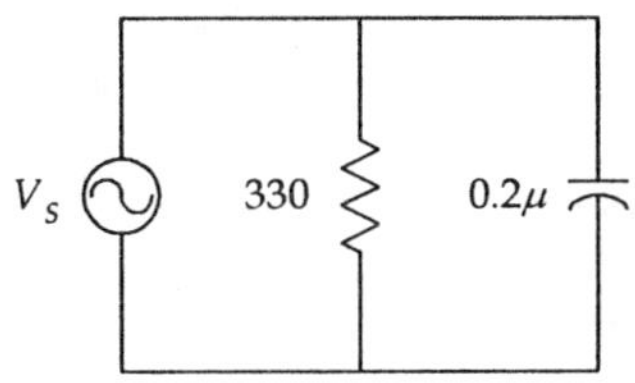

〈풀이〉

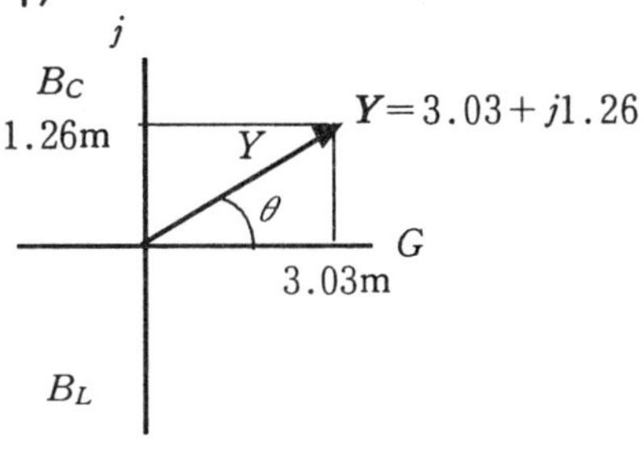

$$G = \frac{1}{R} = \frac{1}{330} = 3.03\,[\text{mS}]$$

$$X_C = \frac{1}{2\pi \times 1\,[\text{kHz}] \times 0.2\,[\mu\text{F}]} = 796\,[\Omega]$$

$$B_C = \frac{1}{X_C} = \frac{1}{796} = 1.26\,[\text{mS}]$$

$$Y = 3.03 + j1.26\,[\text{mS}] = \sqrt{(3.03\text{m})^2 + (1.26\text{m})^2}\angle\tan^{-1}\frac{1.26}{3.03}$$

$$= 3.28\angle 22.6°\,[\text{mS}]$$

$$\therefore\ Z = \frac{1}{Y} = \frac{1}{3.28\angle 22.6°\,[\text{mS}]} = 305\angle -22.6°\,[\Omega]$$

예제 11 다음 회로에서 전체 전류(I_T)를 구하여라. 단, $V_S = 10\angle 0°$ [V], $f = 1.5$ [㎑]이다.

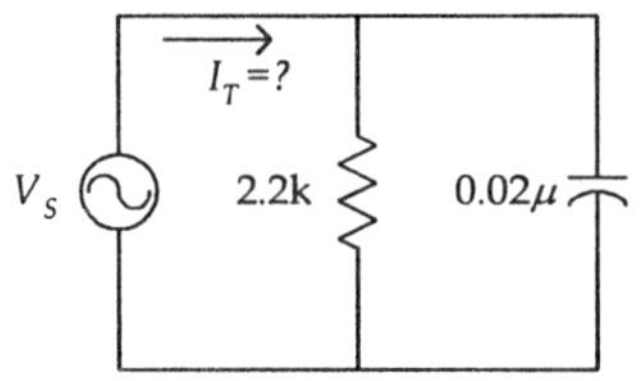

〈풀이〉

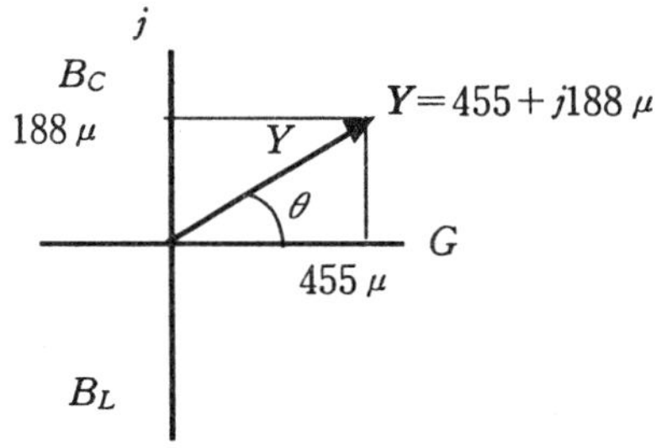

$$G = \frac{1}{R} = \frac{1}{2.2\text{k}} = 455\,[\mu S]$$

$$X_C = \frac{1}{2\pi \times 1.5\,[\text{kHz}] \times 0.02\,[\mu F]} = 5.3\,[\text{k}\Omega]$$

$$B_C = \frac{1}{X_C} = \frac{1}{5.3\text{k}} = 188\,[\mu S]$$

$$\boldsymbol{Y} = 455 + j188\,[\mu S] = \sqrt{(455\mu)^2 + (188\mu)^2} \angle \tan^{-1}\frac{188}{455}$$

$$= 492\angle 22.5°\,[\mu S]$$

$$\therefore\ \boldsymbol{I_T} = \frac{\boldsymbol{V_S}}{\boldsymbol{Z}} = \boldsymbol{Y V_S}$$

$$= 492\angle 22.5°\,[\mu S] \times 10\angle 0°\,[V] = 4.92\angle 22.5°\,[mA]$$

☜ 전류가 전압보다 22.5° 앞선다(진상회로).

제 10 장 R-L 회로

10-1. 인 덕 터

- 인덕터(inductor) : L, [H],  ☜ 주 단위는 [mH]

$$v_L = L\left(\frac{di}{dt}\right) \tag{10-1}$$

10-1-1. 직 렬

$v_L \propto L$ 이므로

$$L_T = L_1 + L_2 + \cdots + L_n \tag{10-2}$$

예제 1 합성 인덕턴스(L_T)를 구하여라.

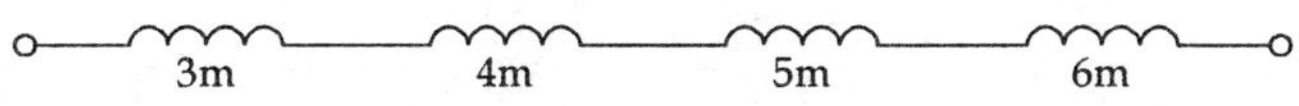

〈풀이〉 $L_T = (3+4+5+6)$ [mH] = 18 [mH]

10-1-2. 병 렬

$$L_T = \left(\frac{1}{L_1} + \frac{1}{L_2} + \cdots + \frac{1}{L_n}\right)^{-1} \quad (10\text{-}3)$$

예제 2 합성 인덕턴스(L_T)를 구하여라.

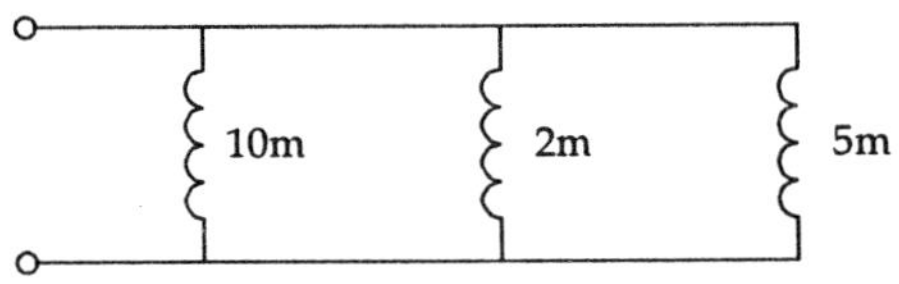

〈풀이〉 $L_T = \left(\frac{1}{10\,\text{m}} + \frac{1}{2\,\text{m}} + \frac{1}{5\,\text{m}}\right)^{-1} = 1.25\,[\text{mH}]$

10-2. DC에서의 인덕터

$$v = V_F + (V_i - V_F)e^{-t/\tau}$$

$$I = I_F + (I_i - I_F)e^{-t/\tau}$$

여기서, τ(시정수) $= \dfrac{L}{R}$ (10-4)

예제 3 S가 닫힌 후, 30 [μs]일 때 L의 전류값은?

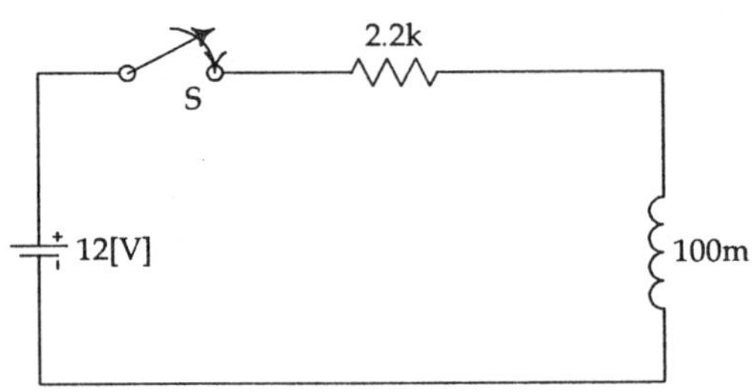

〈풀이〉 $i = I_F + (I_i - I_F)e^{-t/\tau}$에서

$$I_F = \frac{12}{2.2\text{k}} = 5.45\,[\text{mA}]$$

$$\tau = \frac{L}{R} = \frac{100\,\text{m}}{2.2\text{k}} = 45.5\,[\mu\text{s}]$$

$$i = 5.45\,[\text{mA}](1 - e^{-30\mu/45.5\mu})$$

$$= 5.45\,[\text{mA}](1 - 0.517) = 2.63\,[\text{mA}]$$

10-3. AC에서의 인덕터

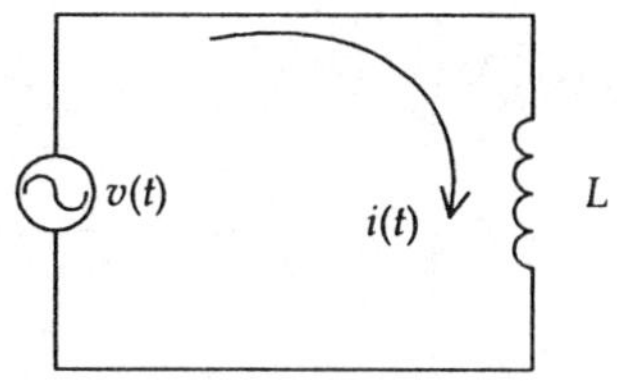

$i(t) = I_m \sin\omega t\,[\text{V}]$로 놓고,

$$v(t) = L\frac{di(t)}{dt} = L\frac{d}{dt}(I_m \sin\omega t)$$

$$= \omega L I_m \cos\omega t$$

$$= \omega L I_m \sin\left(\omega t + \frac{\pi}{2}\right) \qquad (10\text{-}5)$$

식 (10-5)로부터,

① 전압은 전류보다 90° 앞선다. ☜ 전류는 전압보다 90° 뒤진다(지상 ; 유도성)

② 옴의 법칙을 고려하면,

$X_L[\Omega] = \omega L = 2\pi f L$; 유도성 리액턴스

예제 4 $f = 1\,[\text{kHz}]$일 때, X_L을 구하여라.

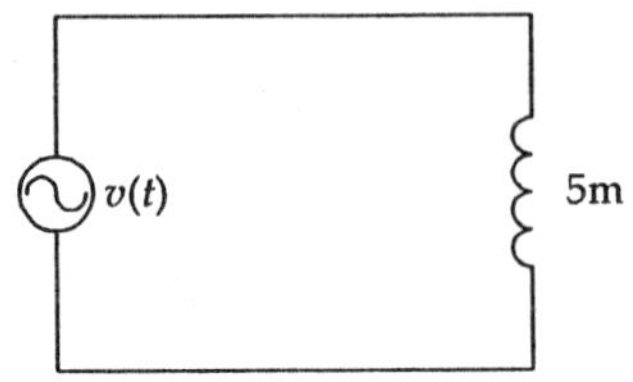

〈풀이〉 $X_L = \omega L = 2\pi fL = 2\pi \times 1\,[\text{kHz}] \times 5\,[\text{mH}] = 31.4\,[\Omega]$

예제 5 다음 회로에서 실효값 전류(I_{rms})를 구하여라. 단, $f = 10\,[\text{kHz}]$, $V_{rms} = 5\angle 0°\,[\text{V}]$이다.

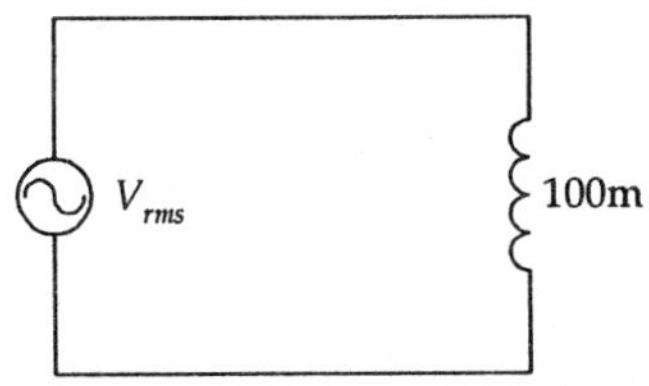

〈풀이〉 $X_L = 2\pi fL = 2\pi \times 10\,[\text{kHz}] \times 100\,[\text{mH}] = 6283\,[\Omega]$

$$I_{rms} = \frac{V_{rms}}{X_L} = \frac{5\angle 0°}{6283\angle 90°}$$

$$= 796\angle -90°\,[\text{mA}]$$

10-4. *R-L* 직렬회로

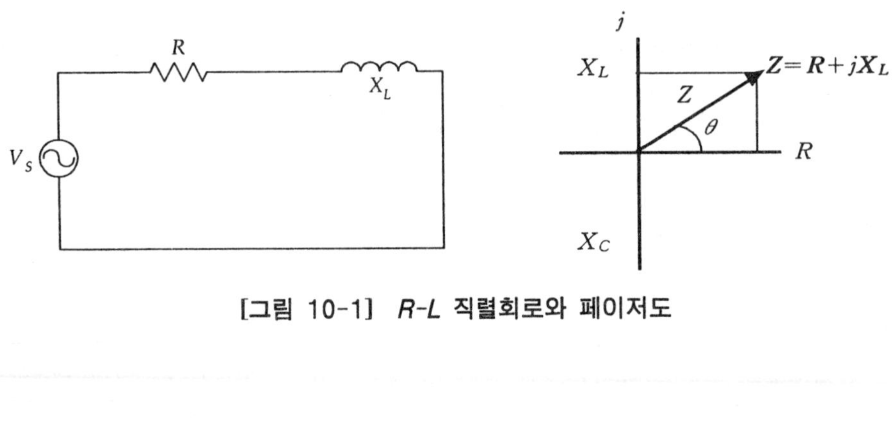

[그림 10-1] *R-L* 직렬회로와 페이저도

여기서, $\boldsymbol{Z}$은 임피던스(impedance)이며, 단위는 [Ω]을 쓴다.

$$\boldsymbol{Z} = \boldsymbol{R} + j\boldsymbol{X_L} \quad \text{; 직각좌표(제1사분면)}$$

$$= Z\angle\theta = \sqrt{R^2 + X_L^2}\angle\tan^{-1}\frac{X_L}{R} \quad \text{; 극좌표} \qquad (10\text{-}6)$$

예제 6 다음의 회로에서 $\boldsymbol{Z}$을 구하여라.

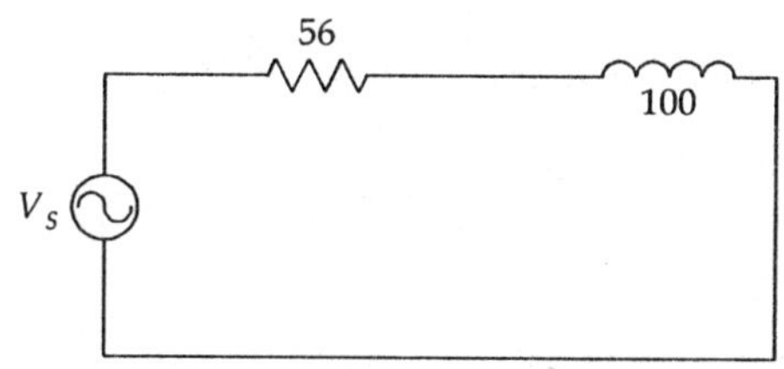

〈풀이〉

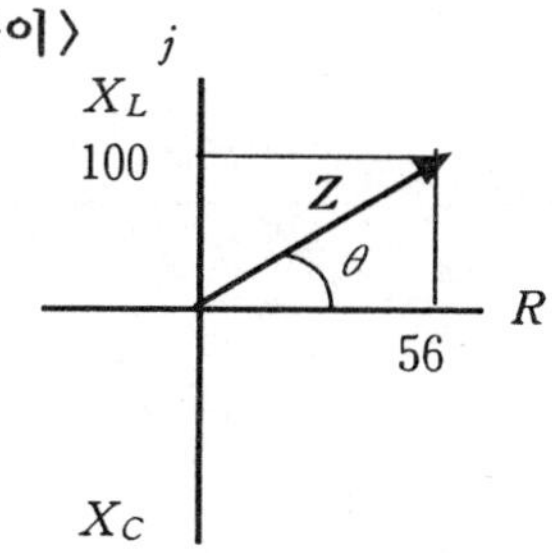

$$\boldsymbol{Z} = 56 + j100$$
$$= \sqrt{56^2 + 100^2}\angle\tan^{-1}\frac{100}{56}$$
$$= 115\angle 60.8° \ [\Omega]$$

예제 7 다음의 회로에서 $I = 0.2\angle 0°$ [mA]일 때, V_S를 구하여라.
단, $f = 10$ [kHz]이다.

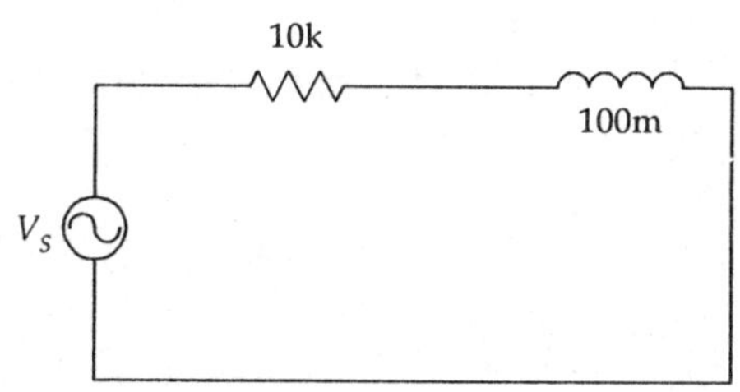

〈풀이〉

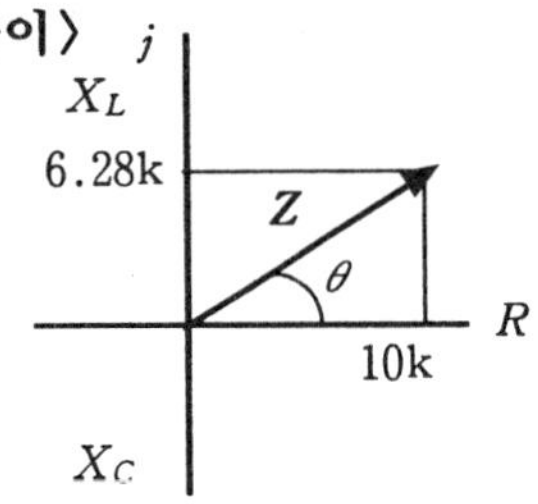

$$X_L = 2\pi f L = 2\pi \times 10\,[\text{kHz}] \times 100\,[\text{mH}] = 6.28\,[\text{k}\Omega]$$

$$\begin{aligned} Z &= 10 + j6.28\,[\text{k}\Omega] \\ &= \sqrt{(10\text{ k})^2 + (6.28\text{ k})^2} \angle \tan^{-1}\frac{6.28}{10} \\ &= 11.8\angle 32.1°\,[\text{k}\Omega] \end{aligned}$$

에서,

$$\begin{aligned} V_S &= IZ = 0.2\angle 0°\,[\text{mA}] \times 11.8\angle 32.1°[\text{k}\Omega] \\ &= 2.36\angle 32.1°\,[\text{V}] \end{aligned}$$; 지상(유도성)

10-5. *R-L* 병렬회로

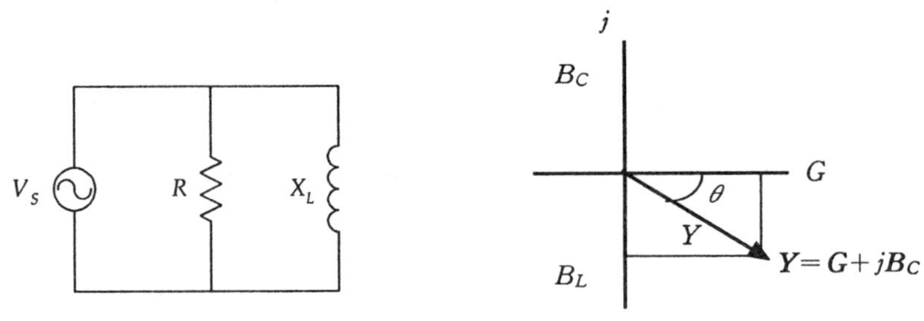

[그림 10-2] *R-L* 병렬회로와 페이저도

$Z = R + jX_L$; *R-L* 직렬회로(제1사분면)이므로, 병렬에서는

$$\frac{1}{Z} = \frac{1}{R} + \frac{1}{jX_L} = \frac{1}{R} - j\frac{1}{X_L} \tag{10-7}$$

Y(어드미턴스) $= \dfrac{1}{Z}$, G(컨덕턴스) $= \dfrac{1}{R}$, B_L(유도성 서셉턴스) $= \dfrac{1}{X_L}$

로 각각 놓고, 식 (10-7)에 대입하면,

$$\boldsymbol{Y} = \boldsymbol{G} - j\,\boldsymbol{B_L} \text{ ; 직각좌표(제4사분면)}$$

$$= Y\angle\theta = \sqrt{G^2 + B_L^2}\angle\tan^{-1}\frac{B_L}{G} \text{ ; 극좌표} \qquad (10\text{-}8)$$

이 된다. 여기서, Y, G와 B_L의 단위는 [S]로 표기하며, '지멘스'로 읽는다.

예제 8 다음 회로에서 Y 및 Z를 각각 구하여라. 단, $f = 1$ [㎑]이다.

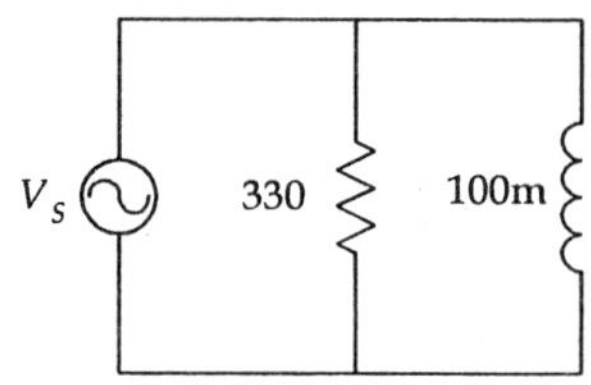

〈풀이〉

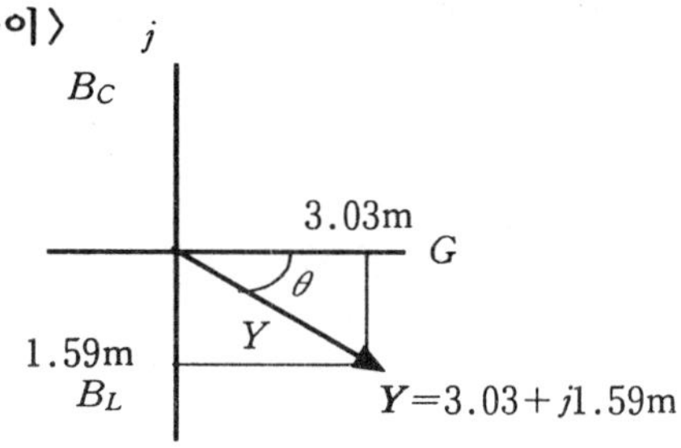

$$G = \frac{1}{R} = \frac{1}{330} = 3.03\,[\text{mS}]$$

$$B_L = \frac{1}{X_L}$$

$$= \frac{1}{2\pi \times 1\,[\text{kHz}] \times 100\,[\text{mH}]}$$

$$= 1.59\,[\text{mS}]$$

$$\boldsymbol{Y} = 3.03 - j1.59\,[\text{mS}] = \sqrt{(3.03\text{m})^2 + (1.59\text{m})^2}\angle - \tan^{-1}\frac{1.59}{3.03}$$

$$= 3.42\angle -27.7°\,[\text{mS}]$$

$$\therefore\ \boldsymbol{Z} = \frac{1}{\boldsymbol{Y}} = \frac{1}{3.42\angle -27.7°\,[\text{mS}]} = 292\angle 27.7°\,[\Omega]$$

예제 9 다음 회로에서 전체 전류(I_T)를 구하여라. 단, $V_S = 10\angle 0°$ [V], $f = 1.5$ [㎑]이다.

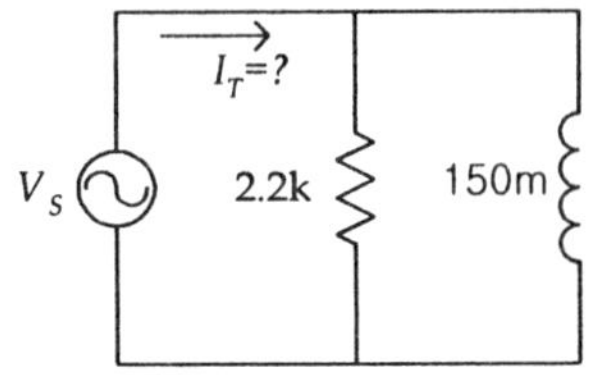

〈풀이〉

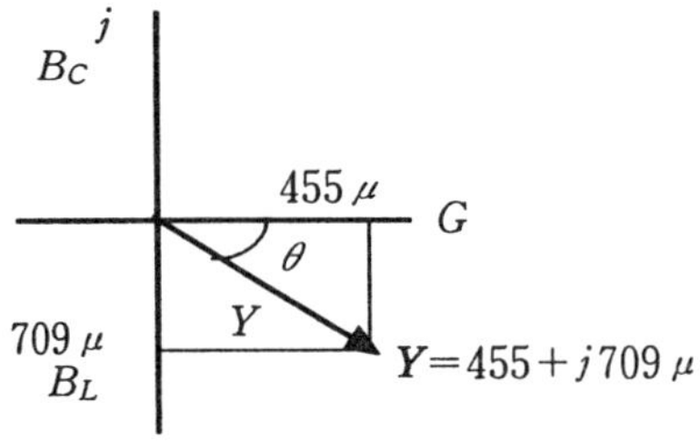

$$G = \frac{1}{R} = \frac{1}{2.2\text{k}} = 455\,[\mu\text{S}]$$

$$B_L = \frac{1}{X_L}$$

$$= \frac{1}{2\pi \times 1.5\,[\text{kHz}] \times 150\,[\text{mH}]}$$

$$= 709\,[\mu\text{S}]$$

$$\boldsymbol{Y} = 455 - j709\,[\mu\text{S}] = \sqrt{(455\mu)^2 + (709\mu)^2}\angle -\tan^{-1}\frac{709}{455}$$

$$= 842\angle -57.3°\,[\mu\text{S}]$$

$$\therefore\ \boldsymbol{I_T} = \frac{\boldsymbol{V_S}}{\boldsymbol{Z}} = \boldsymbol{YV_S}$$

$$= 842\angle -57.3°\,[\mu\text{S}] \times 10\angle 0°\,[\text{V}] = 8.42\angle -57.3°\,[\text{mA}]$$

☜ 전류가 전압보다 57.3° 뒤진다(지상회로).

제 11 장 R-L-C 회로

11-1. R-L-C 직렬회로

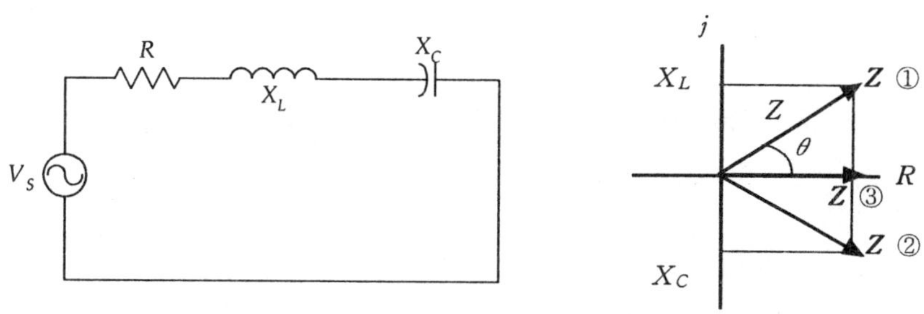

[그림 11-1] R-L-C 직렬회로와 페이저도

$$Z = R + j(X_L - X_C) \tag{11-1}$$

구 분	내 용	임피던스 위치	위 상
①의 경우	$X_L > X_C$	제1사분면	지상(유도성)
②의 경우	$X_L < X_C$	제4사분면	진상(용량성)
③의 경우	$X_L = X_C$	실수축	−(공진)

예제 1 다음의 회로에서 $\boldsymbol{Z}$을 구하여라. 단, $f = 100$ [Hz]이다.

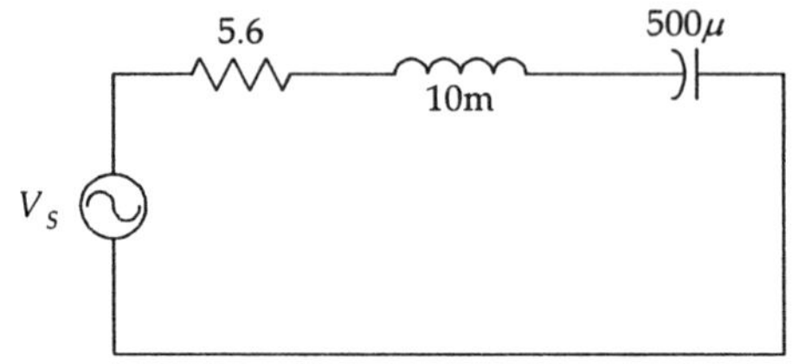

〈풀이〉

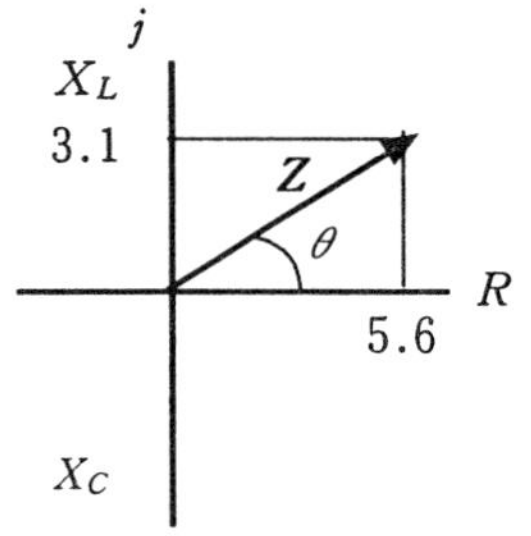

$$X_L = 2\pi \times 100\,[\text{Hz}] \times 10\,[\text{mH}] = 6.28\,[\Omega]$$

$$X_C = \frac{1}{2\pi \times 100\,[\text{Hz}] \times 500\,[\mu\text{F}]} = 3.18\,[\Omega]$$

$$\boldsymbol{Z} = 5.6 + j3.1 = \sqrt{5.6^2 + 3.1^2} \angle \tan^{-1}\frac{3.1}{5.6} = 6.4\angle 29°\,[\Omega]$$

예제 2 다음의 회로에서 전류 및 각 소자에서의 전압강하를 구하여라. 단, $V_S = 10\angle 0°$ [V] 이다.

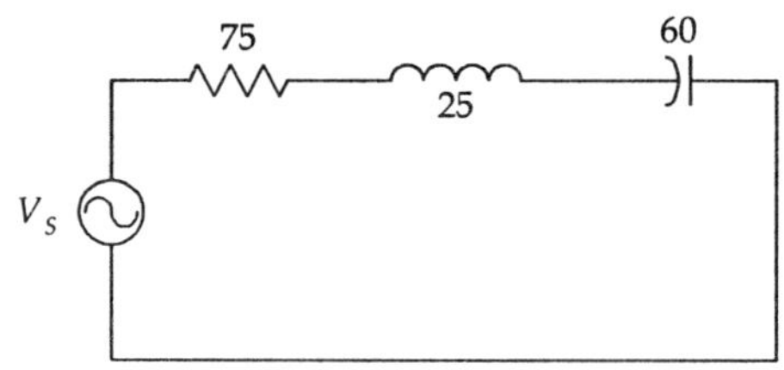

〈풀이〉

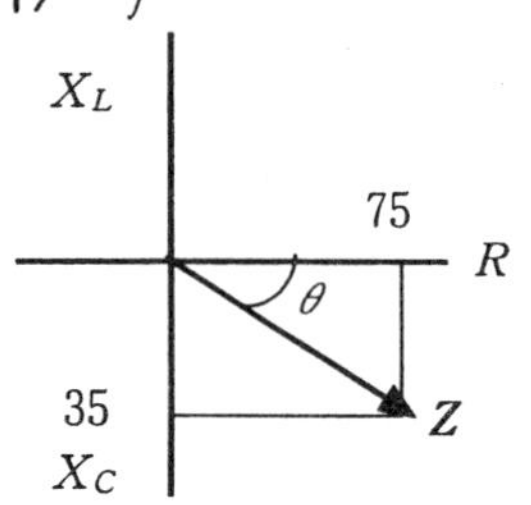

$$\boldsymbol{Z} = 75 - j35 = \sqrt{75^2 + 35^2} \angle -\tan^{-1}\frac{35}{75} = 82.8\angle -25°\,[\Omega]$$

① 전류

$$I = \frac{V_S}{Z} = \frac{10\angle 0°}{82.8\angle -25°}$$
$$= 121\angle 25° \,[\text{mA}]$$

② 각 소자의 전압 강하

$$V_R = IR = 121\angle 25° \,[\text{mA}] \times 75\angle 0° = 9.08\angle 25° \,[\text{V}]$$
$$V_L = IX_L = 121\angle 25° \,[\text{mA}] \times 25\angle 90° = 3.03\angle 115° \,[\text{V}]$$
$$V_C = IX_C = 121\angle 25° \,[\text{mA}] \times 60\angle -90° = 7.26\angle -65° \,[\text{V}]$$

11-2. 직렬 공진회로

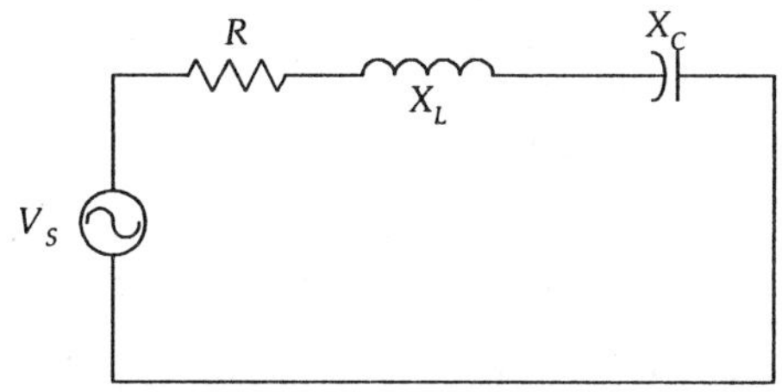

[그림 11-2] R-L-C 직렬 공진회로

공진 조건 $X_L = X_C$에서

① $Z = R + j(X_L - X_C) = R$ ☞ 즉, R만의 회로화

② $2\pi f_r L = \frac{1}{2\pi f_r C}$ → $\therefore\ f_r = \frac{1}{2\pi\sqrt{LC}}$; 공진 주파수

예제 3 다음의 회로에서 공진 주파수에서의 임피던스를 구하여라.

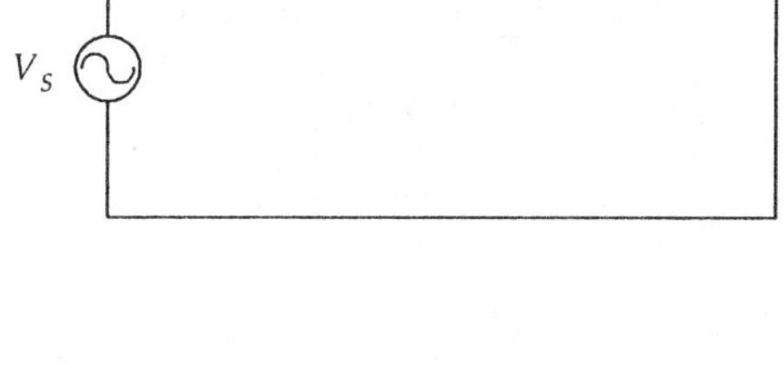

〈풀이〉

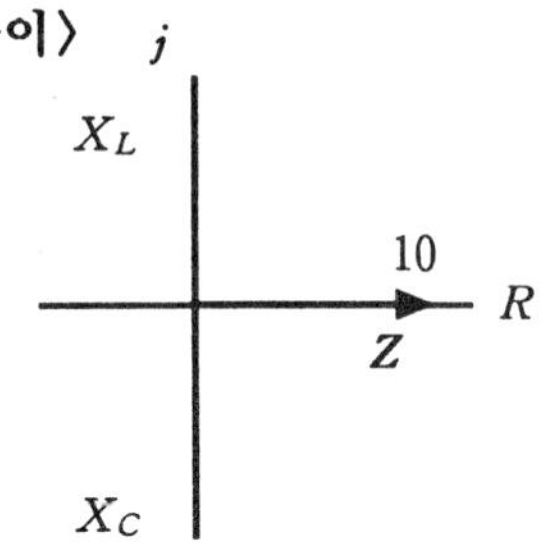

$$f_r = \frac{1}{2\pi\sqrt{LC}}$$

$$= \frac{1}{2\pi\sqrt{100\,[\text{mA}] \times 0.01[\mu\text{F}]}}$$

$$= 5.03\,[\text{kHz}]$$

$\therefore$ f_r에서의 $\boldsymbol{Z} = \boldsymbol{R} = 10\,[\Omega]$

예제 4 다음의 회로에서 전류 및 각 소자에서의 전압강하를 구하여라. 단, $V_S = 50\,[\text{V}]$ 이다.

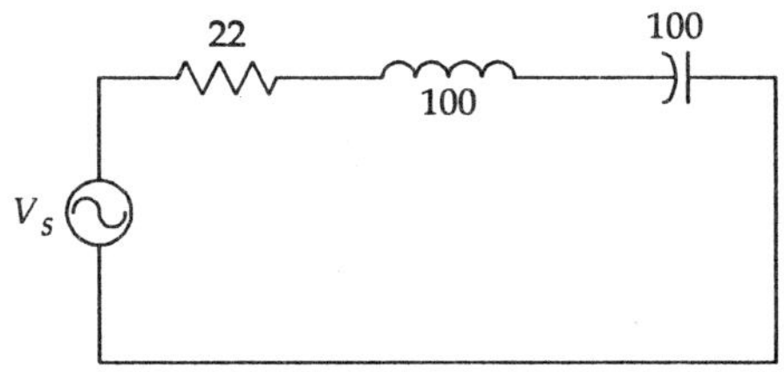

〈풀이〉

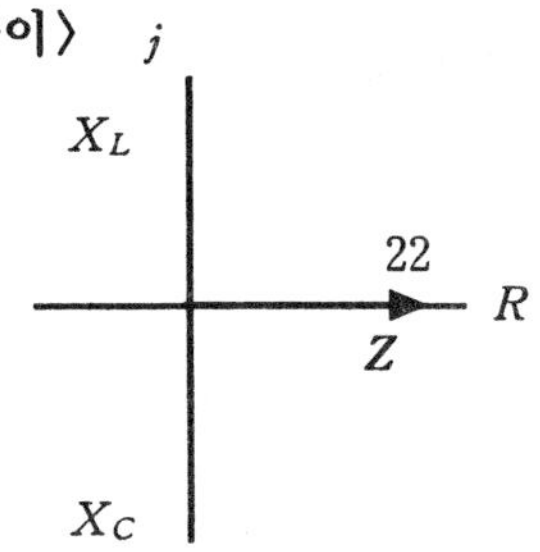

$$\boldsymbol{Z} = 22 + j(100 - 100) = 22\,[\Omega]$$

① 전류

$$I = \frac{V_S}{Z} = \frac{50}{22} = 2.27[\text{ A}]$$

② 각 소자의 전압 강하

$V_R = IR = 2.27[\text{A}] \times 22 = 50[\text{ V}]$

$V_L = IX_L = 2.27[\text{A}] \times 100\angle 90° = 227\angle 90°[\text{ V}]$

$V_C = IX_C = 2.27[\text{A}] \times 100\angle -90° = 227\angle -90°[\text{ V}]$

☜ V_L과 V_C는 서로 상쇄된다.

11-3. *R-L-C* 병렬회로

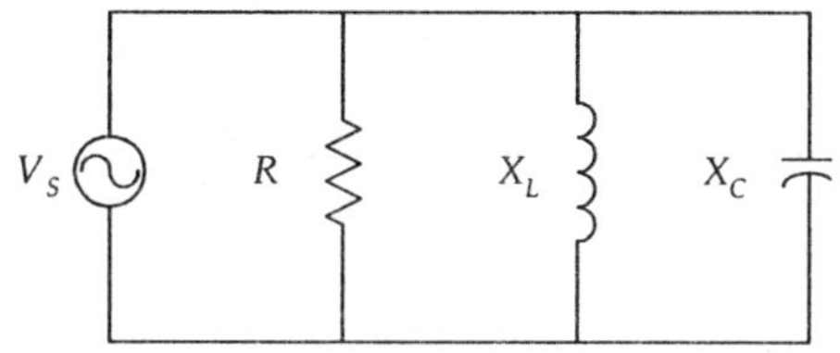

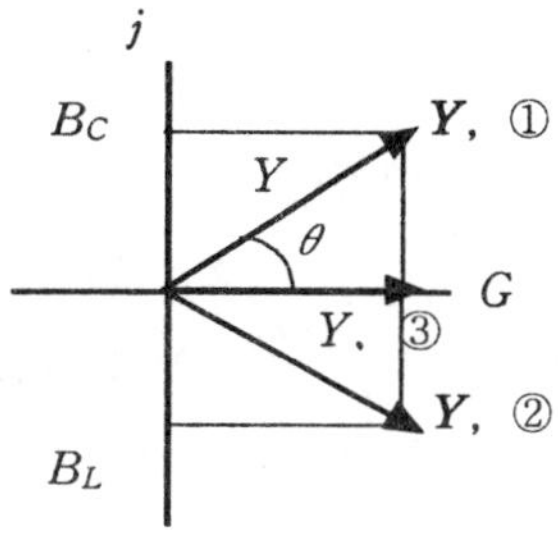

[그림 11-3] *R-L-C* 병렬회로와 페이저도

$$\frac{1}{Z} = \frac{1}{R} + \frac{1}{jX_L} + \frac{1}{-jX_C}$$

$$= \frac{1}{R} - j\frac{1}{X_L} + j\frac{1}{X_C}$$

$$= \frac{1}{R} + j\left(\frac{1}{X_C} - \frac{1}{X_L}\right) \qquad (11\text{-}2)$$

$$\therefore \ Y = G + j(B_C - B_L) \qquad (11\text{-}3)$$

구 분	내 용	어드미턴스의 위치	위 상
①의 경우	$B_C > B_L$	제1사분면	진상(용량성)
②의 경우	$B_C < B_L$	제4사분면	지상(유도성)
③의 경우	$B_C = B_L$	실수축	−(공진)

예제 5 다음의 회로에서 Z을 구하여라.

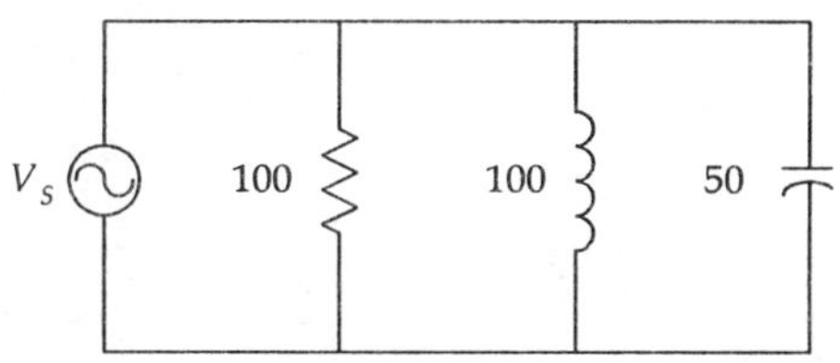

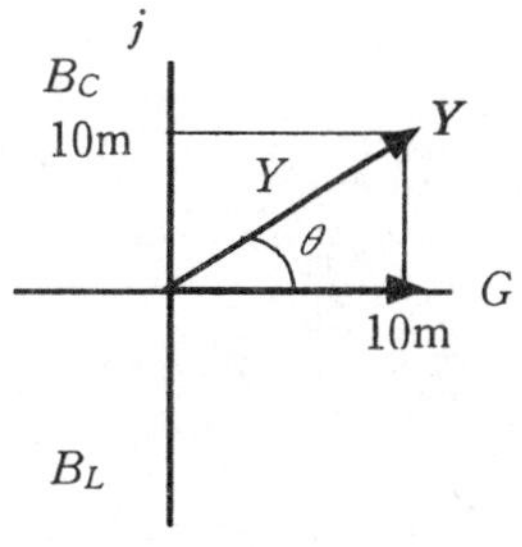

〈풀이〉 $G = \frac{1}{100} = 10\,[\text{mS}]$

$B_L = \frac{1}{100} = 10\,[\text{mS}]$

$B_C = \frac{1}{50} = 20\,[\text{mS}]$

에서,

$$\boldsymbol{Y} = 10 + j10\,[\text{mS}] = \sqrt{(10\,\text{m})^2 + (10\,\text{m})^2}\angle\tan^{-1}\frac{10}{10}$$
$$= 14.14\angle 45°\,[\text{mS}]$$

이므로

$$\therefore\ \boldsymbol{Z} = \frac{1}{\boldsymbol{Y}} = \frac{1}{14.14\angle 45°} = 70.7\angle -45°\,[\Omega]$$ ☜ 진상(용량성)

예제 6 다음의 회로에서 Y, Z을 각각 구하여라.

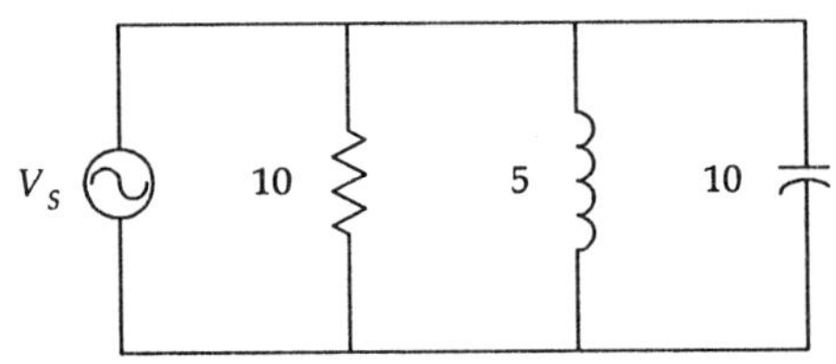

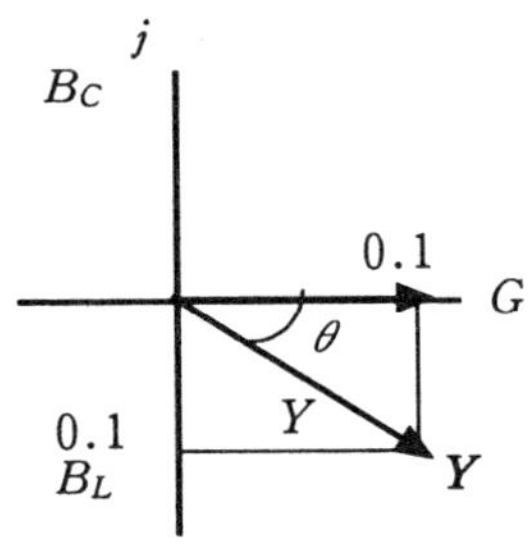

〈풀이〉 $G = \frac{1}{10} = 0.1\,[\text{S}]$

$B_L = \frac{1}{5} = 0.2\,[\text{S}]$

$B_C = \frac{1}{10} = 0.1\,[\text{S}]$

에서,

$$\boldsymbol{Y} = 0.1 - j0.1\,[\text{S}]$$
$$= \sqrt{0.1^2 + 0.1^2}\angle -\tan^{-1}\frac{0.1}{0.1}$$
$$= 0.141\angle -45°\,[\text{S}]$$

이므로

$$\therefore\ \boldsymbol{Z} = \frac{1}{\boldsymbol{Y}} = \frac{1}{0.141\angle -45°} = 7.07\angle 45°\,[\Omega]$$

☜ 지상(유도성)

예제 7 다음의 회로에서 전체 전류(I_T) 및 각 소자에 흐르는 전류(I_R, I_L, I_C)를 구하여라. 단, $V_S = 5\angle 0°$ [V]이다.

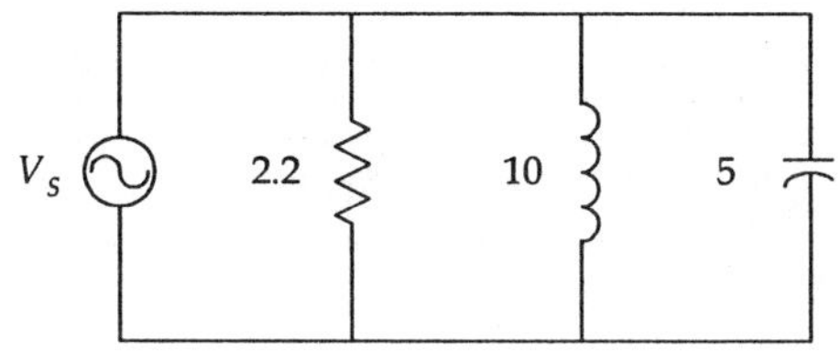

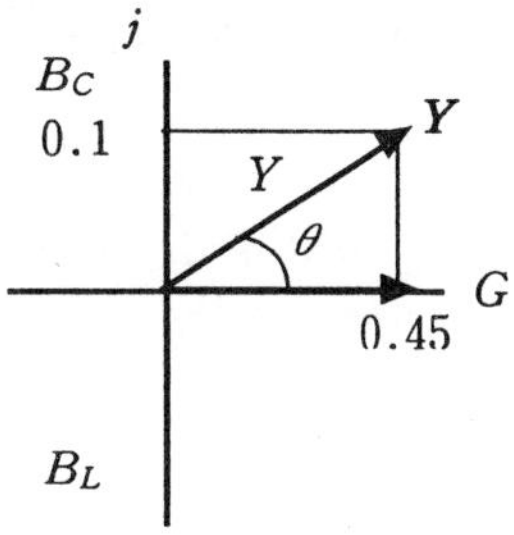

〈풀이〉 $G = \dfrac{1}{2.2} = 0.45$ [S]

$$B_L = \frac{1}{10} = 0.1 \text{ [S]}$$

$$B_C = \frac{1}{5} = 0.2 \text{ [S]}$$

에서,

$$\begin{aligned} \boldsymbol{Y} &= 0.45 + j0.1 \text{ [S]} \\ &= \sqrt{0.45^2 + 0.1^2} \angle \tan^{-1}\frac{0.1}{0.45} \\ &= 0.46\angle 12.53° \text{ [S]} \end{aligned}$$

이므로

① 전체 전류

$$I_T = \frac{V_S}{Z} = YV_S = 0.46\angle 12.53° \times 5\angle 0° = 2.3\angle 13.53° \text{ [A]}$$

② 각 소자에 흐르는 전류

$$I_R = \frac{V_R}{R} = \frac{5\angle 0°}{2.2\angle 0°} = 2.27\angle 0° \text{ [A]}$$

$$I_L = \frac{V_L}{X_L} = \frac{5\angle 0°}{10\angle 90°} = 0.5\angle -90° \text{ [A]}$$

$$I_C = \frac{V_C}{X_C} = \frac{5\angle 0°}{5\angle -90°} = 1\angle 90° \text{ [A]}$$

11-4. 병렬 공진회로

11-4-1. 이상적인 경우

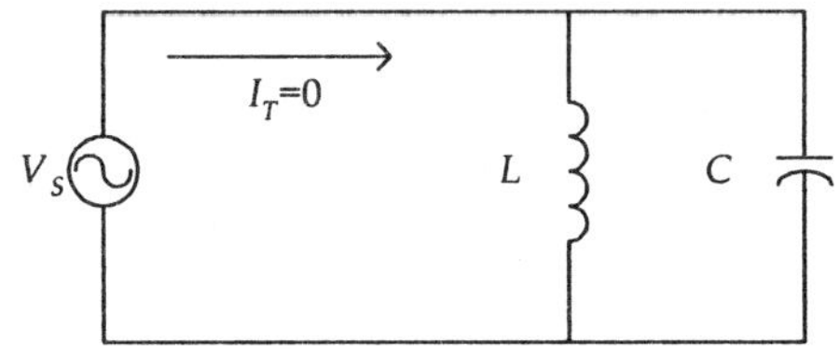

[그림 11-4] *R-L-C* 병렬 공진회로 ; 탱크회로

$$X_L = X_C \text{에서} \quad f_r = \frac{1}{2\pi\sqrt{LC}} \tag{11-4}$$

$$I_T = 0 \rightarrow Z_r = \infty$$

11-4-2. 실제의 경우

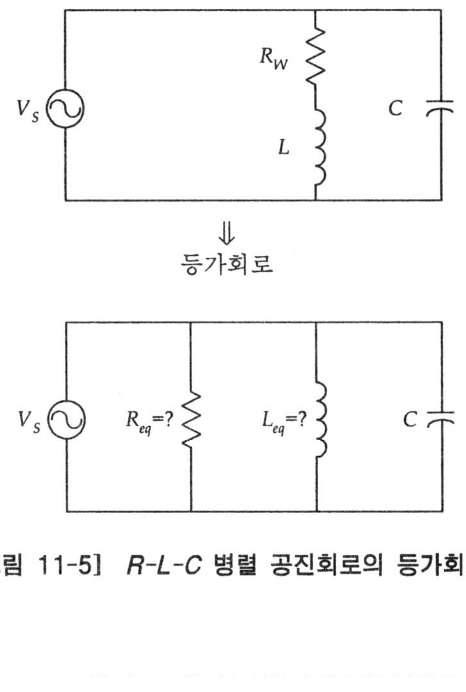

[그림 11-5] *R-L-C* 병렬 공진회로의 등가회로

$$Q(\text{Quality factor ; 선택도 인자}) = \frac{X_L}{R_W} \tag{11-5}$$

$$L_{eq} = L\left(\frac{Q^2+1}{Q^2}\right) \text{ (단, } Q \geq 10 \rightarrow L_{eq} = L) \tag{11-6}$$

$$R_{eq} = R_W(Q^2+1) \equiv Z_r \text{ (공진 임피던스)} \tag{11-7}$$

예제 8 다음의 회로에서 등가 병렬회로(equivalent parallel circuit)를 구하여라. 단, $f = 15.9$ [㎑]이다.

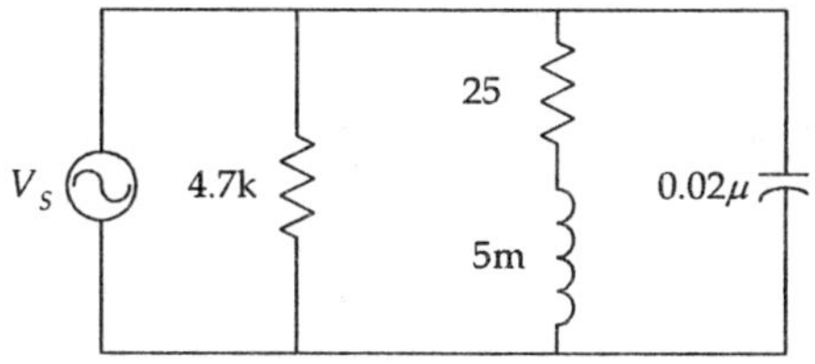

⇓
등가회로

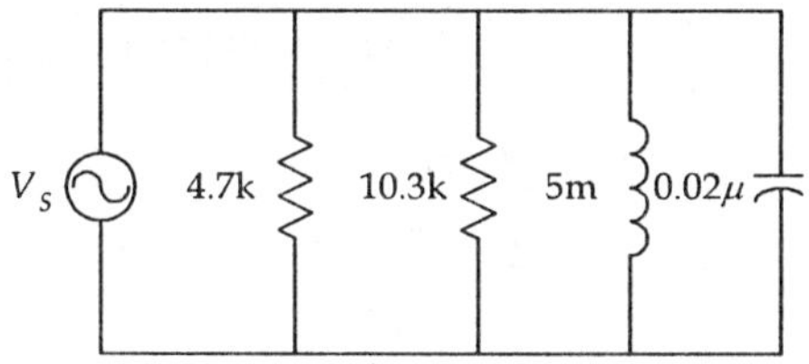

〈풀이〉 $Q = \frac{X_L}{R_W} = \frac{2\pi \times 15.9\,[\text{kHz}] \times 5\,[\text{mH}]}{25} = 20 > 10$

$L_{eq} = L = 5\,[\text{mH}]$

$R_{eq} = R_W(Q^2+1) = 25 \times (20^2+1) = 10.3\,[\text{k}\Omega]$

예제 9 다음의 회로에서 f_r에서의 등가 임피던스(Z_r)를 구하여라.

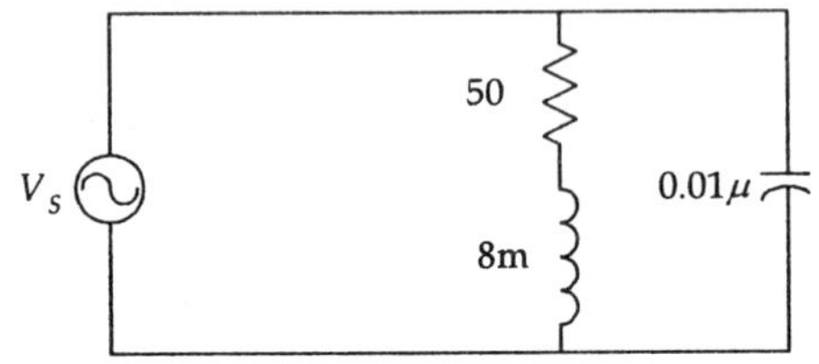

⇓
등가회로

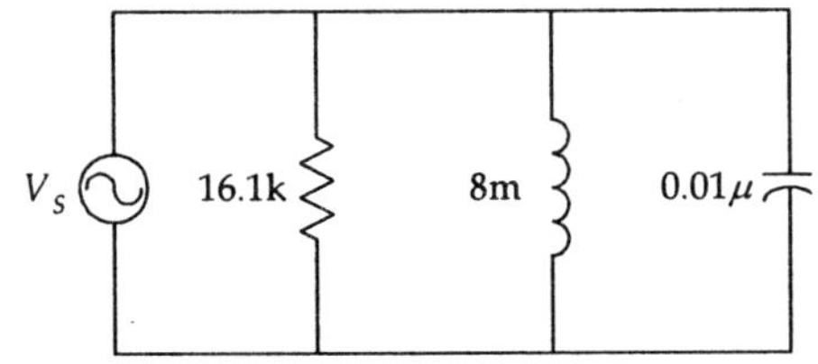

〈풀이〉 $f_r = \frac{1}{2\pi\sqrt{LC}} = \frac{1}{2\pi\sqrt{8\,[\text{mH}] \times 0.01\,[\mu\text{F}]}} = 17.8\,[\text{kHz}]$

$$Q = \frac{X_L}{R_W} = \frac{2\pi \times 17.8\,[\text{kHz}] \times 8\,[\text{mH}]}{50} = 17.9 > 10$$

$$\therefore\ L_{eq} = L = 8\,[\text{mH}]$$

$$R_{eq} = Z_r = R_W(Q^2 + 1) = 50 \times (17.9^2 + 1) = 16.1\,[\text{k}\Omega]$$

제 12 장 필터 회로

12-1. 저역 통과 필터

12-1-1. 데 시 벨

저역 통과 필터(LPF : Low Pass Filter)는 저주파 영역을 통과시키고 차단 주파수(cutoff frequency) 이상의 영역은 차단하는 특성을 갖는데, 필터 측정에서 사용되는 단위인 데시벨(decibel ; [dB])은 임의의 두 전압 또는 두 전력 사이의 비율에 대한 로그값으로, 필터의 입력-출력 사이의 관계를 나타내는 데 유용하다. 다음의 식 (12-1)과 식 (12-2)는 각각 전압의 비 및 전력의 비에 대한 데시벨 공식을 나타낸 것이다.

$$\text{dB} = 20\log\left(\frac{V_o}{V_i}\right) \tag{12-1}$$

$$\text{dB} = 10\log\left(\frac{P_o}{P_i}\right) \tag{12-2}$$

12-1-2. *R-C* LPF

[그림 12-1]은 *R-C* LPF 회로와 진폭응답 특성곡선으로서 주파수가 증가함에 따라 X_C는 감소하므로 출력전압(V_o ; 콘덴서 양단의 전압)도 감소한다. 한편, $X_C = R$이 되는 주파수를 필터의 차단 주파수(f_c) 또는 임계 주파수라 한다.

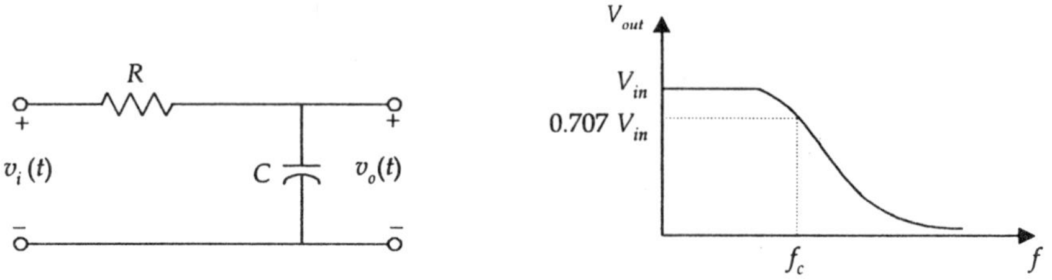

[그림 12-1] *R-C* LPF와 진폭응답 특성

임계 주파수에서 $X_C = R$이므로, $\frac{1}{2\pi f_c C} = R$에서

$$\therefore f_c = \frac{1}{2\pi RC} \tag{12-3}$$

로 되며, 차단 주파수에서 출력전압의 크기는 전압분할 공식에 의하여,

$$V_o(\,C\text{의 양단전압}) = \frac{X_C}{Z} \times V_i = \left(\frac{X_c}{\sqrt{R^2 + X_c^2}}\right) V_i \tag{12-4}$$

주파수 f_c에서 $X_C = R$이므로,

$$V_o = \left(\frac{R}{\sqrt{R^2 + R^2}}\right) V_i = \left(\frac{R}{\sqrt{2R^2}}\right) V_i$$

$$= \left(\frac{R}{R\sqrt{2}}\right) V_i = \left(\frac{1}{\sqrt{2}}\right) V_i = 0.707\, V_i \tag{12-5}$$

로 표현된다. 이 식으로부터 $X_C = R$일 때 출력전압(V_o)은 입력전압(V_i)의 70.7%임을 알 수가 있고 또한, 이때의 출력전압과 입력전압 사이의 비를 식 (12-1)을 이용하여 데시벨로 표현하면 다음과 같다.

$$20\log\left(\frac{V_o}{V_i}\right) = 20\log(0.707) = -3\,[\text{dB}] \tag{12-6}$$

예제 1 어떤 주파수에서 필터의 출력전압은 5[V]이고 입력전압은 10[V]이다. 전압의 비를 데시벨로 표현하여라.

〈풀이〉 $20\log\left(\frac{V_o}{V_i}\right) = 20\log\left(\frac{5\,[\text{V}]}{10\,[\text{V}]}\right) = 20\log(0.5) = -6.02\,[\text{dB}]$

예제 2 다음 회로에서 차단 주파수를 구하여라.

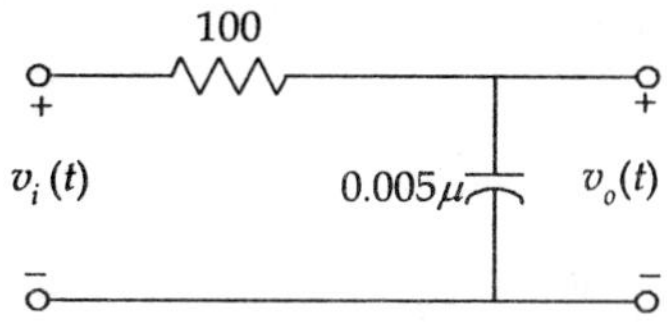

〈풀이〉 $f_c = \dfrac{1}{2\pi RC}$

$$= \frac{1}{2\pi \times 100\,[\Omega] \times 0.005\,[\mu F]} = 318\,[\text{kHz}]$$

12-1-3. *L-R* LPF

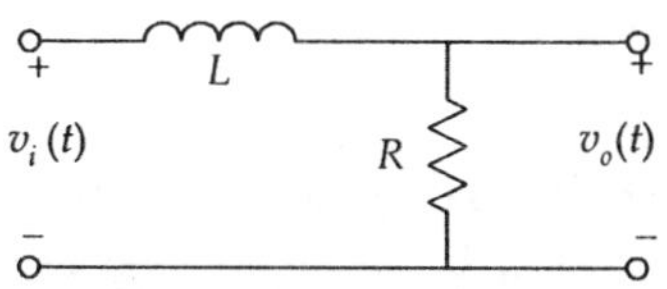

[그림 12-2] *L-R* LPF

[그림 12-2]는 *L-R* LPF 회로로서 *R-C* LPF 회로의 경우와 마찬가지로, $X_L = R$이 되는 주파수를 필터의 차단 주파수(f_c) 또는 임계 주파수라 한다.

임계 주파수에서 $X_L = R$이므로, $2\pi f_c L = R$에서

$$\therefore\ f_c = \frac{R}{2\pi L} = \frac{1}{2\pi(L/R)} \tag{12-7}$$

로 되며, 차단 주파수에서 출력전압의 크기는 전압분할 공식에 의하여,

$$V_o(\,R\text{의 양단전압}) = \frac{R}{Z} \times V_i = \left(\frac{R}{\sqrt{R^2 + X_c^2}}\right) V_i \tag{12-8}$$

이다. 주파수 f_c에서 $X_L = R$이므로,

$$V_o = \left(\frac{R}{\sqrt{R^2+R^2}}\right)V_i = \left(\frac{R}{\sqrt{2R^2}}\right)V_i$$
$$= \left(\frac{R}{R\sqrt{2}}\right)V_i = \left(\frac{1}{\sqrt{2}}\right)V_i = 0.707\,V_i \qquad (12\text{-}9)$$

로 표현된다. 이 식으로부터 $X_C = R$일 때 출력전압(V_o)은 입력전압 (V_i)의 70.7%임을 알 수가 있고, 또한 이때의 출력전압과 입력전압 사이의 비는 식 (12-1)을 이용하여 데시벨로 표현하면 다음과 같다.

$$20\log\left(\frac{V_o}{V_i}\right) = 20\log(0.707) = -3\,[\text{dB}] \qquad (12\text{-}10)$$

12-2. 고역 통과 필터

12-2-1. *C-R* HPF

고역 통과 필터(HPF : High-Pass Filter)는 고주파 영역을 통과시키고 차단 주파수 이하의 영역은 차단하는 특성을 가지며, HPF 역시 *R-C* 및 *R-L*로 구성하여 그 동작을 해석할 수 있다.

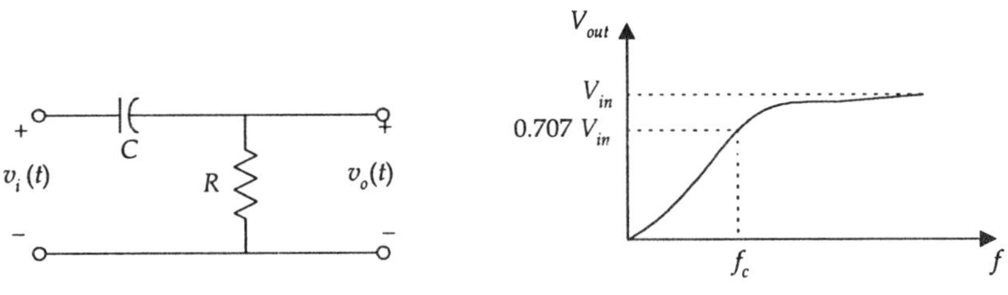

[그림 12-3] *C-R* HPF와 진폭응답 특성

[그림 12-3]은 *C-R* HPF 회로와 진폭응답 특성곡선으로서 주파수가 증가함에 따라 X_C는 감소하므로 출력전압(V_o ; 저항 양단의 전압)은 증가한다. HPF의 차단 주파수(f_c)는 LPF의 경우와 같으므로 다음의 식 (12-11)과 같이 주어진다.

$$f_c = \frac{1}{2\pi RC} \tag{12-11}$$

로 되며, 차단 주파수에서 출력전압의 크기는 전압분할 공식에 의하여,

$$V_o = \left(\frac{R}{\sqrt{R^2 + X_c^2}}\right) V_i \tag{12-12}$$

이다. 주파수 f_c에서 $X_C = R$이므로 식 (12-12)는

$$\begin{aligned} V_o &= \left(\frac{R}{\sqrt{R^2 + R^2}}\right) V_i = \left(\frac{R}{\sqrt{2R^2}}\right) V_i \\ &= \left(\frac{R}{R\sqrt{2}}\right) V_i = \left(\frac{1}{\sqrt{2}}\right) V_i = 0.707\, V_i \end{aligned} \tag{12-13}$$

으로 표현된다.

이 식으로부터 $X_C = R$일 때 출력전압(V_o)은 입력전압(V_i)의 70.7% 임을 알 수가 있고, 또한 이때의 출력전압과 입력전압 사이의 비를 데시벨로 표현하면 다음과 같다.

$$20\log\left(\frac{V_o}{V_i}\right) = 20\log(0.707) = -3\,[\text{dB}] \tag{12-14}$$

예제 3 다음의 회로에서 ① 10[㎑]의 입력 주파수에 대해 X_C가 R의 10분의 1이 되는 C의 값과 ② 5[V]의 정현파 인가 시, 출력전압(v_o)과 위상차를 구하여라.

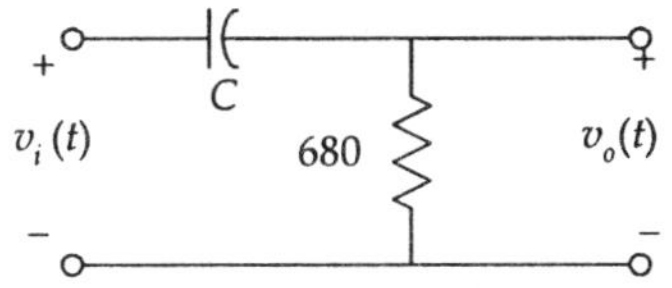

〈풀이〉 ① $X_C = 0.1R = 0.1(680\,[\Omega]) = 68[\Omega]$ 이므로,

$$\begin{aligned} C &= \frac{1}{2\pi f X_C} = \frac{1}{2\pi \times 10\,[\text{kHz}] \times 68[\Omega]} \\ &= 0.234\,[\mu\text{F}] \end{aligned}$$

② $Z=\sqrt{680^2+68^2}\angle-\tan^{-1}\frac{68}{680}$

$$I=\frac{V_S}{Z}=\frac{5}{\sqrt{680^2+68^2}\angle-\tan^{-1}\frac{68}{680}}$$

$$\therefore\ v_o=IR=\frac{5}{\sqrt{680^2+68^2}}\times 680\angle\tan^{-1}\frac{68}{680}=4.98\angle 5.71°\ [\mathrm{V}]$$

12-2-2. *R-L* HPF

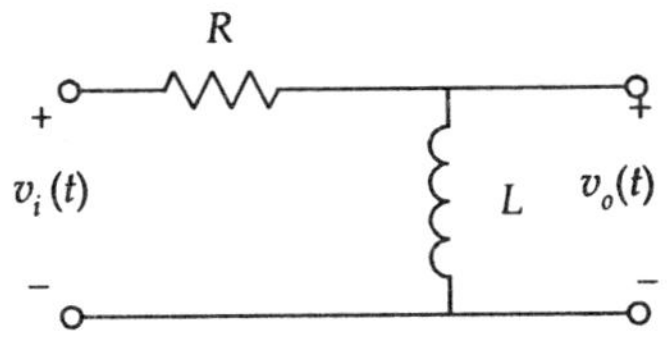

[그림 12-4] *R-L* HPF

임계 주파수에서 $X_L=R$이므로,

$$2\pi f_c L=R\text{에서,}\quad \therefore\ f_c=\frac{R}{2\pi L}=\frac{1}{2\pi(L/R)}$$

12-3. 대역 통과 필터

대역 통과 필터(BPF : Band Pass Filter)는 특정한 대역의 주파수를 통과시키고 통과대역의 아래쪽이나 위쪽의 모든 주파수 영역은 차단하는 특성을 갖는다.

12-3-1. 직렬 공진 BPF

직렬 공진회로는 공진 주파수(f_r)에서 최소의 임피던스, 즉 최대의 전류를 가지므로 대부분의 입력전압(V_i)은 저항 양단에서 강하된다. 따라서, 저항 양단의 출력전압(V_o)이 공진 주파수에서 최대가 되는 대역 통과 특성을 나타내게 한다. 이때의 공진 주파수를 중심 주파수(center frequency ; f_o)라고 한다.

[그림 12-5]는 직렬 공진 BPF 회로와 진폭응답 특성곡선을 나타내었다.

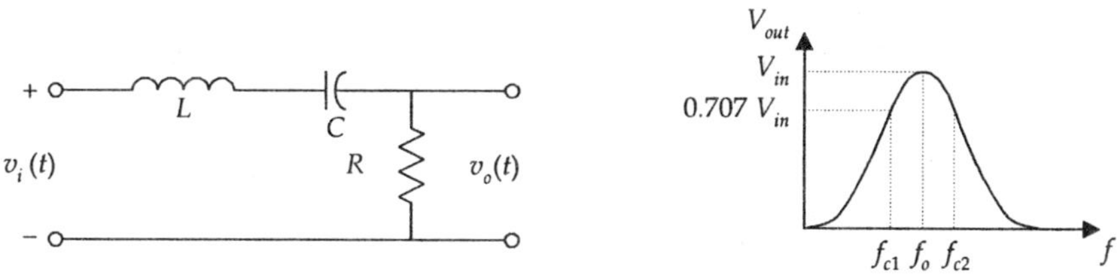

[그림 12-5] 직렬 공진 BPF와 진폭응답 특성

한편, 대역폭(BW)은 선택도 인자(Q)에 의하여 결정되는데 이를 Q에 대하여 표현하면 다음과 같다.

$$BW = \frac{f_o}{Q} \tag{12-15}$$

예제 4 다음의 회로에서 중심 주파수(f_o)에서의 출력전압의 크기와 대역폭을 구하여라. 단, 입력전압은 10 [V_{rms}]이고, $R_W = 10[\Omega]$이다.

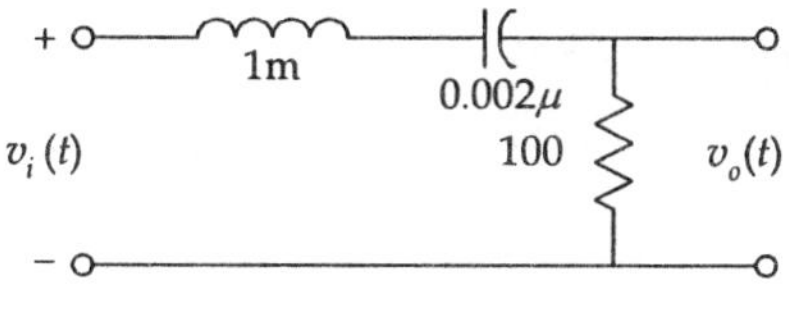

〈풀이〉 f_o에서 공진회로의 임피던스는 권선저항(R_W)과 같으므로,

$$V_o = \left(\frac{R}{R+R_W}\right) \times V_i = \left(\frac{100\,[\Omega]}{100\,[\Omega]+10\,[\Omega]}\right) \times 10\,[\mathrm{V}] = 9.09\,[\mathrm{V}]$$

이고, 또한 중심 주파수(f_o)는

$$f_o = \frac{1}{2\pi\sqrt{LC}} = \frac{1}{2\pi\sqrt{(1\,[\text{mH}])(0.002\,[\mu\text{F}])}} = 113\,[\text{kHz}]$$

이때의 X_L은

$$X_L = 2\pi f_o L = 2\pi(113\,[\text{kHz}])(1\,[\text{mH}]) = 710\,[\Omega]$$

이므로, 선택도 인자(Q)는

$$Q = \frac{X_L}{R_T} = \frac{710\,[\Omega]}{110\,[\Omega]} = 6.45$$

가 되어 대역폭은

$$BW = \frac{f_o}{Q} = \frac{113\,[\text{kHz}]}{6.45} = 17.5\,[\text{kHz}]$$

이다.

12-3-2. 병렬 공진 BPF

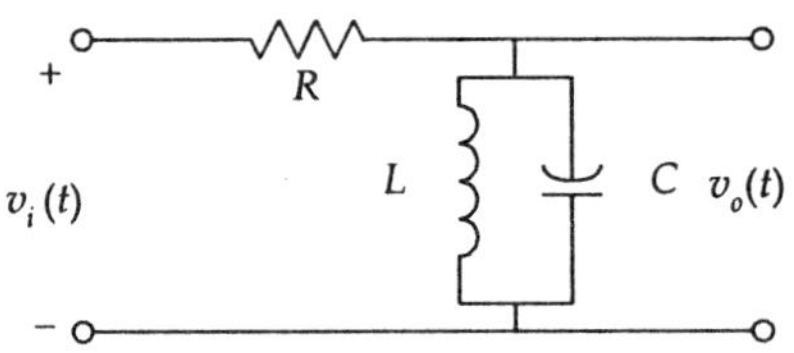

[그림 12-6] 병렬 공진 BPF

$$f_o = \frac{\sqrt{1-(R_W^2 C/L)}}{2\pi\sqrt{LC}} \tag{12-16}$$

$$Q = \frac{X_L}{R_W}, \quad BW = \frac{f_o}{Q} \tag{12-17}$$

12-4. 대역 제거 필터

대역 제거 필터(BSF : Band Stop Filter)는 특정한 대역의 주파수를 차단시키고 차단 대역의 아래쪽이나 위쪽의 모든 주파수 영역은 통과하는 특성을 갖는다.

12-4-1. 직렬 공진 BSF

대역폭(BW)은 선택도 인자(Q)에 의하여 결정되는데 이를 Q에 대하여 표현하면 다음과 같다.

$$BW = \frac{f_o}{Q} \tag{12-18}$$

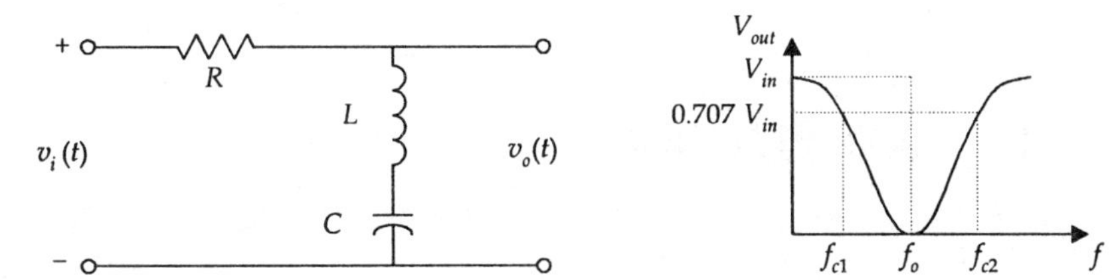

[그림 12-7] 직렬 공진 BSF와 진폭응답 특성

예제 5 다음의 회로에서 중심 주파수(f_o)에서의 출력전압의 크기와 대역폭을 구하여라. 단, 입력전압은 100 [mV]이고, RW= 2[Ω]이다).

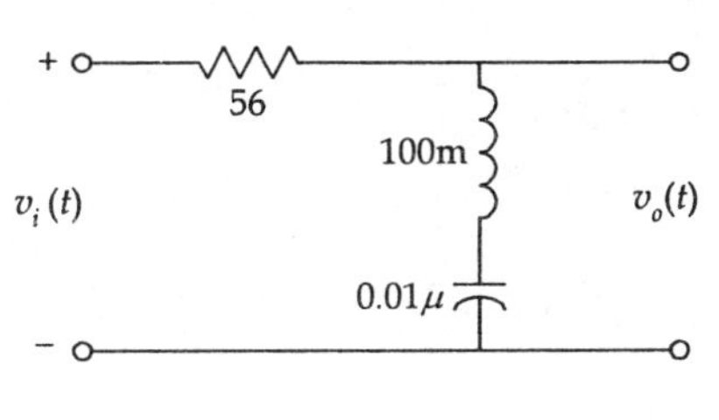

〈**풀이**〉 f_o에서 $X_L = X_C$가 되어 상쇄되므로,

$$V_o = \left(\frac{2[\Omega]}{56[\Omega]+2[\Omega]}\right)\times 100\,[\text{mV}] = 3.45\,[\text{mV}]$$

이고, 또한 중심 주파수(f_o)는

$$f_o = \frac{1}{2\pi\sqrt{LC}} = \frac{1}{2\pi\sqrt{100\,[\text{mH}]\times 0.01[\mu\text{F}]}} = 5.03\,[\text{kHz}]$$

이때의 X_L은

$$X_L = 2\pi f_o L = 2\pi \times 5.03\,[\text{kHz}] \times 100\,[\text{mH}] = 3.16\,[\text{k}\Omega]$$

이므로, 선택도 인자(Q)는

$$Q = \frac{X_L}{R_T} = \frac{3.16\,[\text{k}\Omega]}{58\,[\Omega]} = 54.5$$

가 되어 대역폭은

$$BW = \frac{f_o}{Q} = \frac{5.03\,[\text{kHz}]}{54.5} = 92.3\,[\text{Hz}]$$

이다.

12-4-2. 병렬 공진 BSF

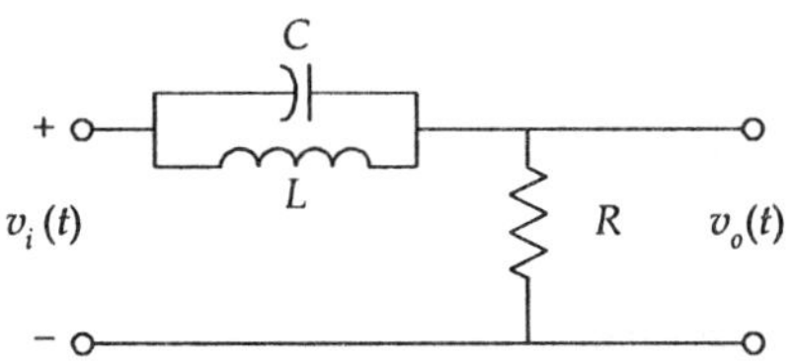

[그림 12-8] 병렬 공진 BSF

$$f_o = \frac{\sqrt{1-(R_W^2 C/L)}}{2\pi\sqrt{LC}} \tag{12-19}$$

$$Q = \frac{X_L}{R_W}\,,\quad BW = \frac{f_o}{Q} \tag{12-20}$$

제 Ⅱ 편

전자회로

제 1 장 반도체 개론

1-1. 원자의 구조

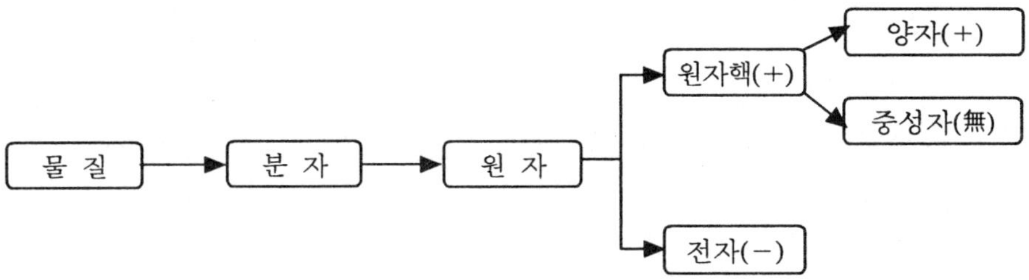

[그림 1-1] 원자의 구조

1-1-1. 궤도함수(orbital function)

해당 원소의 원자핵을 중심으로 전자를 $2n^2$의 공식으로 각 궤도(shell)를 채워나가면 가전자의 개수에 따라 이온화를 판단할 수 있다.

[그림 1-2]를 보면, 산소(O) 원소의 경우, 원자번호가 8번이므로 $n=1$일 때 $2\times1^2=2$개에 의해서 K각을 채우면 6개의 전자가 남고, $n=2$일 때 $2\times2^2=8$개가 L각에 주어진다. 이를 채우기 위해서는 전자 2개를 얻어오던지('−2가') 아니면 남은 6개를 잃던지('+6가') 해야 하는데 2개를 얻는 편이 보다 더 쉬우므로 '−2가'의 음이온(O^{-2})으로 이온화된다.

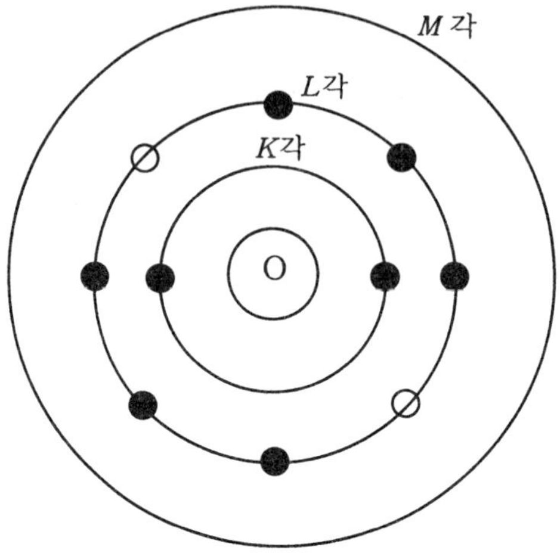

[그림 1-2] 산소 원소의 궤도함수

① 가전자(valence) ; 최외각에 존재하는 전자(원자핵에 대한 구속력은 약함)

② 이온화(ionization) ; 가전자를 잃는 과정(예 산소는 O^{-2}, 나트륨은 Na^{+1})

1-1-2. 주기율표

주기율표(periodic table)는 궤도함수를 근간으로 존재가 밝혀진 원소들에 대해 원자번호 및 원자질량 등을 목록화하여 정리한 것이다.

1-2. 물질의 분류

1-2-1. 전기적 특성에 따른 분류

① 전도체(conductor) ; 각종 금속(metal)류, 자유전자가 많다.
② 절연체(insulator) ; 각종 고분자(polymer)류, 자유전자가 적다.
③ 반도체(semiconductor) ; 실리콘, Ge 등의 4가 원소
④ 자성체(magnetics) ; 자기 테이프 등의 기억소자

⑤ 초전도체(super conductor) ; 저항이 0인 물질, 연구개발 중인 신소재

1-2-2. 에너지 대 모델에 의한 분류

원자의 가전자 각은 에너지 준위의 대를 나타내며 전도대(conduction band)와 가전자대(valence band) 사이의 에너지 차(energy gap), 즉 금지대(forbiden band)의 폭에 의해서 물질을 구분할 수 있다.

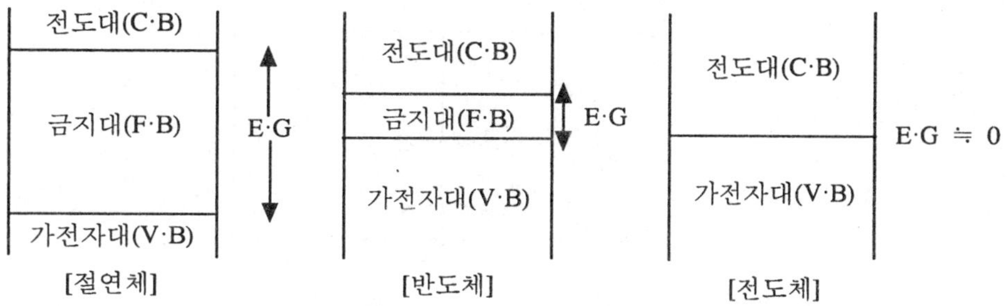

[그림 1-3] 에너지 대 모델

1-3. 불순물 반도체

1-3-1. *n*형 반도체 ; 5가 원소 첨가

① 5가 원소 — As(비소), P(인), 창연(Bi), 안티몬(Sb) 등
② 원자에 구속되지 않는 잉여전자(전도전자)가 생긴다. — 도너(donor)

1-3-2. *p*형 반도체 ; 3가 원소 첨가

① 3가 원소 — Al(알미늄), B(붕소), 인듐(In), 갈륨(Ga) 등
② 전자를 받아들일 수 있는 정공(hole)이 생긴다. — 억셉터(acceptor)

1-4. *pn* 접합

pn 접합(*pn* junction) ; 다이오드, 트랜지스터 등의 소자로 동작한다.

1-4-1. 공 핍 층

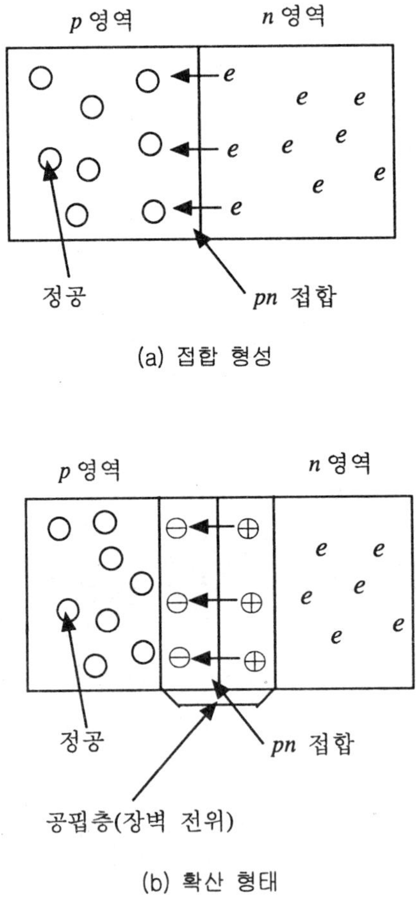

[그림 1-4] 공핍층(depletion layer)**의 형성**

- 접합 형성 : *pn* 접합 부근 *n*영역의 자유전자들은 접합을 넘어 확산을 시작하여 근처의 *p*영역의 정공과 결합한다.
- 확산 상태 : 접합을 넘어 확산된 전자는 정공과 모두 결합하여 양(+)전하는 *n*영역에, 음(−)전하는 *p*영역에 남아 공핍층(장벽 전위)을 만든다.

1-4-2. *pn* 접합의 에너지 대 모델

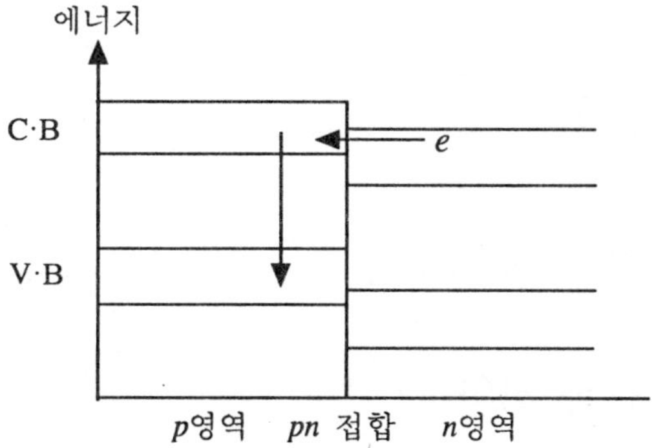

(a) 확산의 시작

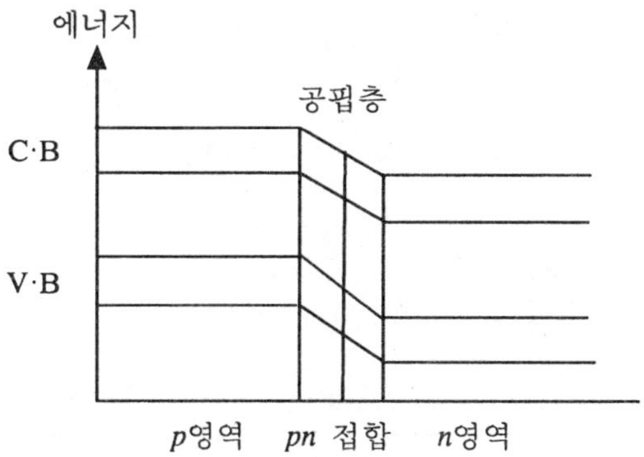

(b) 평형 상태

[그림 1-5] *pn* 접합의 에너지 대 모델

① 확산 전

*n*영역의 가전자대와 전도대가 *p*영역보다 약간 낮은 에너지 준위에 있으며 많은 부분이 겹쳐져 있어서 *n*영역의 자유전자들이 별도의 에너지 없이 쉽게 확산되어 *p*영역의 전도대에 일시적으로 자유전자가 된다. 그 후, *p*영역의 가전자대의 정공으로 떨어진다.

② 평형 상태

*n*영역에서 전도대의 에너지 준위가 낮아지는데 이는 *p*영역으로 확산하는 높은 에너지 전자들의 소실로 인한 것이며, 결국에는 *p*영역의 전도대에 접합을 넘어가기에 충분한 에너지를 갖고 있는 전자들은 *n*영역의 전도대에는 없게 되는데 이때에 접합은 평형이 되고 확산이 멈추어지므로 공핍층이 형성된다.

1-5. *pn* 접합 바이어스

1-5-1. 순방향 바이어스

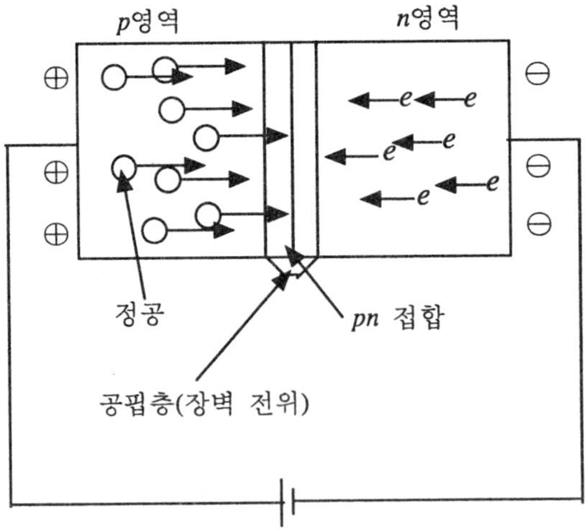

① 평형 상태에서 보다 공핍층의 폭이 좁아진다.
② 장벽 전위가 생긴다.
(실리콘 ; 0.7[V], 게르마늄 ; 0.3[V])
③ 순방향 전류가 흐른다.

[그림 1-6] *pn* 접합의 순방향 바이어스(forward bias)

1-5-2. 역방향 바이어스

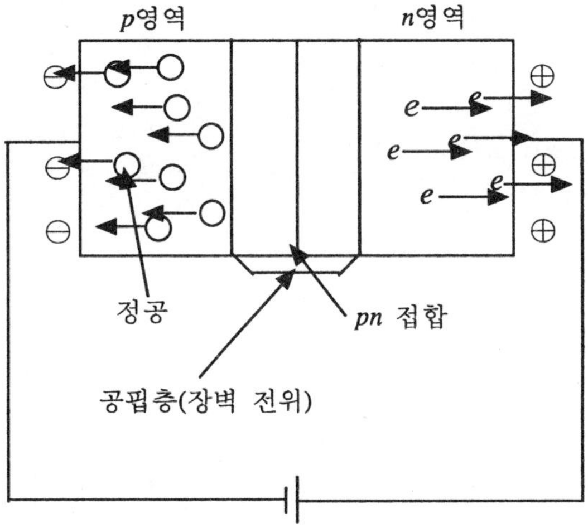

① 평형 상태에서 보다 공핍층의 폭이 넓어진다.
② 전류가 거의 흐르지 않는다.

[그림 1-7] ***pn*** **접합의 역방향 바이어스**(reward bias)

1-6. *pn* 접합의 전류-전압 특성

1-6-1. 순방향 바이어스의 *I*-*V* 특성

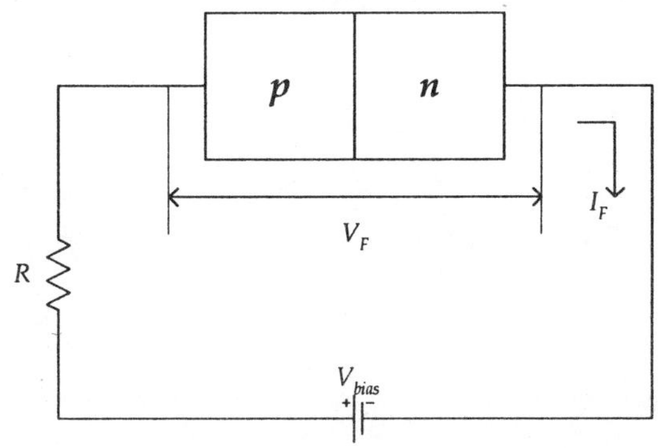

실리콘(Si)의 경우,

① $V_{bias} = 0$ → 평형 상태
② $V_{bias} < 0.7\,[V]$ → 순방향 미소전류
③ $V_{bias} \geq 0.7\,[V]$ → 순방향 전류 급증

1-6-2. 역방향 바이어스의 *I*-*V* 특성

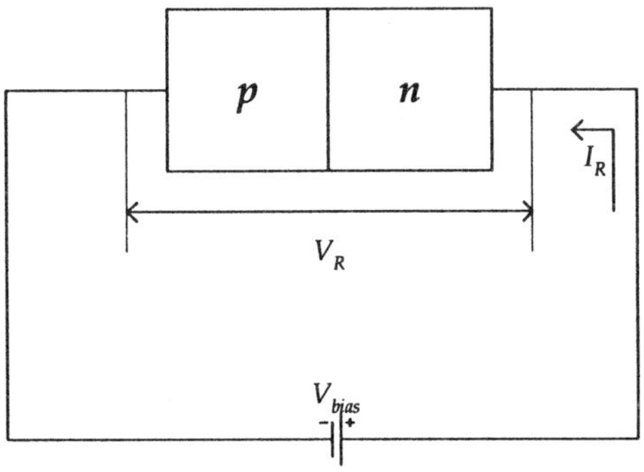

① $V_{bias} < V_R$ → 역방향 미소전류
② $V_{bias} \geq V_R$ → 역방향 전류 급증
(*pn* 접합 손실)

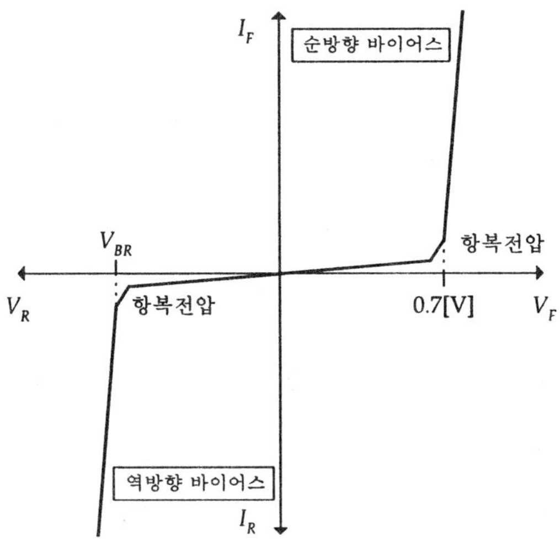

[그림 1-8] *pn* 접합의 전류-전압(*I*-*V*) 특성

1-7. 다이오드

1-7-1. 구조 및 표기

다이오드(diode)는 *pn* 접합과 동일한 구조를 갖는다.

(a) 구조 (b) 표기

[그림 1-9] 다이오드의 구조 및 표기

1-7-2. 다이오드의 순방향 및 역방향 바이어스

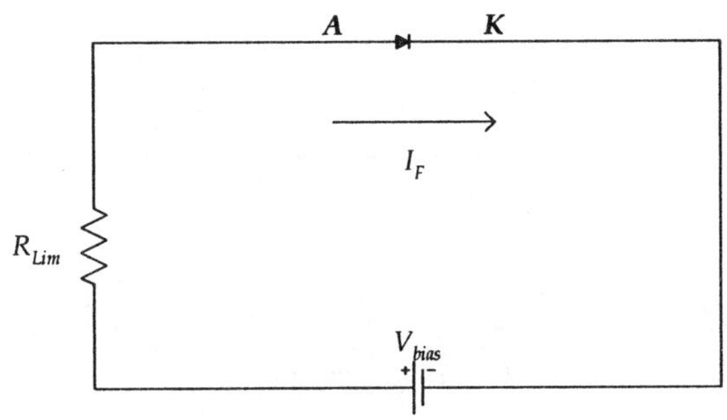

(a) 순방향 바이어스

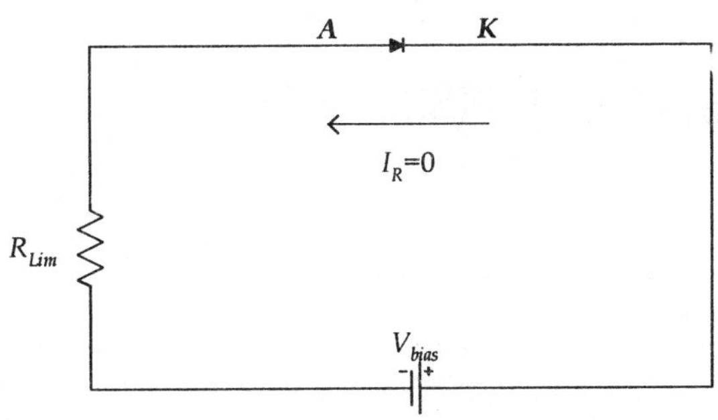

(b) 역방향 바이어스

[그림 1-10] 다이오드의 바이어스

1-7-3. 이상적인 다이오드 모델

구 분	전 류	전 압	설 명
순 방 향 바이어스	$I_F = \frac{V_{bias}}{R_{Lim}}$	$V_F=0$	전류가 도통되어 저항의 양단전압이 V_{bias}와 같다.
역 방 향 바이어스	$I_R=0$	$V_R = V_{bias}$	전류가 도통되지 못하므로 저항의 양단전압이 0이다.

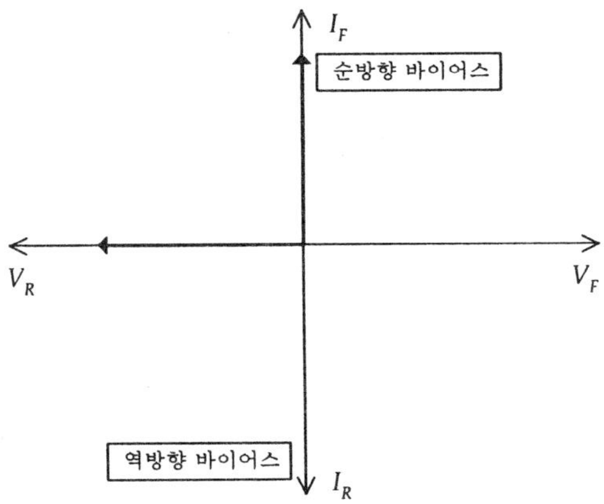

[그림 1-11] 이상적인 다이오드의 특성곡선

1-7-4. 실질적인 다이오드 모델

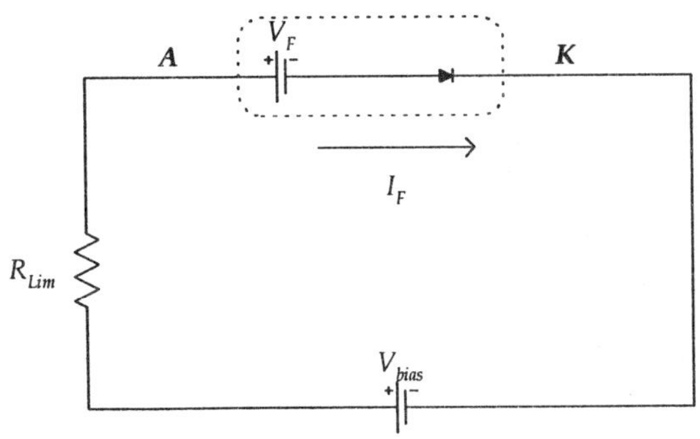

① 순방향

V_F ; 0.7 [V](Si), 0.3 [V](Ge)

$I_F = \frac{V_{bias} - V_F}{R_{Lim}}$

② 역방향

이상적인 경우와 동일하다.

[그림 1-12] 실질적인 다이오드 모델

1-7-5. 복잡한 다이오드 모델

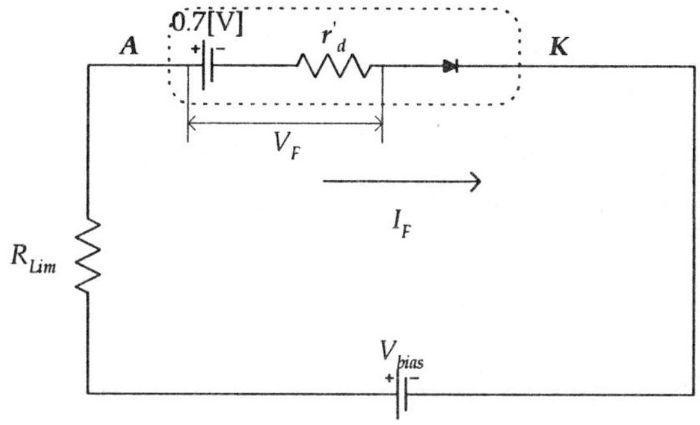

① 순방향

$$V_F = 0.7\,[\mathrm{V}] + I_F r_d'$$

$$I_F = \frac{V_{bias} - 0.7\,[\mathrm{V}]}{R_{Lim} + r_d'}$$

[그림 1-13] 복잡한 다이오드 모델

예제 1 다음의 회로에서 다이오드의 각 모델에 대한 순방향 전압(V_F), 순방향 전류(I_F)와 제한저항 양단전압(V_{Lim})을 각각 구하여라. 단, $r'd = 10\,[\Omega]$이다.

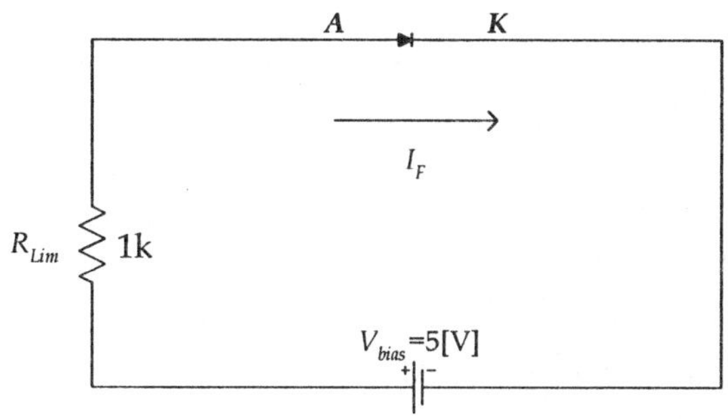

〈풀이〉 ① 이상적인 모델

㉠ $V_F = 0\,[\mathrm{V}]$

㉡ $I_F = \dfrac{V_{bias}}{R_{Lim}} = \dfrac{5\,[\mathrm{V}]}{1\,[\mathrm{k\Omega}]} = 5\,[\mathrm{mA}]$

㉢ $V_{Lim} = I_F \times R_{Lim} = 5\,[\mathrm{mA}] \times 1\,[\mathrm{k\Omega}] = 5\,[\mathrm{V}]$

② 실질적인 모델

㉠ $V_F = 0.7\,[\mathrm{V}]$ ☜ 실리콘 다이오드로 가정한다.

㉡ $I_F = \dfrac{V_{bias} - V_F}{R_{Lim}} = \dfrac{5\,[\mathrm{V}] - 0.7\,[\mathrm{V}]}{1\,[\mathrm{k\Omega}]} = 4.3\,[\mathrm{mA}]$

㉢ $V_{Lim} = I_F \times R_{Lim} = 4.3\,[\mathrm{mA}] \times 1\,[\mathrm{k\Omega}] = 4.3\,[\mathrm{V}]$

③ 복잡한 모델

㉠ $I_F = \dfrac{V_{bias} - V_F}{R_{Lim} + r_d'} = \dfrac{5\,[\mathrm{V}] - 0.7\,[\mathrm{V}]}{1\,[\mathrm{k\Omega}] + 10\,[\Omega]} = \dfrac{4.3}{1010} = 4.26\,[\mathrm{mA}]$

㉡ $V_F = 0.7\,[\mathrm{V}] + I_F r_d' = 0.7\,[\mathrm{V}] + 4.26\,[\mathrm{mA}] \times 10\,[\Omega] - 0.743\,[\mathrm{V}]$

㉢ $V_{Lim} = I_F \times R_{Lim} = 4.26\,[\mathrm{mA}] \times 1\,[\mathrm{k\Omega}] = 4.26\,[\mathrm{V}]$

예제 2 다음의 회로에서 다이오드의 각 모델에 대한 역방향 전압(V_R), 역방향 전류(I_R)와 제한저항 양단전압(V_{Lim})을 각각 구하여라. 단, $I_R = 1\,[\mu\mathrm{A}]$이다.

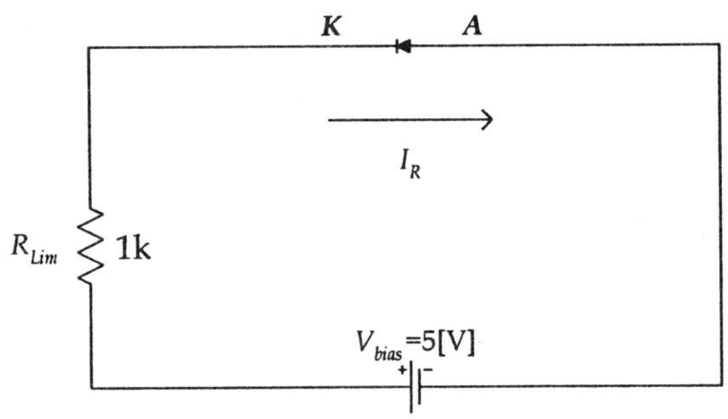

〈풀이〉 ① 이상적인 모델

㉠ $I_R = 0\,[\mathrm{A}]$

㉡ $V_R = V_{bias} = 5\,[\mathrm{V}]$

㉢ $V_{Lim} = 0\,[\mathrm{V}]$

② 실질적인 모델

㉠ $I_R = 0\,[\mathrm{A}]$

㉡ $V_R = V_{bias} = 5\,[\mathrm{V}]$

㉢ $V_{Lim} = 0\,[\mathrm{V}]$

③ 복잡한 모델

㉠ $I_R = 1\,[\mu\mathrm{A}]$

㉡ $V_{Lim} = I_R \times R_{Lim} = 1\,[\mu\mathrm{A}] \times 1\,[\mathrm{k\Omega}] = 1\,[\mathrm{mV}]$

㉢ $V_R = V_{bias} - V_{Lim} = 5\,[\mathrm{V}] + 1\,[\mathrm{mV}] = 4.999\,[\mathrm{V}]$

제 2 장 다이오드의 응용

2-1. 반파 정류기

반파 정류기(half wave rectifier)는 교류전압을 직류전압으로 변환시킨다(정류회로).

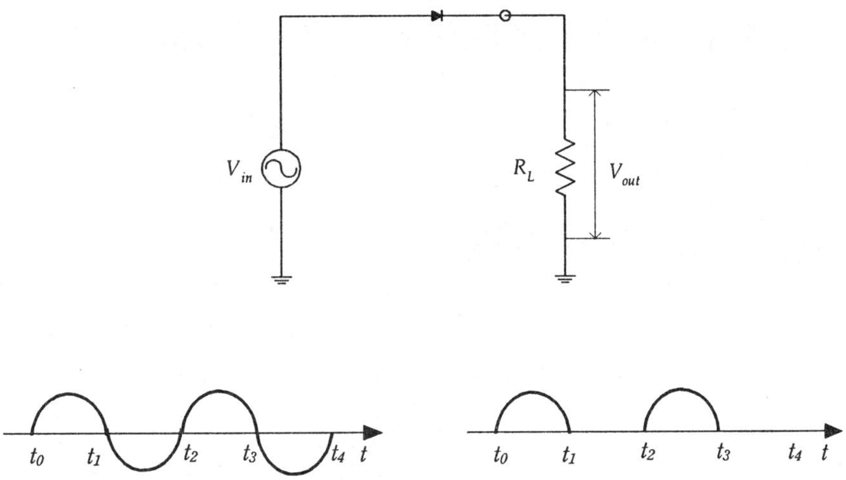

[입력(V_{in})] [출력(V_{out})]

[그림 2-1] 반파 정류기 회로 및 정류파형

2-1-1. 반파 출력전압의 평균값

정현파에서 평균값이

$$V_{avg} = \frac{2}{\pi} \times V_m \tag{2-1}$$

이므로 반파일 경우,

$$V_{avg} = \frac{1}{\pi} \times V_m \tag{2-2}$$

이다.

2-1-2. 장벽 전위에 따른 출력

$$V_{m(out)} = V_{m(in)} - 0.7[\mathrm{V}] \text{; Si 다이오드} \tag{2-3}$$

2-1-3. 최대 역전압(PIV ; Peak Inverse Voltage)

$$PIV = V_{m(in)} \tag{2-4}$$

2-1-4. 변압기를 사용한 반파 정류기

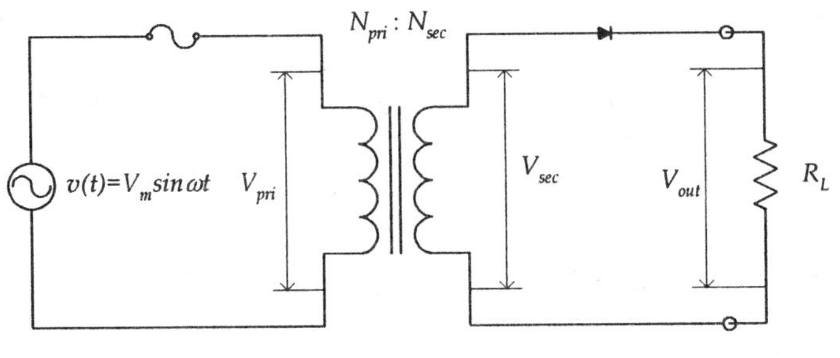

[그림 2-2] 변압기를 사용한 반파 정류기

$$V_{m(pri)} = V_m$$

$$V_{m(\sec)} = \left(\frac{N_{\sec}}{N_{pri}}\right) \times V_{m(pri)}$$

여기서, $\left(\frac{N_{\sec}}{N_{pri}}\right)$는 권선비이다.

예제 1 다음의 회로에서 출력전압의 최대값($V_{m(out)}$)을 구하여라. 단, 입력전압의 최대값($V_{m(in)}$)은 110 [V]이다.

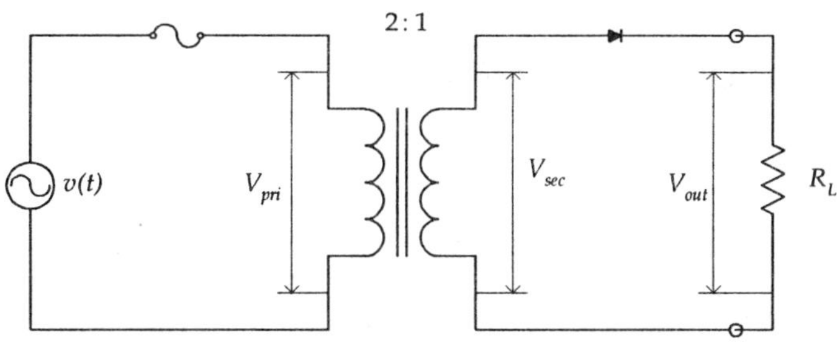

〈풀이〉 $V_{m(pri)} = V_{m(in)} = 110\,[\mathrm{V}]$

$V_{m(\sec)} = \left(\frac{N_{\sec}}{N_{pri}}\right) \times V_{m(pri)} = \frac{1}{2} \times 110\,[\mathrm{V}] = 55\,[\mathrm{V}]$에서,

$V_{m(out)} = V_{m(\sec)} - 0.7\,[\mathrm{V}] = 55[\mathrm{V}] - 0.7[\mathrm{V}] = 54.3[\mathrm{V}]$

2-2. 전파 정류기

전파 정류기(full wave rectifier)는 교류전압을 직류전압으로 변환시킨다(정류회로).

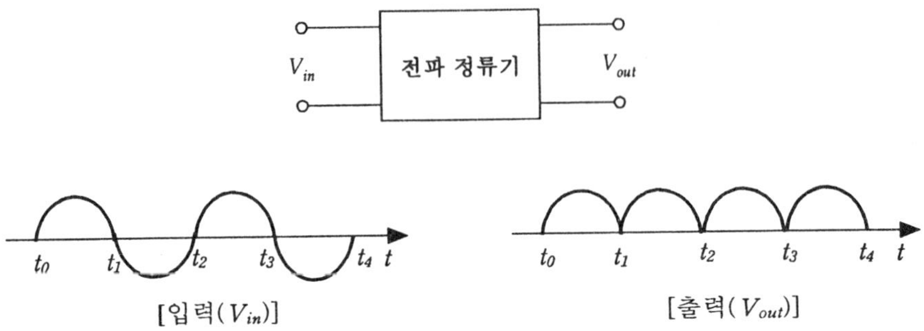

[그림 2-3] 전파 정류 작용

2-2-1. 중간 탭 전파 정류기

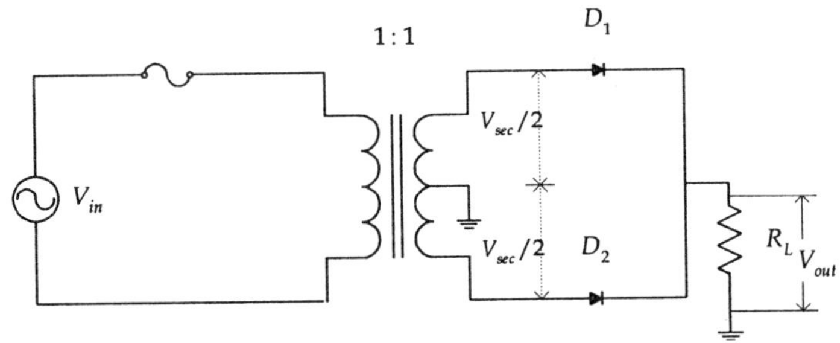

[그림 2-4] 중간 탭(tab) 전파 정류기

① 출력전압의 평균값(V_{avg})

$$V_{avg} = \frac{2}{\pi} \times V_{m(out)}$$ ☜ 정현파의 평균값과 같다. (2-5)

② 출력전압의 최대값($V_{m(out)}$)

$$V_{m(out)} = \frac{V_{m(\sec)}}{2} - 0.7\,[\mathrm{V}]$$

$$V_{m(\sec)} = 2V_{m(out)} + 1.4\,[\mathrm{V}] \quad (2\text{-}6)$$

③ 최대 역전압(*PIV*)

$$PIV = \text{출력전압의최대값}(V_{m(out)}) + \frac{V_{m(\sec)}}{2}$$

$$= \left(\frac{V_{m(\sec)}}{2} - 0.7\,[\mathrm{V}]\right) + \frac{V_{m(\sec)}}{2}$$

$$= V_{m(\sec)} - 0.7\,[\mathrm{V}] \tag{2-7}$$

식 (2-6)을 대입하여 정리하면,

$$PIV = V_{m(\sec)} - 0.7\,[\mathrm{V}]$$

$$= \{2V_{m(out)} + 1.4\,[\mathrm{V}]\} - 0.7\,[\mathrm{V}]$$

$$= 2V_{m(out)} + 0.7\,[\mathrm{V}] \tag{2-8}$$

예제 2 다음의 회로에서 출력파형 및 *PIV* 정격을 구하여라. 단, 입력전압의 최대값($V_{m(in)}$)은 100 [V]인 정현파이다.

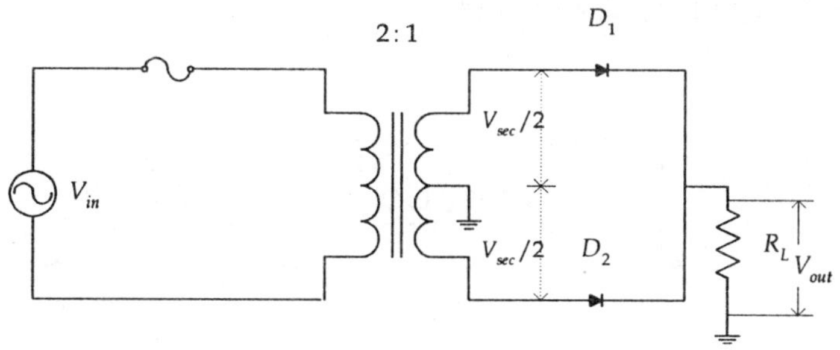

〈풀이〉 $V_{m(\sec)} = \left(\frac{N_{\sec}}{N_{pri}}\right) \times V_{m(pri)} = \frac{1}{2} \times 100 = 50[\mathrm{V}]$

$$V_{m(out)} = \frac{V_{m(\sec)}}{2} - 0.7[\mathrm{V}] = \frac{50[\mathrm{V}]}{2} - 0.7[\mathrm{V}] = 24.3[\mathrm{V}]$$

$$PIV = V_{m(\sec)} - 0.7[\mathrm{V}] = 49.3[\mathrm{V}] \cong 50[\mathrm{V}]$$

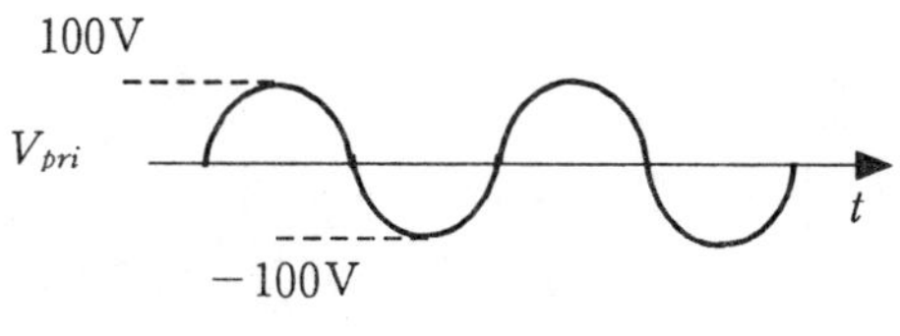

(a) 1차 전압(입력전압)

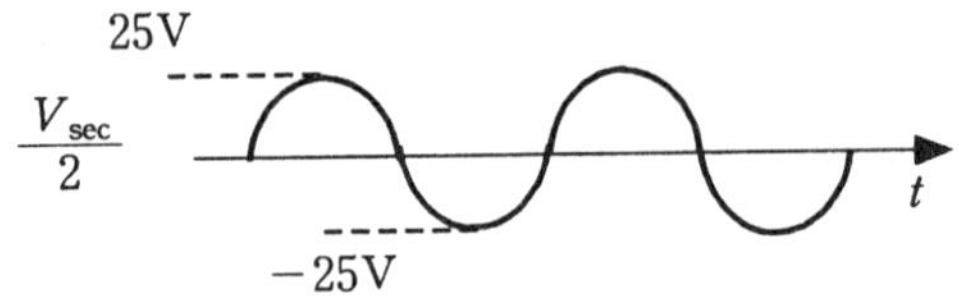

(b) 2차 탭 전압

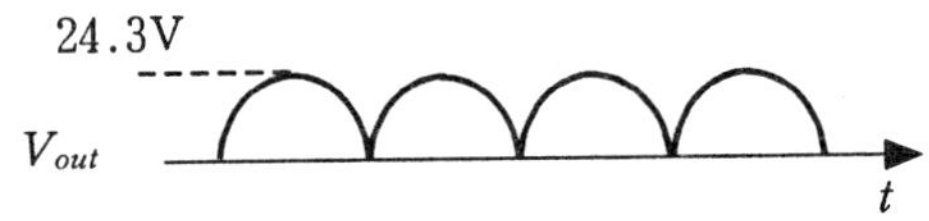

(c) 출력전압

2-2-2. 전파 브리지 정류기

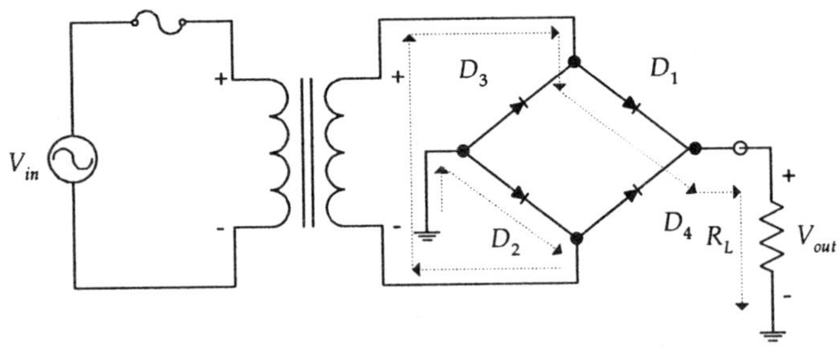

(a) 정(+)의 반주기 동안의 동작

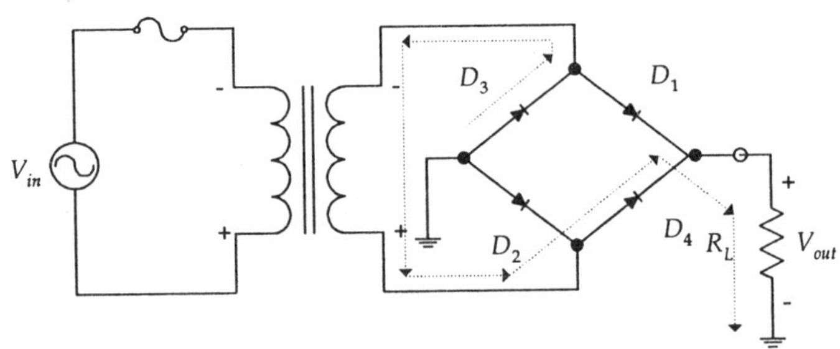

(b) 부(−)의 반주기 동안의 동작

[그림 2-5] 전파 브리지(bridge) 정류기

① 출력전압의 평균값(V_{avg})

$$V_{avg} = \frac{2}{\pi} \times V_{m(out)}$$ ☜ 정현파의 평균값과 같다. (2-9)

② 출력전압(V_{out})

이상적인 경우; $V_{out} = V_{\sec}$

실제의 경우; $V_{out} = V_{\sec} - 1.4\,[\mathrm{V}]$ (2-10)

③ 최대 역전압(PIV)

이상적인 경우; $PIV =$ 출력 전압의 최대값 ($V_{m(out)}$)

실제의 경우; $PIV = V_{m(out)} + 0.7\,[\mathrm{V}]$ (2-11)

예제 3 다음의 회로에서 최대 출력전압 및 *PIV* 정격을 구하여라. 단, 입력전압의 최대값($V_{m(in)}$)은 110 [V], 2차 전압의 실효값 ($V_{rms(\sec)}$)은 12 [V]이다.

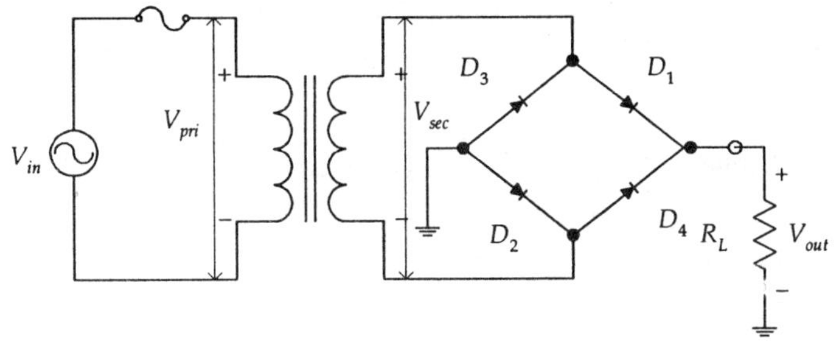

〈풀이〉 $V_{m(\sec)} = \sqrt{2} \times V_{rms(\sec)} = \sqrt{2} \times 12 \cong 17[\mathrm{V}]$

$V_{m(out)} = V_{m(\sec)} - 1.4[\mathrm{V}] = 17[\mathrm{V}] - 1.4[\mathrm{V}] = 15.6[\mathrm{V}]$

$PIV = V_{m(out)} + 0.7[\mathrm{V}] = 15.6[\mathrm{V}] + 0.7[\mathrm{V}] = 16.3[\mathrm{V}]$

2-3. 콘덴서 입력형 정류기 필터

콘덴서(condenser) 입력형 정류기 필터(filter)는 정류기의 출력전압에 존재하는 교번 요소를 줄여 일정 레벨의 직류전압을 생성한다. ─ 평활회로

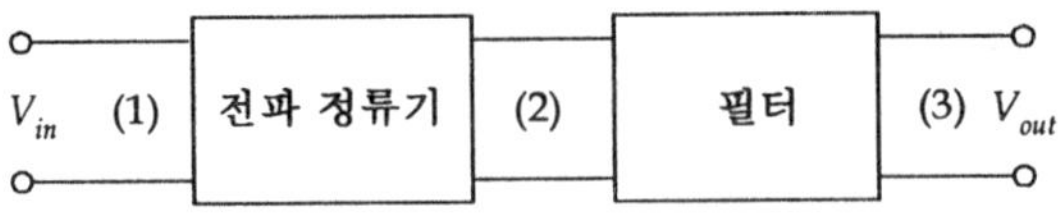

(a) 구조

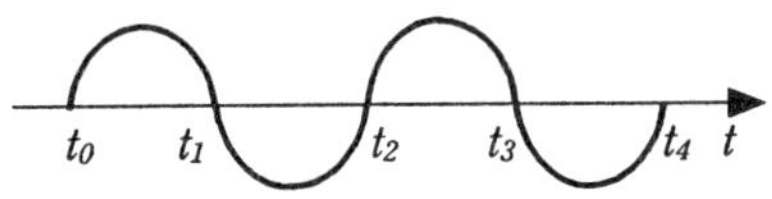

(b) 입력신호[(1)의 상태]

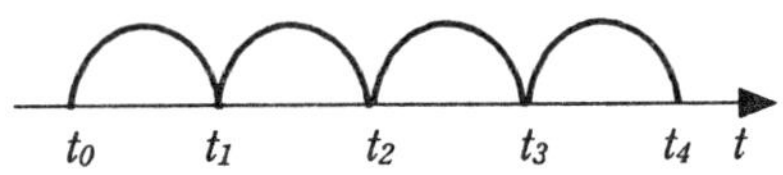

(c) 정류[(2)의 상태]

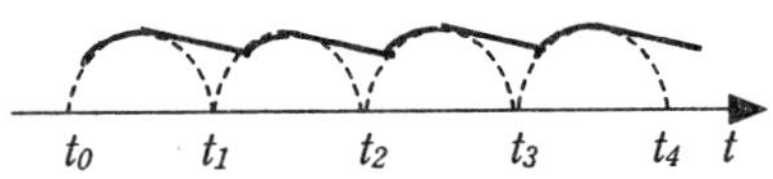

(d) 출력신호[(3)의 상태]

[그림 2-6] 전원 필터의 작용

2-3-1. 리플 계수

리플(ripple) 계수는 필터의 효율을 나타내며 다음과 같이 정의한다.

$$r = \frac{V_r}{V_{DC}} \tag{2-12}$$

여기서, V_r은 리플 전압의 첨두간(peak-to-peak) 전압이며, V_{DC}는 필터의 직류전압의 평균값으로서 다음의 식으로 구할 수 있다.

$$V_r = \left(\frac{1}{fR_LC}\right) \times V_{m(in)} \tag{2-13}$$

$$V_{DC} = \left(1 - \frac{1}{2fR_LC}\right) \times V_{m(in)} \tag{2-14}$$

여기서, $V_{m(in)}$은 전파 정류된 전압의 최대값(첨두값)으로 필터의 입력이 되며, 주파수(f)는 상용 주파수에서 전파 정류기일 때에는 120[Hz], 반파 정류기일 때에는 60[Hz]로 주어진다.

예제 4 다음의 회로에서 리플 계수를 구하여라. 단, 입력전압의 실효값 (V_{rms})는 115[V], R_L은 2.2[kΩ], 권선비는 10 : 1이다.

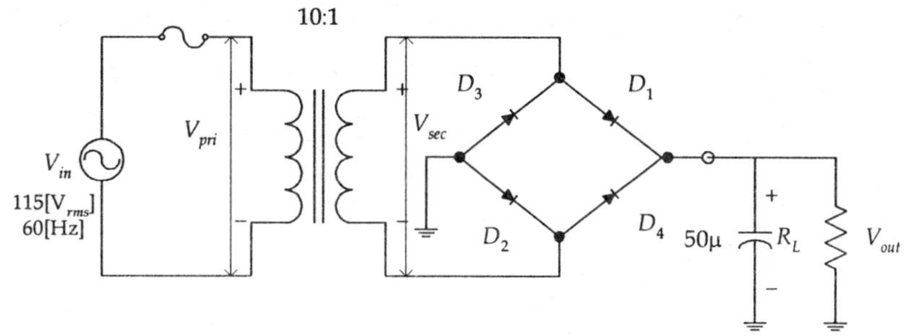

〈풀이〉 $V_{m(pri)} = \sqrt{2} \times V_{rms(pri)} = \sqrt{2} \times 115 \cong 163[\text{V}]$

$$V_{m(\sec)} = \left(\frac{N_{\sec}}{N_{pri}}\right) \times V_{m(pri)} = \left(\frac{1}{10}\right) \times 163[\text{V}] = 16.3[\text{V}]$$

$$V_{m(in)} = V_{m(\sec)} - 1.4[\text{V}] = 16.3[\text{V}] - 1.4[\text{V}] = 14.9[\text{V}]$$

$$V_r = \left(\frac{1}{fR_LC}\right) \times V_{m(in)}$$

$$= \left(\frac{1}{120\,[\text{Hz}] \times 2.2\,[\text{k}\Omega] \times 50[\,\mu\text{F}]}\right) \times 14.9[\text{V}] = 1.13[\text{V}]$$

$$V_{DC} = \left(1 - \frac{1}{2fR_LC}\right) \times V_{m(in)}$$

$$= \left(1 - \frac{1}{2 \times 120\,[\text{Hz}] \times 2.2[\text{k}\Omega] \times 50[\,\mu\text{F}]}\right) \times 14.9[\text{V}] = 14.3[\text{V}]$$

$$\therefore r = \frac{V_r}{V_{DC}} = \frac{1.13}{14.3} = 0.079 = 7.9[\%]$$

2-4. 리 미 터

리미터(limiter ; clipper)는 신호전압의 일정 레벨의 상하를 제거한다.

2-4-1. 원 리

[그림 2-7]의 (a)는 정(+)의 반주기를 제거(제한)하는 리미터 회로로서 입력신호 V_{in}의 정(+)의 반주기 동안 다이오드는 순방향 바이어스가

되며, 캐소드가 접지되어 있기 때문에 애노드는 0.7 [V](Si의 경우)를 넘을 수 없다.

한편, 다이오드의 방향을 바꾸면 [그림 2-7]의 (b)와 같이 부(−)의 반주기가 제거(제한)되는데, 부(−)의 반주기 동안 다이오드가 순방향 바이어스될 때 점 A는 다이오드의 전압 강하에 의해 −0.7 [V]가 유지된다.

출력전압(V_{out})은 R_1과 R_L이 직렬로 이루어진 전압 분배기가 되므로,

$$V_{out} = \left(\frac{R_L}{R_1 + R_L} \right) \times V_{in} \tag{2-15}$$

로 주어진다.

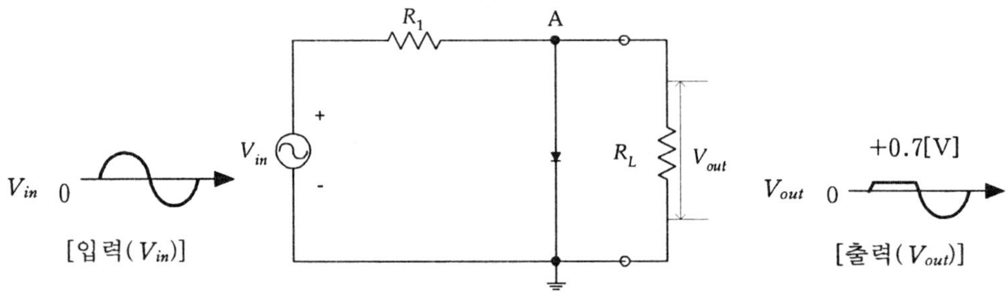

(a) 정(+)의 반주기를 제거(제한)

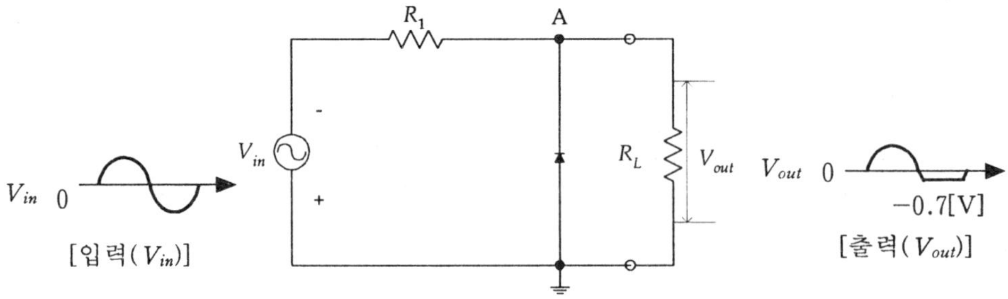

(b) 부(-)의 반주기를 제거(제한)

[그림 2-7] 다이오드 리미터 회로

2-4-2. 바이어스된 경우

[그림 2-8]의 (a)는 다이오드가 도통하기 전에 점 A에서의 전압은 $V_{bias}+0.7\,[V]$이어야 하며, 도통하기 시작할 때 점 A에서의 전압은 이 레벨 이상의 모든 입력전압을 제거(제한)하는 리미터 회로이다. 한편, [그림 2-8]의 (b)와 같이 연결하면, 점 A에서의 전압은 $-V_{bias}-0.7\,[V]$ 이하이어야 하며, 순방향 바이어스가 되어 그림과 같이 제한작용을 한다.

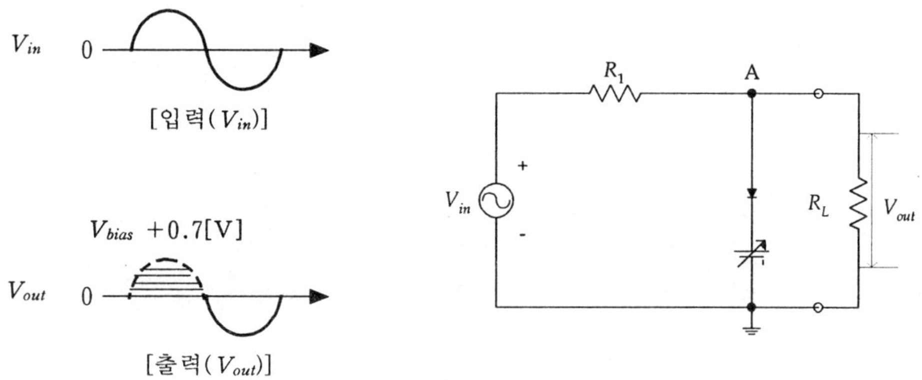

(a) 바이어스된 정(+) 리미터

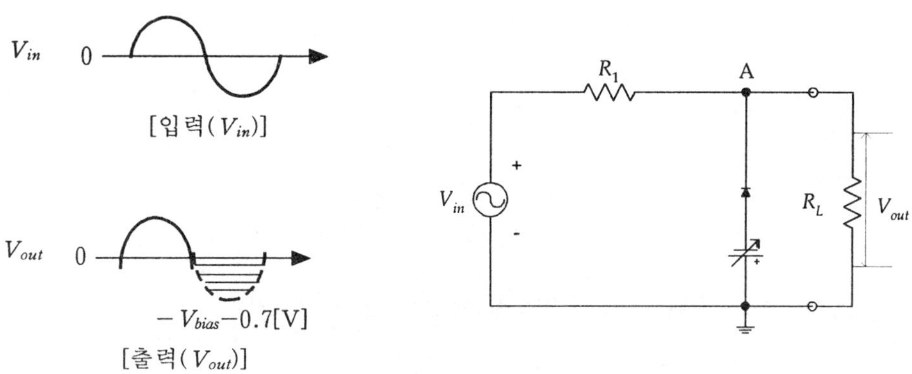

(b) 바이어스된 부(−) 리미터

[그림 2-8] 바이어스된 리미터 회로

2-4-3. 전압분배 바이어스

실제로 바이어스 전압원은 다음의 [그림 2-9]와 같이 저항 분압기를 이용하여 직류 공급 전압을 희망하는 바이어스 전압으로 만든다. 바이어스 전압은 다음의 전압분배 공식으로 얻을 수 있다.

$$V_{bias} = \left(\frac{R_3}{R_2 + R_3}\right) \times V_{supply} \tag{2-16}$$

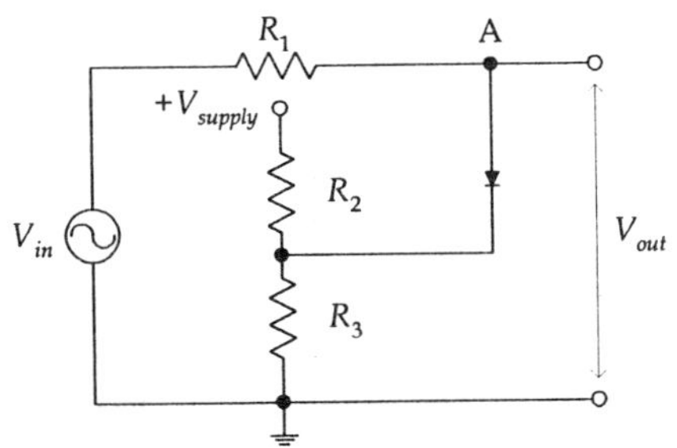

(a) 정(+) 리미터

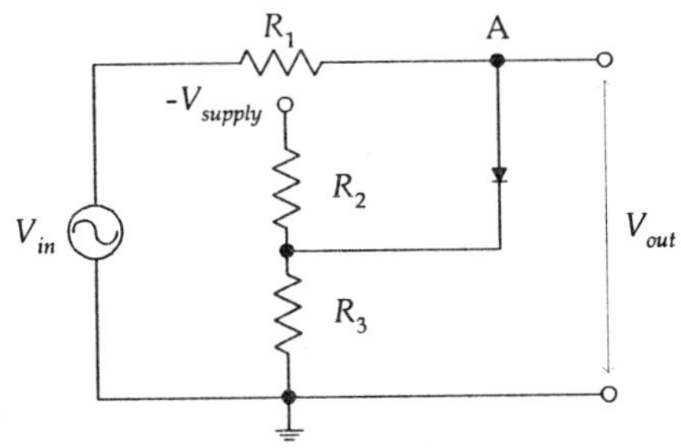

(b) 부(−) 리미터

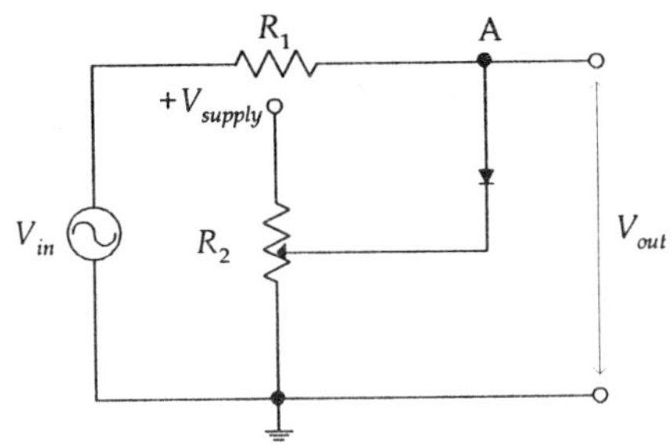

(c) 가변 정(+) 리미터

[그림 2-9] 전압분배 바이어스된 리미터 회로

예제 5 다음의 회로에서 출력파형을 그려라. 단, 입력전압의 최대값(V_m)은 18[V], R_1은 10[kΩ], R_2는 100[Ω], R_3은 220[Ω]이다.

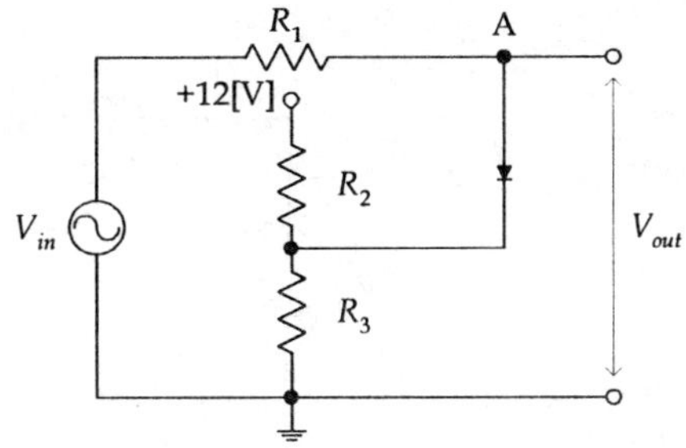

〈풀이〉 $V_{bias} = \left(\dfrac{R_3}{R_2 + R_3}\right) \times V_{supply}$

$= \left(\dfrac{220[\Omega]}{100[\Omega] + 220[\Omega]}\right) \times 12\,[\mathrm{V}] = 8.25\,[\mathrm{V}]$

$V_{out} = V_{bias} + 0.7[\mathrm{V}] = 8.25[\mathrm{V}] + 0.7[\mathrm{V}] = 8.95[\mathrm{V}]$

2-5. 클 램 퍼

클램퍼(clamper)는 교류전압에 직류 레벨을 더하는 회로(직류 복원기)이다.

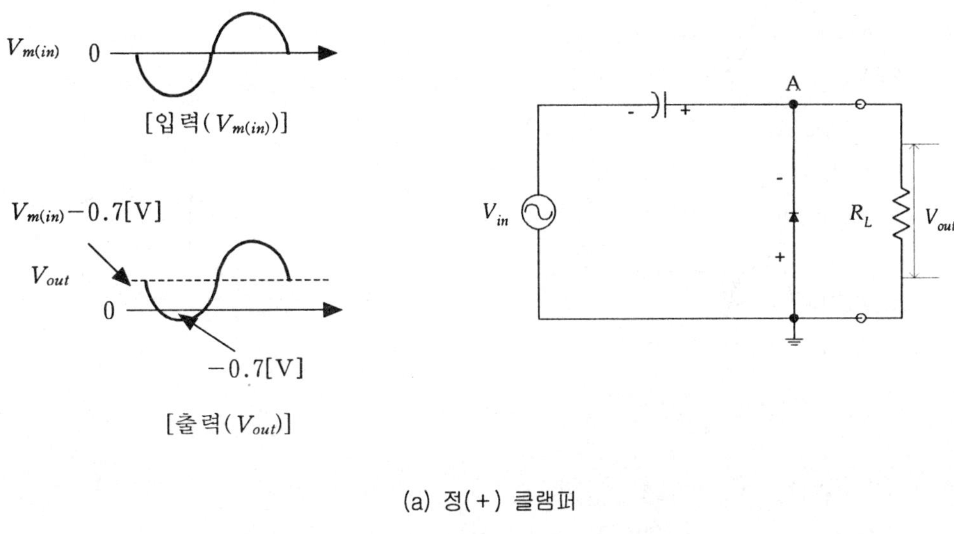

(a) 정(+) 클램퍼

[그림 2-10] 다이오드 클램퍼 회로(계속)

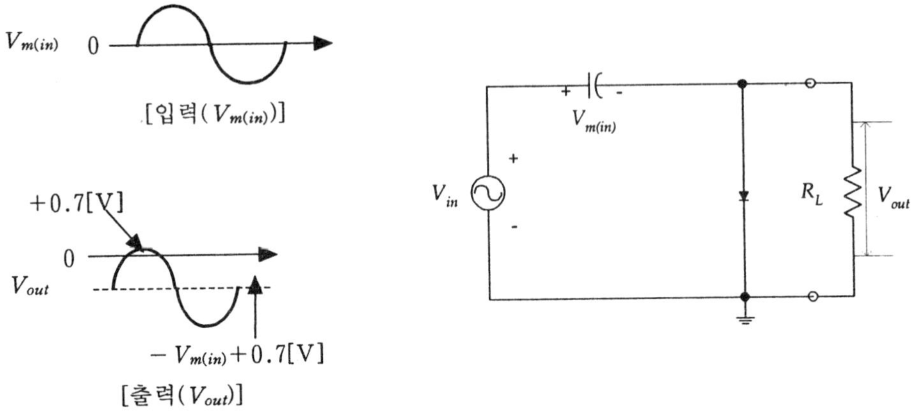

(b) 부(−) 클램퍼

[그림 2-10] 다이오드 클램퍼 회로

예제 6 다음의 회로에서 출력파형을 그려라. 단, 입력전압의 최대값 (V_m)은 24[V], R_L은 10[kΩ], C는 10[μF]이다.

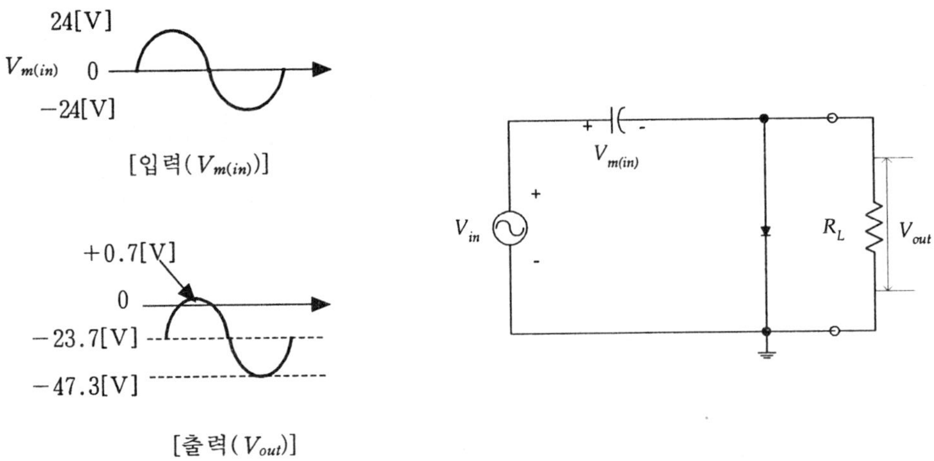

〈풀이〉 $V_{DC} \cong -V_{m(in)} + 0.7\,[\mathrm{V}]$

$= -24\,[\mathrm{V}] + 0.7\,[\mathrm{V}]$

$= -23.7\,[\mathrm{V}]$

2-6. 전압 체배기

전압 체배기(2배 전압기)는 정류된 첨두전압을 증가시킨다.

☜ 입력 변압기의 정격전압은 증가시키지 않음

[그림 2-11]은 반파 2배 전압기로 2차 전압의 정(+)의 반주기 동안에 다이오드 D_1은 순방향, 다이오드 D_2는 역방향 바이어스가 된다. 커패시터 C_1은 [그림 2-10]의 (a)와 같은 극성으로 2차 전압(V_m)의 첨두값에서 다이오드의 전압을 뺀 값까지 충전된다($V_m-0.7$ [V]).

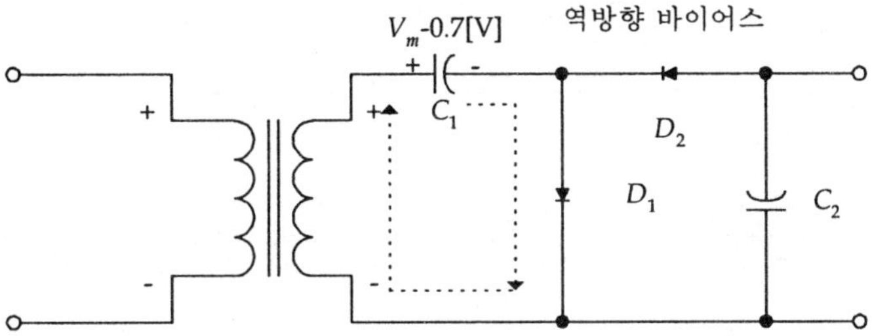

(a) 정(+)의 반주기

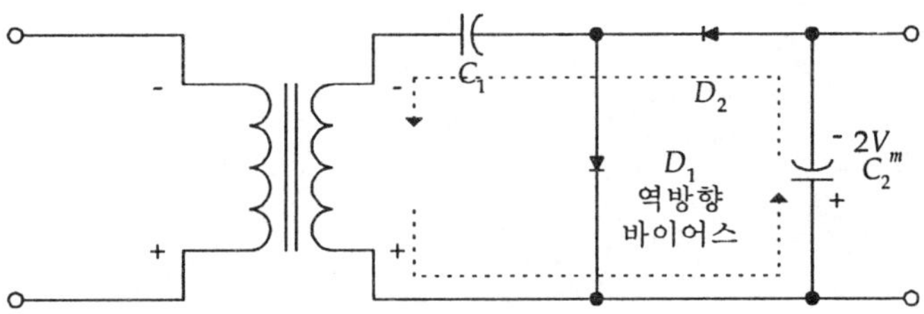

(b) 부(−)의 반주기

[그림 2-11] 다이오드 2배 전압기(반파)

한편, 부(−)의 반주기 동안에 다이오드 D_2는 순방향, 다이오드 D_1은 역방향 바이어스가 된다. 커패시터 C_1의 첨두전압이 C_2를 $2V_m$으로 충전하기 위해서 2차 전압(V_m)이 더해지므로,

$$V_{C_2} = V_{C_1} + V_m \tag{2-17}$$

여기서, 다이오드의 전압 강하를 무시하면, $V_{C_1} = V_m$이므로

$$V_{C_2} = 2V_m \tag{2-18}$$

과 같다.

제 3 장 특수 다이오드

3-1. 제너 다이오드

제너 다이오드(zener diode ; 전압 안정기)는 순방향일 때 정류 다이오드와 동일한 동작을 하며, 역방향일 때 직류전원의 전압은 안정화를 이룬다.

3-1-1. 표 기

[그림 3-1] 제너 다이오드의 표기

3-1-2. 전압-전류(V-I) 특성

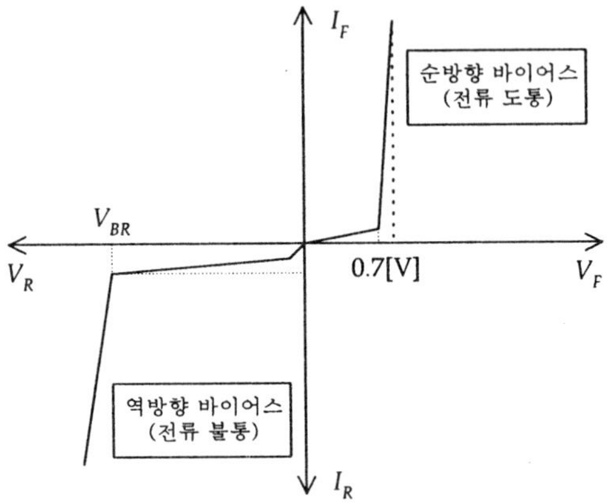

(a) 정류 다이오드의 동작 영역

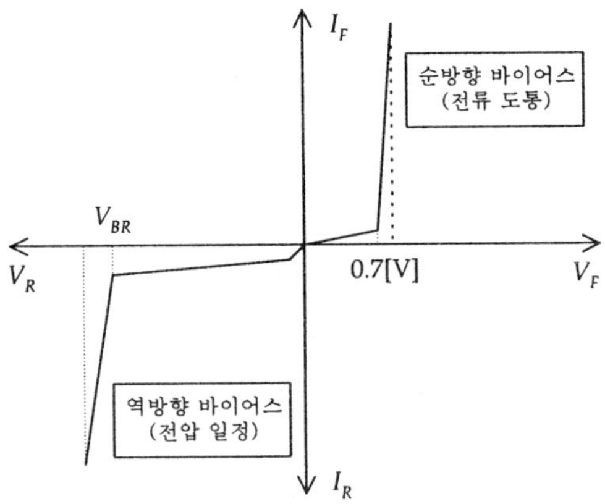

(b) 제너 다이오드의 동작 영역

[그림 3-2] 다이오드의 전압-전류 특성 곡선

3-1-3. 등가회로

제너 임피던스(Z_Z)는 식 (3-1)로 표현된다.

$$Z_Z = \frac{\Delta V_Z}{\Delta I_Z} \qquad (3\text{-}1)$$

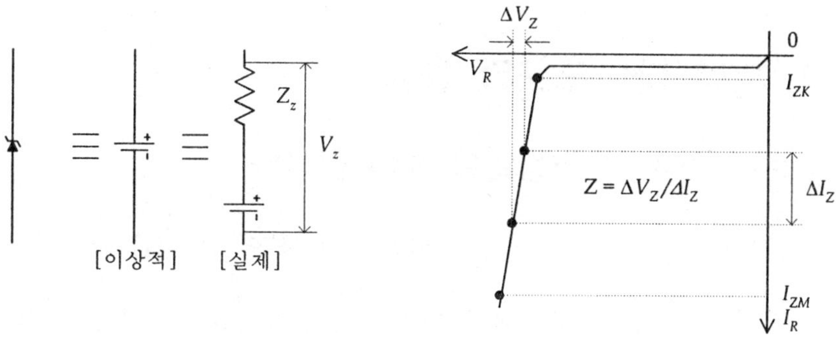

(a) 등가회로 (b) 특성곡선

[그림 3-3] 제너 다이오드의 등가회로 및 제너 임피던스(Z_Z) 특성곡선

예제 1 어떤 제너 다이오드가 $Z_{ZT} = 5\,[\Omega]$이다. 데이터 표로부터 $I_{ZT} = 20[\text{mA}]$, $I_{ZK} = 1\,[\text{mA}]$, $I_{ZM} = 50\,[\text{mA}]$에서 $V_{ZT} = 6.8\,[\text{V}]$가 주어졌다. 전류가 30 [mA]와 10 [mA]일 때, 제너 다이오드의 양단전압을 구하여라.

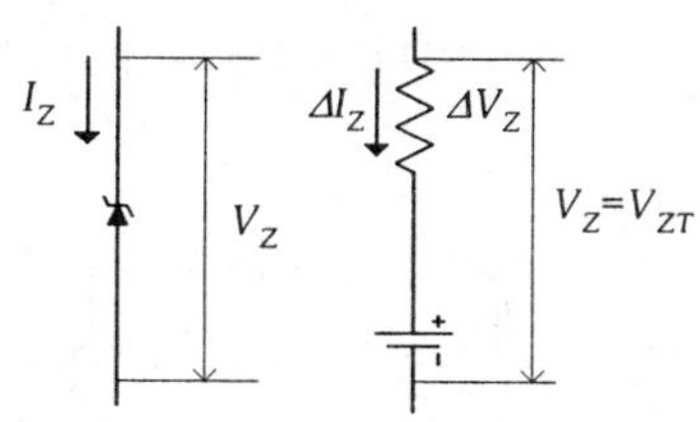

〈풀이〉 ① $I_Z = 30\,[\text{mA}]$인 경우($> I_{ZT}$)

$\Delta I_Z = I_Z - I_{ZT} = 30\,[\text{mA}] - 20\,[\text{mA}] = 10\,[\text{mA}]$

$\Delta V_Z = \Delta I_Z Z_{ZT} = 10\,[\text{mA}] \times 5\,[\Omega] = 50\,[\text{mV}]$

$\therefore V_Z = 6.8\,[\text{V}] + \Delta V_Z = 6.8\,[\text{V}] + 50\,[\text{mV}] = 6.85\,[\text{V}]$

② $I_Z = 10\,[\text{mA}]$인 경우($< I_{ZT}$)

$\Delta I_Z = I_Z - I_{ZT} = 10\,[\text{mA}] - 20\,[\text{mA}] = -10\,[\text{mA}]$

$\Delta V_Z = \Delta I_Z Z_{ZT} = -10\,[\text{mA}] \times 5\,[\Omega] = -50\,[\text{mV}]$

$\therefore V_Z = 6.8\,[\text{V}] + \Delta V_Z = 6.8\,[\text{V}] - 50\,[\text{mV}] = 6.75\,[\text{V}]$

3-2. 제너 다이오드의 응용

3-2-1. 가변 입력전압의 제너 안정화

직류전압을 안정화시킨다(입력 또는 선형 안정화).

예제 2 다음의 회로에서 전압을 안정화시킬 수 있는 최소 및 최대 입력전압을 구하여라.

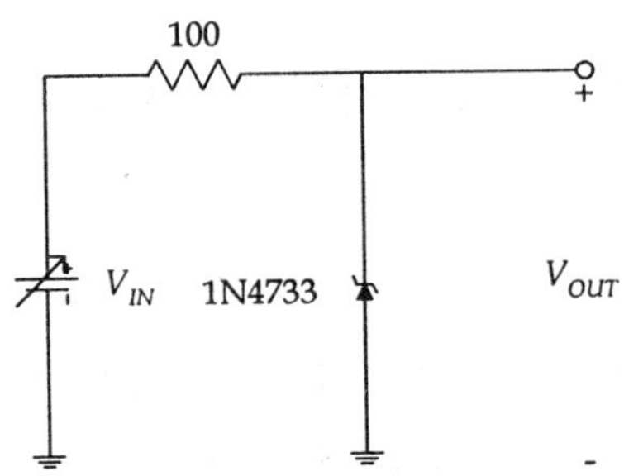

〈풀이〉 제너 다이오드의 규격표로부터 1N4733은 $V_Z = 5.1\,[\text{V}]$, $Z_{ZT} = 7\,[\Omega]$, $I_{ZK} = 1\,[\text{mA}]$, $I_{ZT} = 49\,[\text{mA}]$이므로, 다음과 같은 등가회로를 도시할 수 있다.

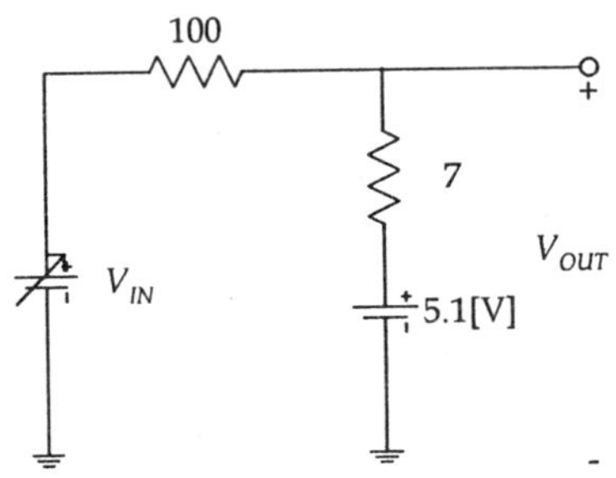

① 최소 전류(I_{ZK})

$$V_{OUT} = V_Z + \Delta V_Z = 5.1\,[\text{V}] + (I_{ZK} - I_{ZT})Z_{ZT}$$
$$= 5.1\,[\text{V}] - (49\,[\text{mA}] - 1\,[\text{mA}]) \times 7[\Omega] = 4.76\,[\text{V}]$$
$$V_{IN(\min)} = V_R + V_{OUT} = I_{ZK} \cdot R + 4.76\,[\text{V}]$$
$$= 1\,[\text{mA}] \cdot 100[\Omega] + 4.76\,[\text{V}] = 4.86\,[\text{V}]$$

② 최대 전류(I_{ZM})

$I_{ZM} = \dfrac{P_D}{V_Z} = \dfrac{1\,[\text{W}]}{5.1\,[\text{V}]} = 196\,[\text{mA}]$이므로,

$$V_{OUT} = V_Z + \Delta V_Z = 5.1\,[\text{V}] + (I_{ZM} - I_{ZT})Z_{ZT}$$
$$= 5.1\,[\text{V}] + (196\,[\text{mA}] - 49\,[\text{mA}]) \times 7\,[\Omega] = 6.13\,[\text{V}]$$
$$V_{IN(\max)} = V_R + V_{OUT} = I_{ZM} \cdot R + 6.13\,[\text{V}]$$
$$= 196\,[\text{mA}] \cdot 100\,[\Omega] + 6.13\,[\text{V}] = 25.7\,[\text{V}]$$

예제 3 다음의 회로에서 $I_{ZK} = 0.25\,[\text{mA}]$에서 $I_{ZM} = 100\,[\text{mA}]$까지 제너 전류의 범위에서 안정화가 유지된다고 할 때, 입력전압의 안정화 범위를 구하여라.

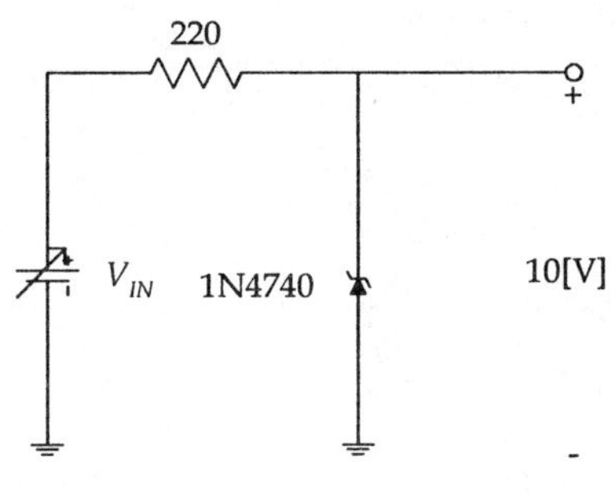

〈풀이〉 ① 최소 전류(I_{ZK})

$$V_R = I_{ZK}R = 0.25\,[\text{mA}] \times 220\,[\Omega] = 55\,[\text{mV}]$$
$$V_{IN} = V_R + V_Z = 55\,[\text{mV}] + 10\,[\text{V}] = 10.055\,[\text{V}]$$

② 최대 전류(I_{ZM})

$$V_R = I_{ZM}R = 100\,[\text{mA}] \times 220\,[\Omega] = 22\,[\text{V}]$$
$$V_{IN} = V_R + V_Z = 22\,[\text{V}] + 10\,[\text{V}] = 32\,[\text{V}]$$

∴ 10.055~32[V]에서 입력전압을 안정화시킬 수 있다.

3-2-2. 무(無)부하 및 전(全)부하

예제 4 다음의 회로에서 제너 다이오드가 안정화를 유지하기 위한 최대 및 최소 부하전류를 구하고, 사용 가능한 부하의 최소값을 구하여라. 단, $V_Z = 12[V]$, $I_{ZK} = 1[mA]$, $I_{ZM} = 50[mA]$, $Z_Z = 0[\Omega]$이다.

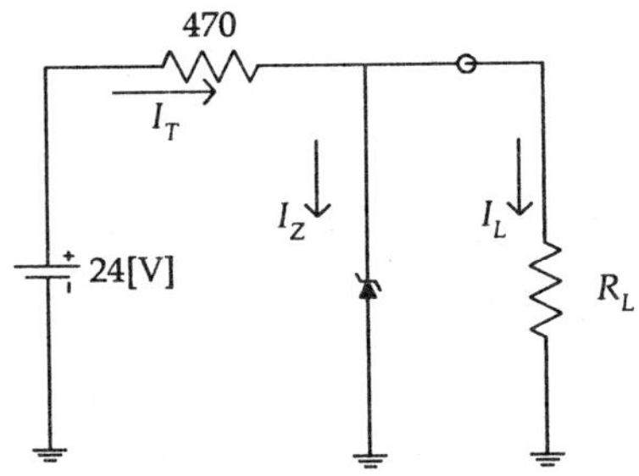

〈풀이〉 $I_T = I_Z + I_L$; KCL에서, $I_L = 0$일 때 I_Z은 최대이고 $I_T = I_{Z(max)}$가 되므로,

$$I_{Z(max)} = I_T = \frac{V_{IN} - V_Z}{R}$$
$$= \frac{24[V] - 12[V]}{470[\Omega]} = 25.5[mA]$$

① 최소 부하전류($I_{L(min)}$)

$I_{L(min)} = 0[A]$ ($\because I_{Z(max)} < I_{ZM}$)

② 최대 부하전류($I_{L(max)}$)

$I_{L(max)} = I_T - I_{ZK} = 25.5[mA] - 1[mA] = 24.5[mA]$

③ 부하의 최소값($R_{L(min)}$)

$$R_{L(min)} = \frac{V_Z}{I_{L(max)}} = \frac{12[V]}{24.5[mA]} = 490[\Omega]$$

예제 5 다음의 회로에서 ① I_{ZK}와 I_{ZM}에서 V_{OUT}을 결정하고, ② 사용할 수 있는 R의 값을 구하고, ③ R_L의 최소값을 구하여라.

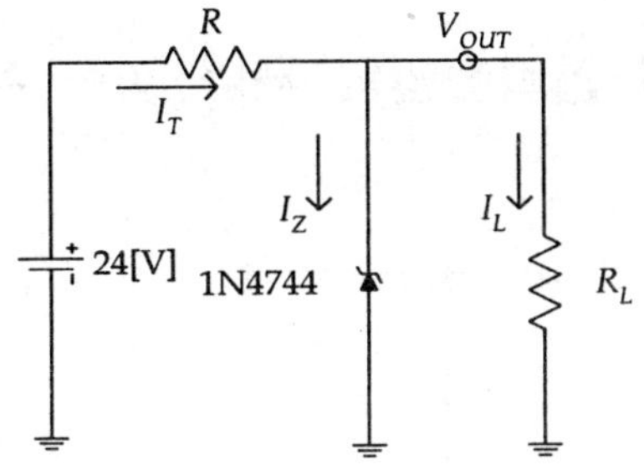

〈풀이〉 데이터 표로부터 $V_Z = 15\,[\mathrm{V}]$, $I_{ZK} = 0.25\,[\mathrm{mA}]$, $I_{ZT} = 17\,[\mathrm{mA}]$, $Z_{ZT} = 14\,[\Omega]$를 이용하여

① V_{OUT}

㉠ I_{ZK}에서 :

$$V_{OUT} = V_Z - \Delta V_Z = 15\,[\mathrm{V}] - (I_{ZT} - I_{ZK})Z_{ZT}$$
$$= 15\,[\mathrm{V}] - (17\,[\mathrm{mA}] - 0.25\,[\mathrm{mA}]) \times 14\,[\Omega] = 14.76\,[\mathrm{V}]$$

㉡ I_{ZM}에서 :

$$I_{ZM} = \frac{P_D}{V_Z} = \frac{1\,[\mathrm{W}]}{15\,[\mathrm{V}]} = 66.7\,[\mathrm{mA}]\text{이므로,}$$

$$V_{OUT} = V_Z + \Delta V_Z = 15\,[\mathrm{V}] + (I_{ZM} - I_{ZT})Z_{ZT}$$
$$= 15\,[\mathrm{V}] + (66.7\,[\mathrm{mA}] - 17\,[\mathrm{mA}]) \times 14\,[\Omega] = 15.7\,[\mathrm{V}]$$

② 사용할 수 있는 R의 값은 $R_L = 0$일 때 I_Z이 최대가 되므로

$$R = \frac{V_{IN} - V_Z}{I_{ZM}}$$
$$= \frac{24\,[\mathrm{V}] - 15.7\,[\mathrm{V}]}{66.7\,[\mathrm{mA}]} = 124\,[\Omega] \cong 130\,[\Omega]\text{ ; 표준값}$$

③ 부하의 최소값 $(R_{L(\min)}) \to I_{L(\max)} \to I_{ZK} = 0.25\,[\mathrm{mA}]$이므로,

$$I_T = \frac{V_{IN} - V_{OUT}}{R} = \frac{24\,[\mathrm{V}] - 14.76\,[\mathrm{V}]}{130\,[\Omega]} = 71\,[\mathrm{mA}]\text{이고,}$$

$$I_{L(\max)} = I_T - I_{ZK} = 71\,[\mathrm{mA}] - 0.25\,[\mathrm{mA}] = 70.75\,[\mathrm{mA}]\text{이므로,}$$

$$\therefore R_{L(\min)} = \frac{V_{OUT}}{I_{L(\max)}} = \frac{14.76\,[\mathrm{V}]}{70.75\,[\mathrm{mA}]} = 209\,[\Omega]$$

3-2-3. 정현파 입력전압의 제너 제한 작용

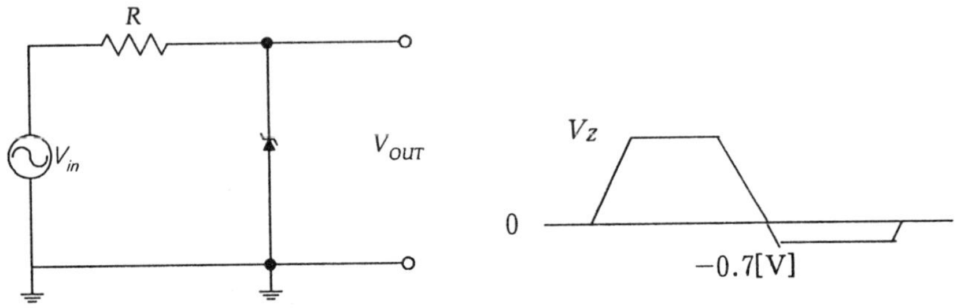

(a) 정(+)의 첨두 제한, 부(−)를 −0.7[V]로 제한

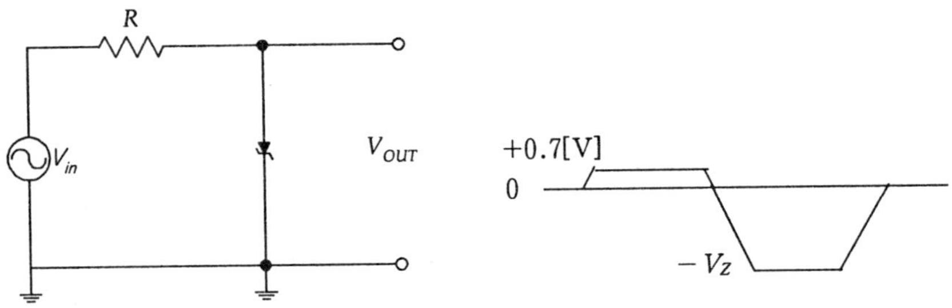

(b) 부(−)의 첨두 제한, 정(+)을 +0.7[V]로 제한

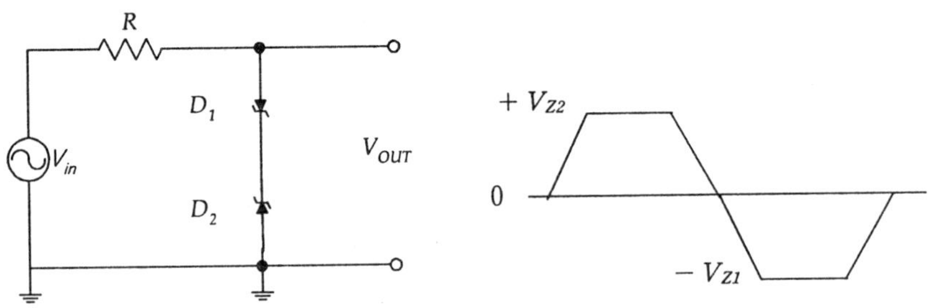

(c) 리미터 및 순방향 바이어스로의 역할

[그림 3-4] 제너 다이오드의 제한 작용

3-3. 버랙터 다이오드

버랙터 다이오드(varactor diode)는 가변 정전용량 다이오드이며, 역 바이어스에서 가변 정전용량 특성 ☜ 동조회로에 사용

3-3-1. 표 기

[그림 3-5] 버랙터 다이오드의 표기

3-3-2. 기본 동작

역방향 바이어스의 전압을 증가시키면 공핍층(유전체)이 넓어지는데, 이로 인해 커패시터의 값이 감소한다. 한편, 역방향 바이어스의 전압을 감소시키면 공핍층이 좁아져 커패시터의 값이 증가한다. 이 관계는 다음과 같이 표현된다.

$$C = \frac{A\varepsilon}{d} \tag{3-2}$$

여기서, A는 극판 면적, ε은 유전체 상수, d는 유전체 두께이다.

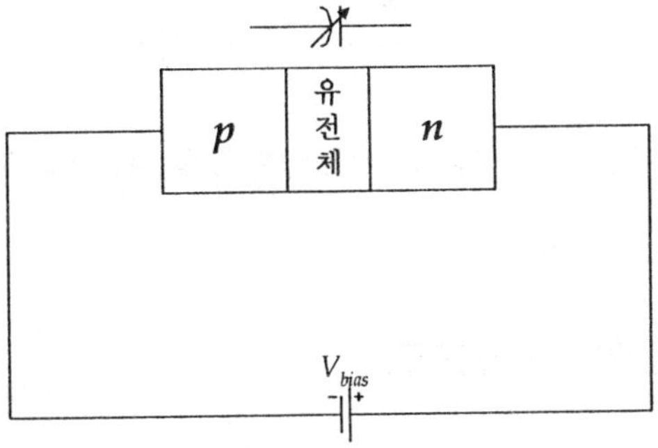

[그림 3-6] 버랙터 다이오드의 동작

3-4. 광 다이오드

3-4-1. 발광 다이오드(LED : Light Emitting Diode)

광(light) 방출 다이오드, 순방향 바이어스에 동작한다.
☜ 각종 신호(signal)에 사용한다.

3-4-2. 포토 다이오드

순방향 바이어스에 동작한다.

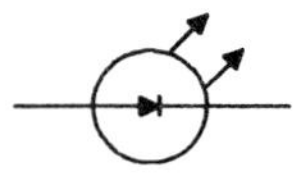

[그림 3-7] LED 및 포토 다이오드(photo diode)의 표기

3-5. 기타 다이오드

3-5-1. 전류 안정 다이오드

전류 안정기이다.

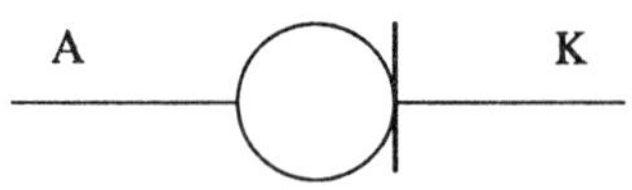

[그림 3-8] 전류 안정 다이오드의 표기

3-5-2. 쇼트키 다이오드

쇼트키 다이오드(schottky diode)는 고주파에서 고속 스위칭에 사용한다.

[그림 3-9] 쇼트키 다이오드의 표기

3-5-3. 핀 다이오드

핀 다이오드(pin diode)는 역방향 바이어스에서 커패시터, 순방향 바이어스에서 가변저항처럼 동작한다.

(a) 역방향 바이어스　　(b) 순방향 바이어스

[그림 3-10] 핀 다이오드의 동작

3-5-4. 터널 다이오드

부성저항 특성이 있다. ☜ 발진기 및 마이크로파 증폭기에 사용한다.

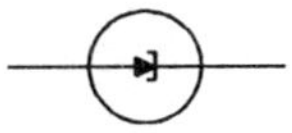

[그림 3-11] 터널 다이오드(tunnel diode)의 표기

제 4 장 바이폴라 접합 트랜지스터

4-1. 바이폴라 접합 트랜지스터의 구조 및 표기

바이폴라 접합 트랜지스터(BJT)는 증폭기(amplifier)에 사용되며, *npn*형과 *pnp*형으로 구분된다.

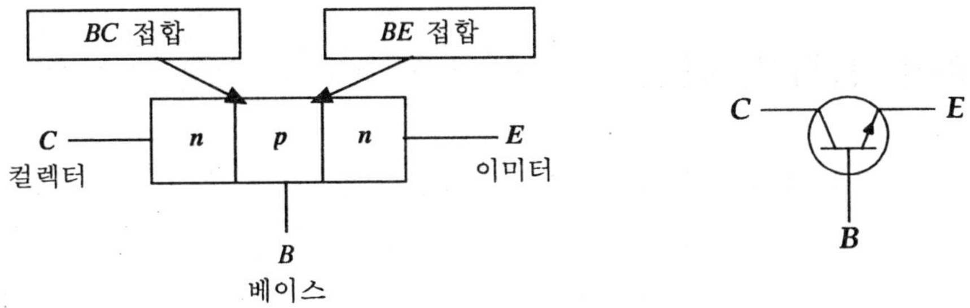

(a) 구조 (b) 표기

[그림 4-1] *npn*형 BJT의 구조 및 표기

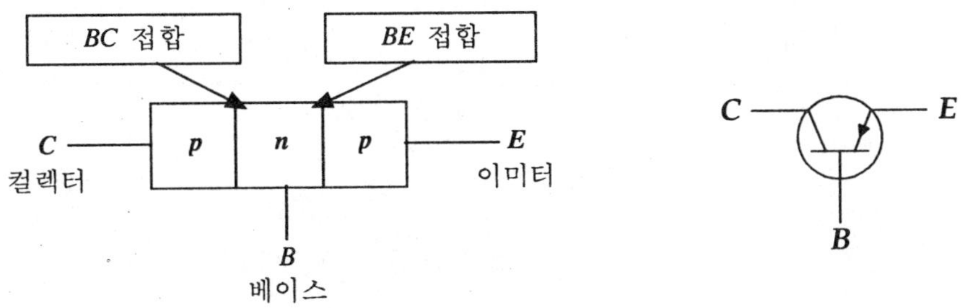

(a) 구조 (b) 표기

[그림 4-2] *pnp*형 BJT의 구조 및 표기

4-2. BJT의 동작

각 전류는 KCL을 적용하면, $I_E = I_B + I_C$이다.

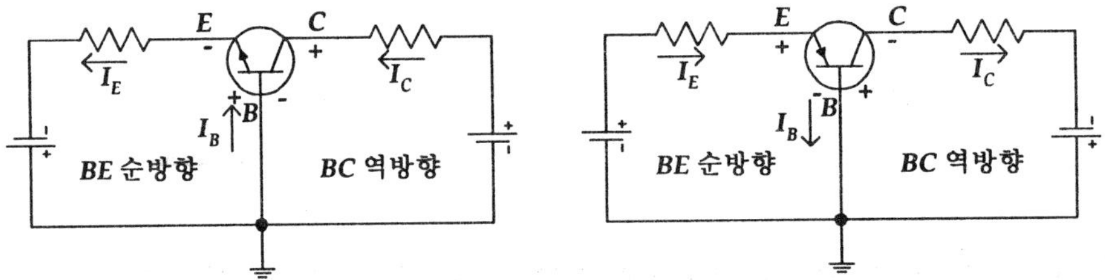

(a) *npn*형 (b) *pnp*형

[그림 4-3] BJT의 바이어스

4-3. BJT의 특성

각 전류는 KCL을 적용하면, $I_E = I_B + I_C$이다.

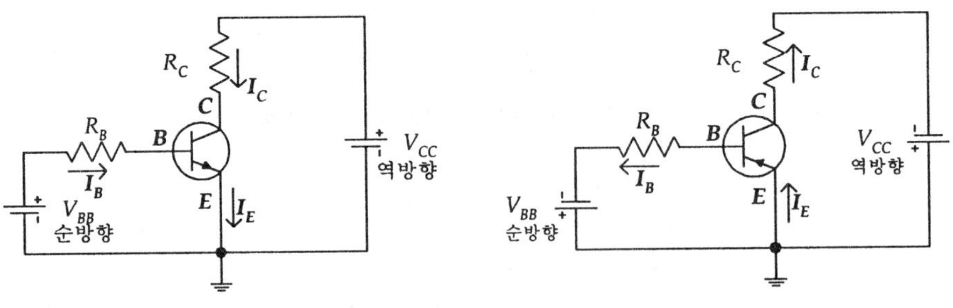

(a) *npn*형 (b) *pnp*형

[그림 4-4] 직류 바이어스

4-3-1. 직류 베타(β_{DC}) 및 직류 알파(α_{DC})

$$\beta_{DC} = \frac{I_C}{I_B} \;;\; 20 \sim 200 \text{ 이상} \tag{4-1}$$

$$\alpha_{DC} = \frac{I_C}{I_E} \;;\; 0.95 \sim 0.99 < 1 \tag{4-2}$$

[그림 4-4]에서 KCL을 적용하면 $I_E = I_B + I_C$이 되고, 식을 변형하면,

$$\frac{I_E}{I_C} = \frac{I_B}{I_C} + 1 \tag{4-3}$$

위의 식 (4-3)에 식 (4-1) 및 (4-2)를 대입하면,

$$\frac{1}{\alpha_{DC}} = \frac{1}{\beta_{DC}} + 1 \tag{4-4}$$

$$\frac{1}{\beta_{DC}} = \frac{1}{\alpha_{DC}} - 1 = \frac{1-\alpha_{DC}}{\alpha_{DC}}$$

$$\therefore \beta_{DC} = \frac{\alpha_{DC}}{1-\alpha_{DC}} \tag{4-5}$$

4-3-2. 직류 전압 해석

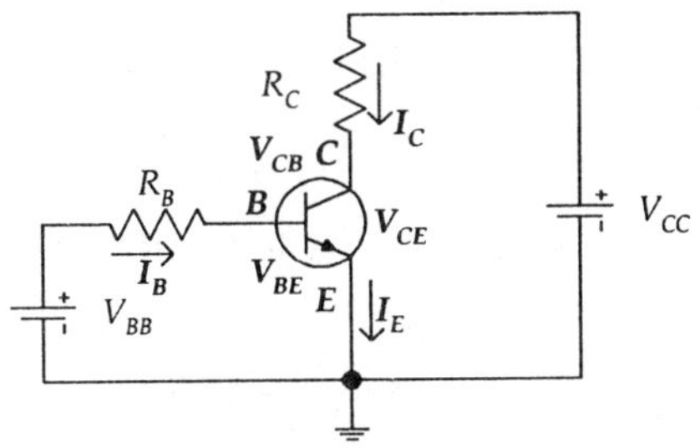

$$V_{BE} \cong 0.7\,[\text{V}]$$

$$V_{R_B} = V_{BB} - V_{BE} \;;\; \text{KVL} \tag{4-6}$$

$$V_{R_B} = I_B \cdot R_B \;;\; \text{옴의 법칙} \tag{4-7}$$

식 (4-7)을 식 (4-6)에 대입하여 정리하면,

$$I_B R_B = V_{BB} - V_{BE}$$

$$\therefore\ I_B = \frac{V_{BB} - V_{BE}}{R_B} \qquad (4\text{-}8)$$

$$V_{R_C} = I_C \cdot R_C \ ;\ \text{옴의 법칙} \qquad (4\text{-}9)$$

$$V_{CE} = V_{CC} - V_{R_C} = V_{CC} - I_C R_C \qquad (4\text{-}10)$$

$$V_{CB} = V_{CE} - V_{BE} \qquad (4\text{-}11)$$

예제 1 다음의 회로에서 I_B, I_C, I_E, V_{BE}, V_{CE} 그리고 V_{CB}를 구하여라. 단, $\beta_{DC} = 150$ 이다.

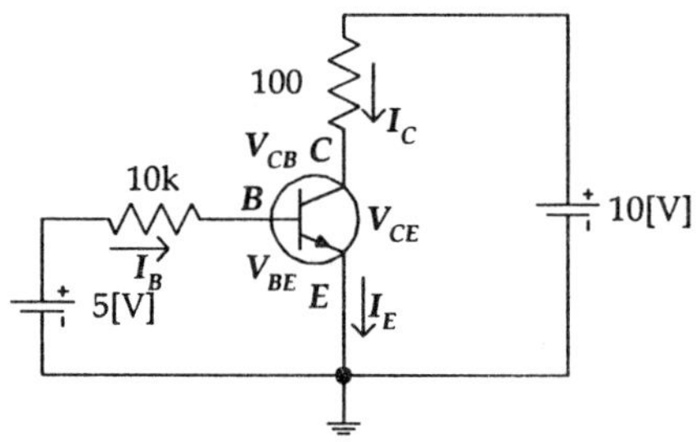

〈풀이〉 $\beta_{DC} = \frac{I_C}{I_B} = 150 \rightarrow I_C = 150 I_B$

$$V_{BE} = 0.7\,[\text{V}]$$

$$I_B = \frac{5 - V_{BE}}{10\,[\text{k}\Omega]} = \frac{5 - 0.7\,[\text{V}]}{10\,[\text{k}\Omega]} = 0.43\,[\text{mA}]$$

$$I_C = 150 I_B = 150 \times 0.43\,[\text{mA}] = 64.5\,[\text{mA}]$$

$$I_E = I_B + I_C = 0.43\,[\text{mA}] + 64.5\,[\text{mA}] \cong 64.9\,[\text{mA}]$$

$$V_{CE} = V_{CC} - V_{R_C} = 10\,[\text{V}] - 100\,[\Omega] \cdot 64.5\,[\text{mA}] = 3.55\,[\text{V}]$$

$$V_{CB} = V_{CE} - V_{BE} = 3.55\,[\text{V}] - 0.7\,[\text{V}] = 2.85\,[\text{V}]$$

4-3-3. 컬렉터 특성

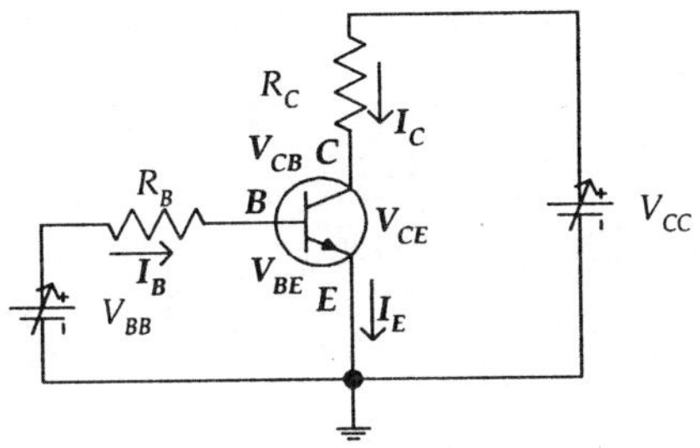

(a) 회로

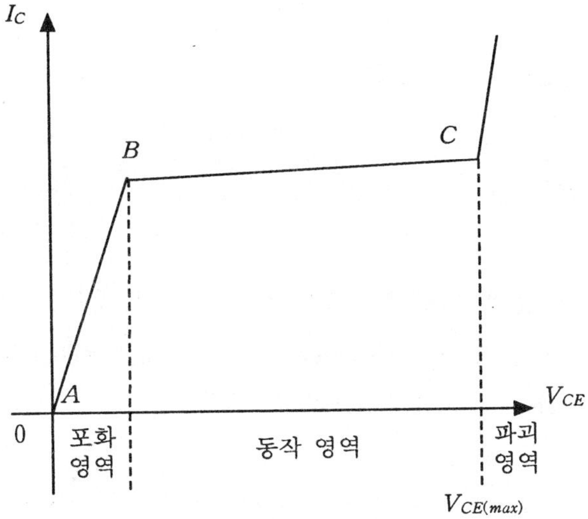

(b) I_C - V_{CE} 특성

[그림 4-5] 컬렉터(collector) 특성 곡선

예제 2 다음의 회로에서 트랜지스터의 포화 여부를 밝혀라.
단, $V_{CE(sat)} = 0.2\,[\text{V}]$, $\beta_{DC} = 50$ 이다.

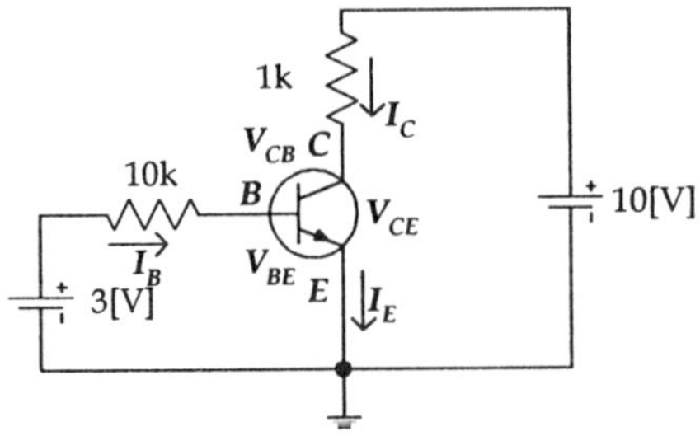

〈풀이〉 $I_{C(sat)} = \dfrac{V_{CC} - V_{CE(sat)}}{R_C} = \dfrac{10\,[\mathrm{V}] - 0.2\,[\mathrm{V}]}{1\,[\mathrm{k\Omega}]} = 9.8\,[\mathrm{mA}]$

$I_B = \dfrac{V_{BB} - V_{BE}}{R_B} = \dfrac{3\,[\mathrm{V}] - 0.7\,[\mathrm{V}]}{10\,[\mathrm{k\Omega}]} = 0.23\,[\mathrm{mA}]$

$I_C = \beta_{DC} \cdot I_B = 50 \times 0.23\,[\mathrm{mA}] = 11.5\,[\mathrm{mA}]$

$\therefore\ I_C > I_{C(sat)}$이므로 포화이다.

4-3-4. 최대 BJT 정격

$$P_{D(\max)} = V_{CE} \cdot I_C \rightarrow I_C = \frac{P_{D(\max)}}{V_{CE}} \rightarrow V_{CE} = \frac{P_{D(\max)}}{I_C} \qquad (4\text{-}12)$$

예제 3 다음의 회로에서 정격을 초과하지 않는 범위에서 V_{CC}의 최대값 ($V_{CC(\max)}$)을 구하여라. 단, $P_{D(\max)}$=800[mW], $V_{CE(\max)}$=15[V], $I_{C(\max)}$=100[mA], β_{DC} = 100 이다.

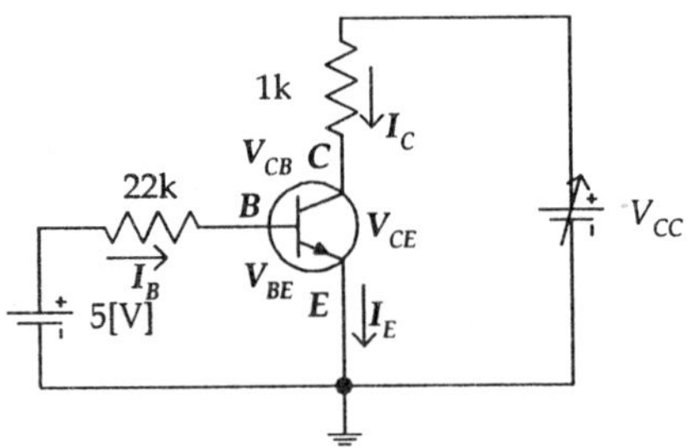

〈풀이〉 $I_B = \dfrac{V_{BB} - V_{BE}}{R_B} = \dfrac{5\,[\mathrm{V}] - 0.7\,[\mathrm{V}]}{22\,[\mathrm{k\Omega}]} = 0.195\,[\mathrm{mA}]$

$I_C = \beta_{DC} \cdot I_B = 100 \times 0.195\,[\mathrm{mA}] = 19.5\,[\mathrm{mA}] < I_{C(\max)}$

$\therefore\ V_{R_C} = I_C \times R_C = 19.5\,[\text{mA}] \times 1\,[\text{k}\Omega] = 19.5\,[\text{V}]$

$V_{CC(\max)} = V_{R_C} + V_{CE(\max)} = 19.5\,[\text{V}] + 15\,[\text{V}] = 34.5\,[\text{V}]$

4-4. BJT 증폭기

직류 바이어스 전원은 이상적으로 교류전압으로 단락된 것으로 보고 등가회로를 나타내면 [그림 4-6]의 (b)와 같다.

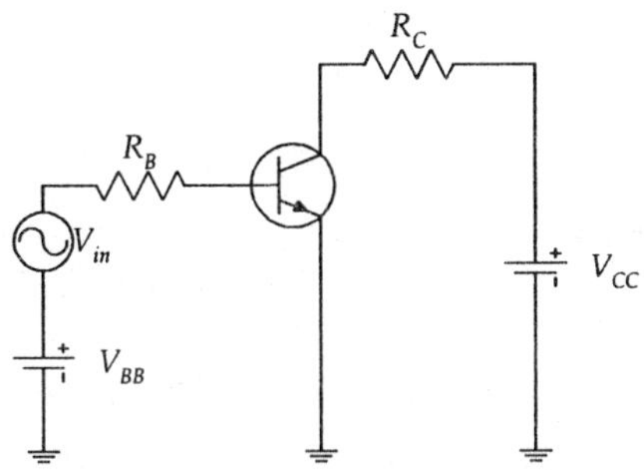

(a) 교류입력 및 직류 바이어스 인가회로

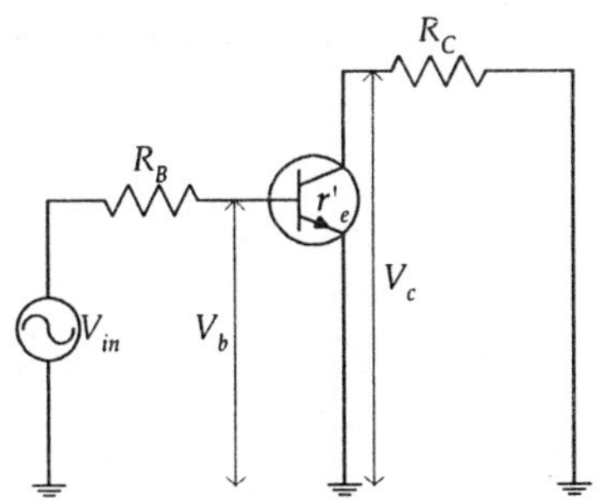

(b) AC 등가회로

[그림 4-6] BJT 증폭회로

여기에서 내부 교류 이미터 저항을 r_e'로 표시하면,

$$I_e = \frac{V_b}{r'_e} \rightarrow V_b = I_e \cdot r'_e \tag{4-13}$$

$$V_b = V_{in} - I_b R_B \tag{4-14}$$

$$V_c = I_c \cdot R_C \cong I_e \cdot R_C \ (\because I_c \cong I_e) \tag{4-15}$$

로 정리할 수 있으며, 식 (4-13)과 식 (4-15)를 교류전압 이득 공식에 대입 정리하면 다음과 같다.

$$A_v = \frac{V_c}{V_b} = \frac{I_e R_C}{I_e r'_e} \cong \frac{R_C}{r'_e} \tag{4-16}$$

4-5. BJT 스위치

BJT가 전자 스위치로 사용될 때에는 차단과 포화를 교대로 동작한다.

차단 조건	$V_{CE(cutoff)} = V_{CC}$
포화 조건	$I_{C(sat)} = \dfrac{V_{CC} - V_{CE(sat)}}{R_C} \rightarrow I_{B(\min)} = \dfrac{I_{C(sat)}}{\beta_{DC}}$

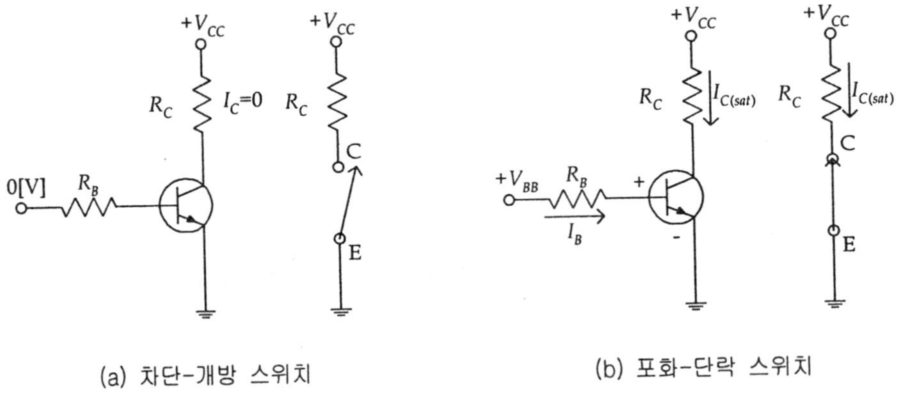

(a) 차단-개방 스위치 (b) 포화-단락 스위치

[그림 4-7] BJT 스위치 회로

예제 4 아래의 회로에서 다음을 구하여라.

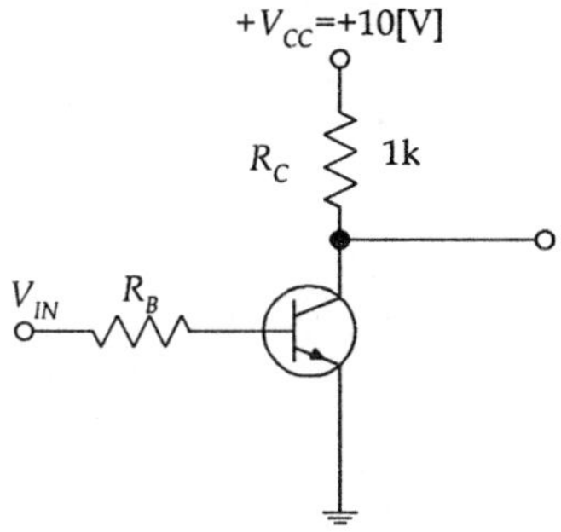

① $V_{IN} = 0\,[\text{V}]$일 때, V_{CE}를 구하여라.

② $\beta_{DC} = 200$인 이 트랜지스터가 포화하기 위한 I_B의 최소값을 구하여라.

③ $V_{IN} = 5\,[\text{V}]$일 때, R_B의 최대값을 구하여라.

〈풀이〉 ① $V_{IN} = 0\,[\text{V}]$ → 개방(차단)이므로, $V_{CE(cutoff)} = V_{CC} = 10\,[\text{V}]$

② $$I_{C(sat)} = \frac{V_{CC} - V_{CE(sat)}}{R_C} = \frac{10\,[\text{V}] - 0\,[\text{V}]}{1\,[\text{k}\Omega]} = 10\,[\text{mA}]$$

$$I_{B(\min)} = \frac{I_{C(sat)}}{\beta_{DC}} = \frac{10\,[\text{mA}]}{200} = 0.05\,[\text{mA}]$$

③ $V_{R_B} = V_{IN} - V_{BE} = 5\,[\text{V}] - 0.7\,[\text{V}] = 4.3\,[\text{V}]$에서

$$R_{B(\max)} = \frac{V_{R_B}}{I_{B(\min)}} = \frac{4.3\,[\text{V}]}{0.05\,[\text{mA}]} = 86\,[\text{k}\Omega]$$

예제 5 다음의 회로에서 LED가 발광하기 위해서는 30 [mA]가 필요하다. BJT가 포화하기 위한 입력전압의 진폭을 구하여라.
단, $V_{CC} = 9\,[\text{V}]$, $V_{CE(sat)} = 0.3\,[\text{V}]$, $R_C = 270\,[\Omega]$, $R_B = 3.3\,[\text{k}\Omega]$, $\beta_{DC} = 50$이고, 포화하기 위해 $I_B = 2I_{B(\min)}$을 사용한다.

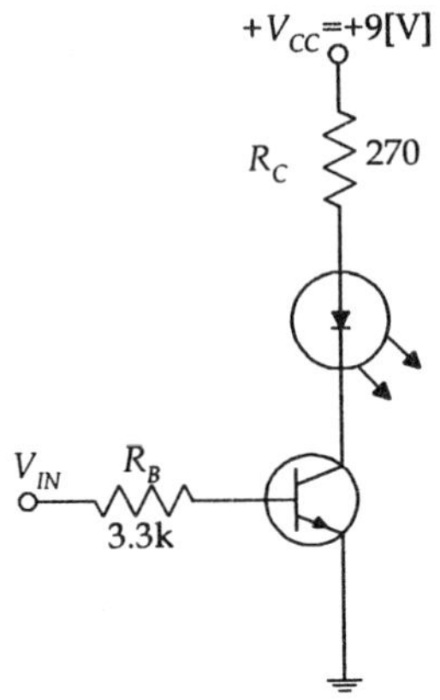

〈풀이〉 $I_{C(sat)}=\dfrac{V_{CC}-V_{CE(sat)}}{R_C}=\dfrac{9[V]-0.3[V]}{270[\Omega]}=32.2[mA]$

$$I_{B(\min)}=\frac{I_{C(sat)}}{\beta_{DC}}=\frac{32.2[mA]}{50}=0.644[mA]$$

$$I_B=\frac{V_{R_B}}{R_B}=\frac{V_{IN}-V_{BE}}{R_B}$$ 에서,

$$2I_{B(\min)}=\frac{V_{IN}-0.7[V]}{3.3[k\Omega]}$$

$$\therefore V_{IN}=2\times 0.644[mA]\times 3.3[k\Omega]+0.7[V]=4.96[V]$$

제 5 장 BJT 바이어스 회로

5-1. DC 동작점

트랜지스터가 증폭기로 동작하기 위해서는 DC 바이어스가 있어야 하고, DC 동작점(Q점 ; quiescent point)은 입력단자의 신호 변화가 그대로 증폭되어 출력단자에 재생되도록 정해져야 한다.

5-1-1. DC 바이어스

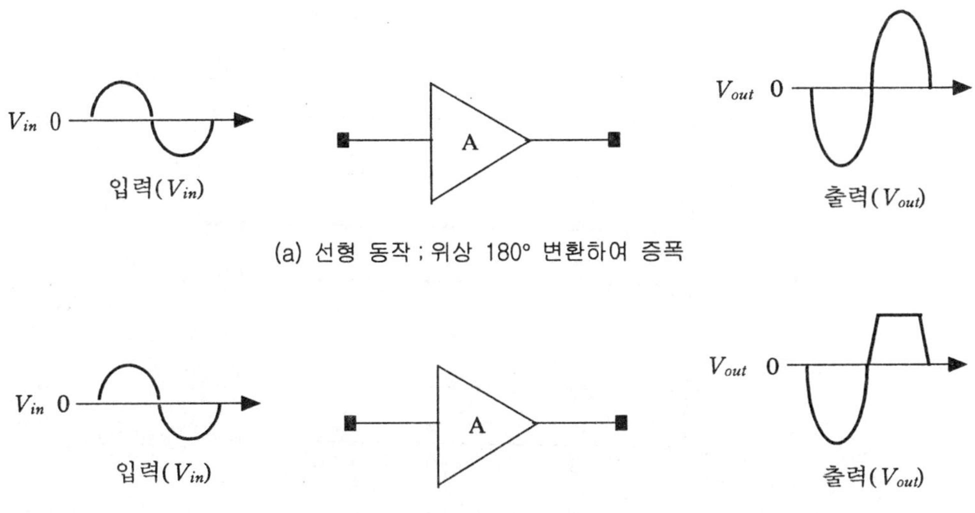

(b) 출력의 정(+)의 부분이 제한 ; Q가 차단점 가까이

[그림 5-1] 반전 증폭기의 동작(계속)

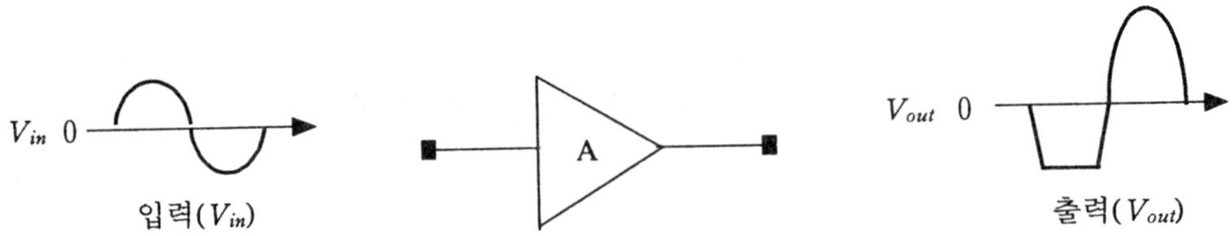

(c) 출력의 부(−)의 부분이 제한 ; Q가 포화점 가까이

[그림 5-1] 반전 증폭기의 동작

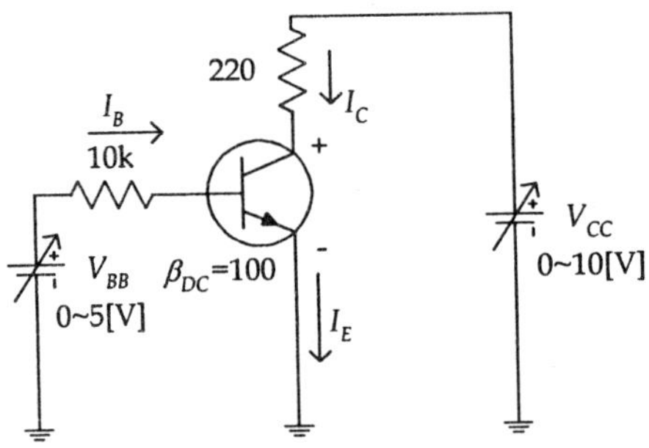

(a) 바이어스 회로

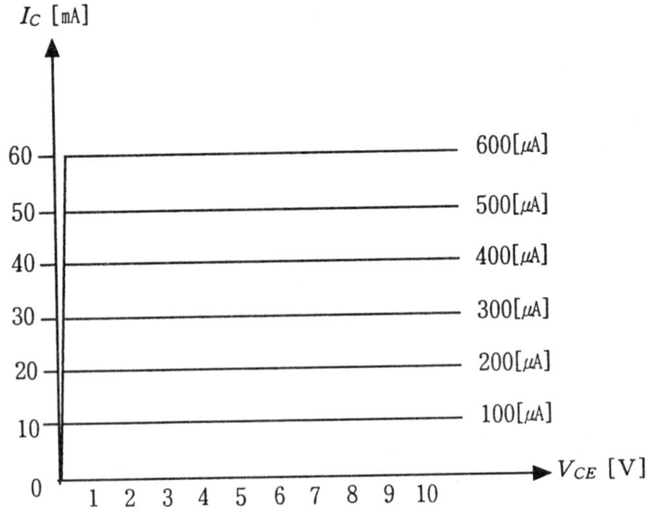

(b) I_C − V_{CE} 특성

[그림 5-2] 가변 바이어스 회로

5-1-2. DC 부하선

① $I_B = 200\,[\mu A]$, $I_C = 20\,[mA]$일 때 ; Q_1

$V_{CE} = V_{CC} - I_C R_C = 10[V] - 20\,[mA] \times 220[\Omega] = 5.6[V]$

② $I_B = 300\,[\mu A]$, $I_C = 30\,[mA]$일 때 ; Q_2

$V_{CE} = V_{CC} - I_C R_C = 10[V] - 30\,[mA] \times 220[\Omega] = 3.4[V]$

③ $I_B = 400\,[\mu A]$, $I_C = 40\,[mA]$일 때 ; Q_3

$V_{CE} = V_{CC} - I_C R_C = 10[V] - 40\,[mA] \times 220[\Omega] = 1.2[V]$

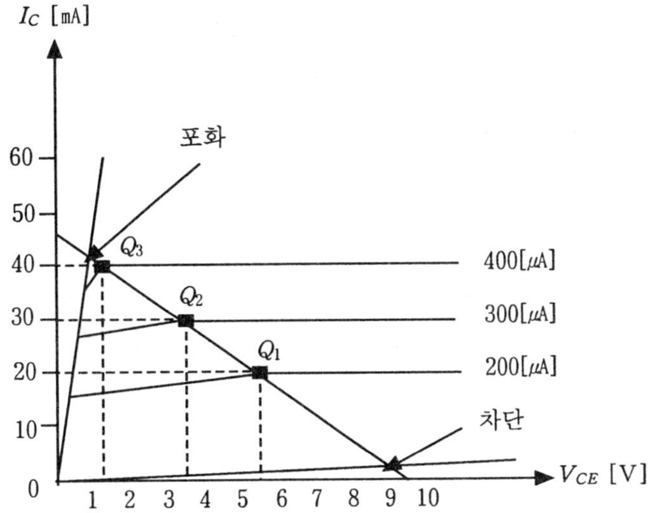

[그림 5-3] DC 부하선

$V_{CC} = I_C R_C + V_{CE}$ 에서

$$\therefore\ I_C = -\left(\frac{1}{R_C}\right)V_{CE} + \frac{V_{CC}}{R_C} \qquad (5\text{-}1)$$

예제 1 다음 회로에서 DC 동작점(Q 점)을 구하여라(단 $\beta_{DC} = 200$ 이다).

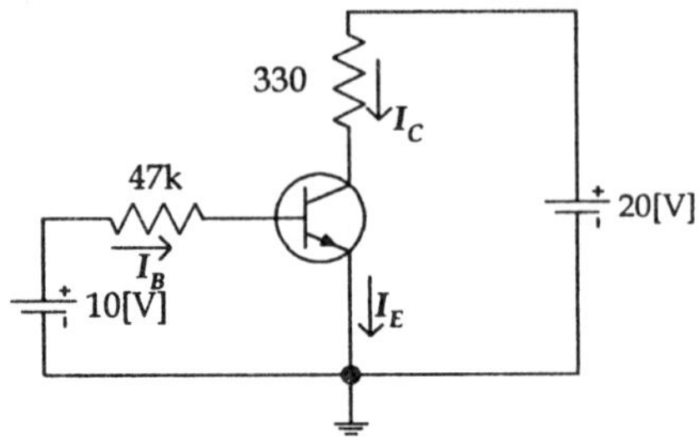

〈풀이〉 Q점은 $V_{CE}-I$ 특성 그래프에 의해서 결정되므로,

$$I_B = \frac{V_{BB} - V_{BE}}{R_B} = \frac{10[\mathrm{V}] - 0.7[\mathrm{V}]}{47[\mathrm{k\Omega}]} = 0.198[\mathrm{mA}]$$

$$I_C = \beta_{DC} \cdot I_B = 200 \times 0.198[\mathrm{mA}] = 39.6[\mathrm{mA}]$$

$$V_{CE} = V_{CC} - I_C R_C = 20 - 39.6[\mathrm{mA}] \times 330[\Omega] = 6.93[\mathrm{V}]$$

$$I_{C(sat)} = \frac{V_{CC} - V_{CE(sat)}}{R_C} = \frac{20[\mathrm{V}] - 0[\mathrm{V}]}{330[\Omega]} = 60.6[\mathrm{mA}]$$

$$(\because\ V_{CE(sat)} = 0[\mathrm{V}])$$

$$V_{CE(cutoff)} \cong V_{CC} = 20[\mathrm{V}]$$

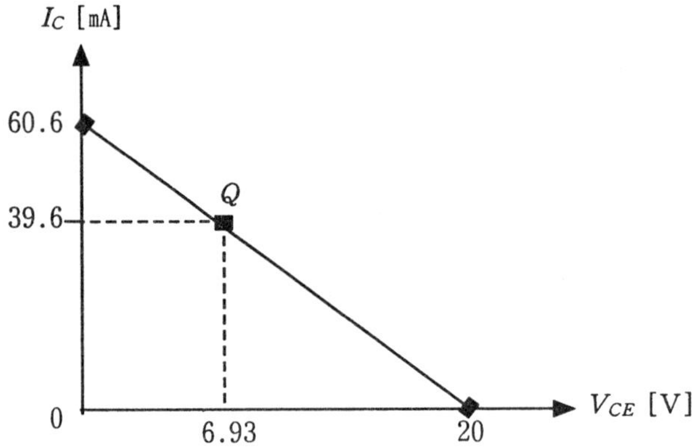

5-2. 베이스 바이어스

베이스 바이어스(base bias)는 실용적으로 단일 전원(V_{CC})을 사용하여 바이어스 전압 인가한 것으로 회로도 및 간략화한 그림을 나타내면 [그림 5-4]와 같다.

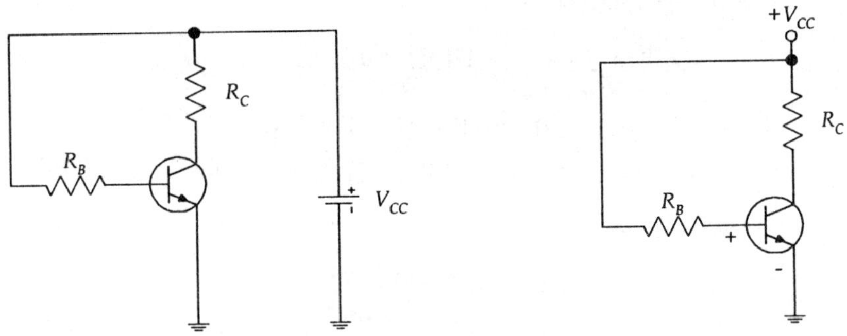

(a) 베이스 바이어스 인가회로 (b) 간략화한 회로

[그림 5-4] 베이스 바이어스 회로

여기에서,

$$I_B = \frac{V_{CC} - V_{BE}}{R_B} \tag{5-2}$$

$$I_C = \beta_{DC} I_B = \beta_{DC}\left(\frac{V_{CC} - V_{BE}}{R_B}\right) \tag{5-3}$$

$$V_{CE} = V_{CC} - V_{R_C} = V_{CC} - I_C R_C \tag{5-4}$$

예제 2 다음의 회로에서 접합부의 온도가 25[℃]에서 75[℃]로 증가할 때, 이 온도 범위에 대한 Q점의 % 변화율을 구하여라.
단, 25[℃]에서 $\beta_{DC} = 100$이고, 75[℃]에서 $\beta_{DC} = 150$이다.

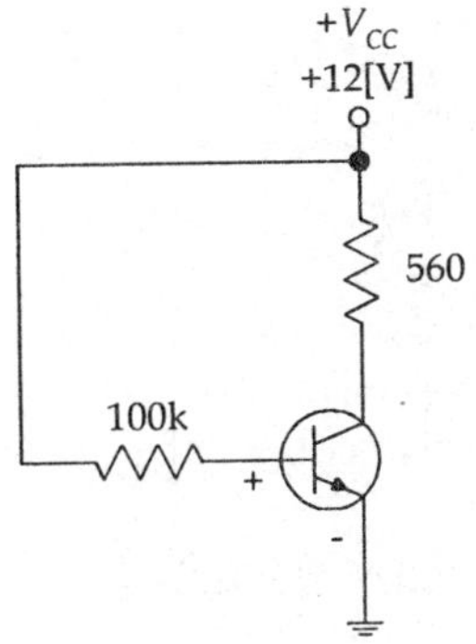

〈풀이〉 ① 25[℃]일 때,

$$I_B = \frac{V_{CC} - V_{BE}}{R_B} = \frac{12[V] - 0.7[V]}{100[k\Omega]} = 0.113[mA]$$

$$I_C = \beta_{DC} I_B = 100 \times 0.113[mA] = 11.3[mA]$$

$$V_{CE} = V_{CC} - I_C R_C = 12[V] - 11.3[mA] \times 560[\Omega] = 5.67[V]$$

② 75[℃]일 때,

$$I_C = \beta_{DC} I_B = 150 \times 0.113[mA] = 17[mA]$$

$$V_{CE} = V_{CC} - I_C R_C = 12[V] - 17[mA] \times 560[\Omega] = 2.48[V]$$

$$\therefore \ \% I_C = \frac{I_{C(75)} - I_{C(25)}}{I_{C(25)}} \times 100$$

$$= \frac{17[mA] - 11.3[mA]}{11.3[mA]} \times 100 = 50[\%] \text{ ; 증가}$$

$$\% V_{CE} = \frac{V_{CE(75)} - V_{CE(25)}}{V_{CE(25)}} \times 100$$

$$= \frac{2.48[V] - 5.67[V]}{5.67[V]} \times 100 = -56.3[\%] \text{ ; 감소}$$

5-3. 이미터 바이어스

이미터 바이어스(emitter bias)의 회로도 및 간략화한 그림을 나타내면 [그림 5-5]와 같다.

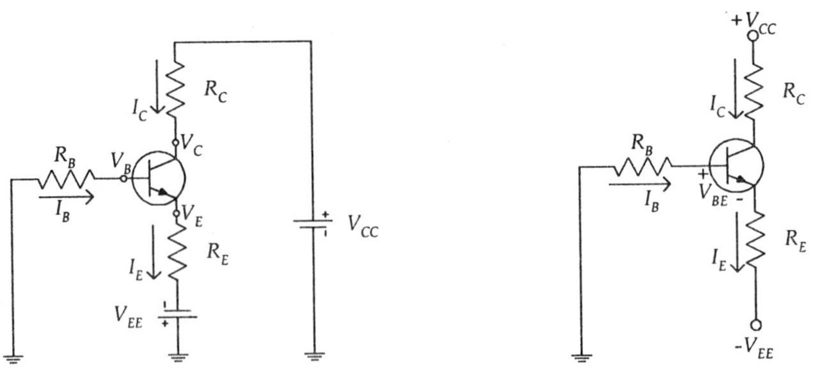

(a) 이미터 바이어스 인가회로　　(b) 간략화한 회로

[그림 5-5] 이미터 바이어스 회로

여기에서 **KVL**을 적용하면,

$$V_{EE} = I_B R_B + V_{BE} + I_E R_E \tag{5-5}$$

$$I_C \cong I_E \text{에서,} \quad I_B = \frac{I_C}{\beta_{DC}} \cong \frac{I_E}{\beta_{DC}} \tag{5-6}$$

식 (5-6)을 식 (5-5)에 대입하여 I_E에 대하여 정리하면,

$$\left(\frac{I_E}{\beta_{DC}}\right) R_B + V_{BE} + I_E R_E = V_{EE}$$

$$\left(\frac{R_B}{\beta_{DC}} + R_E\right) I_E = V_{EE} - V_{BE}$$

$$\therefore \ I_E = \frac{V_{EE} - V_{BE}}{\left(\dfrac{R_B}{\beta_{DC}} + R_E\right)} \cong I_C \tag{5-7}$$

$$V_E = -V_{EE} + I_E R_E \tag{5-8}$$

$$V_B = V_E + V_{BE} \tag{5-9}$$

$$V_C = V_{CC} - I_C R_C \tag{5-10}$$

$$\begin{aligned} V_{CE} &= V_C - V_E \\ &= V_{CC} - I_C R_C - (-V_{EE} + I_E R_E) \\ &= V_{CC} + V_{EE} - I_C (R_C + R_E) \ (\because \ I_C \cong I_E) \end{aligned} \tag{5-11}$$

예제 3 다음의 회로에서 I_E, I_C, V_{CE}를 각각 구하고 부하선을 도시하여라(단, $\beta_{DC} = 100$이고, $V_{BE} = 0.7[\text{V}]$이다).

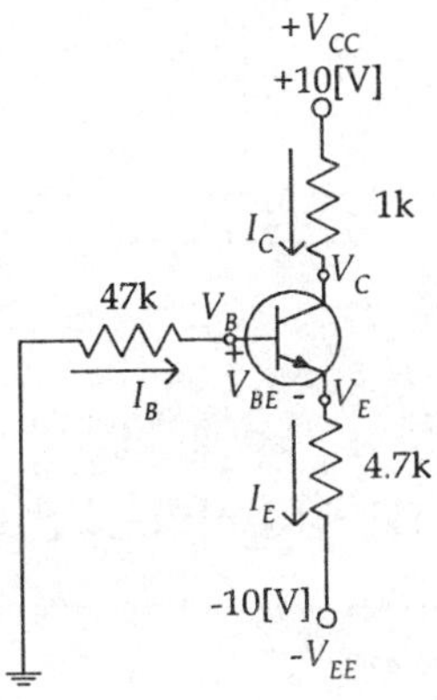

〈풀이〉 $V_{EE}=I_BR_B+V_{BE}+I_ER_E$에서,

$$10[\mathrm{V}]=47[\mathrm{k\Omega}]\,I_B+0.7[\mathrm{V}]+4.7[\mathrm{k\Omega}]\,I_E \cdots\cdots ①$$

$I_C \cong I_E$, $I_B=\dfrac{I_C}{\beta_{DC}}\cong\dfrac{I_E}{\beta_{DC}}$ 에서,

$$I_B=\frac{I_C}{100}\cong\frac{I_E}{100}\cdots\cdots ②$$

식 ②를 식 ①에 대입하여 I_E에 대하여 정리하면,

$$10=470I_E+0.7+4700I_E$$

$$\therefore\ I_E=\frac{10-0.7}{5170}=1.80[\mathrm{mA}]\cong I_C$$

$$\begin{aligned}V_{CE}&=V_C-V_E=V_{CC}-I_CR_C-(-V_{EE}+I_ER_E)\\&=10[\mathrm{V}]-1.8[\mathrm{mA}]\times 1[\mathrm{k\Omega}]-(-10[\mathrm{V}]+1.8[\mathrm{mA}]\times 4.7[\mathrm{k\Omega}])\\&=9.74[\mathrm{V}]\end{aligned}$$

$$\begin{aligned}I_{C(sat)}&=\frac{V_{CC}-(-V_{EE})}{R_C+R_E}\\&=\frac{10[\mathrm{V}]-(-10[\mathrm{V}])}{1[\mathrm{k\Omega}]+4.7[\mathrm{k\Omega}]}=3.51[\mathrm{mA}]\end{aligned}$$

$$\begin{aligned}V_{CE(cutoff)}&=V_{CC}-(-V_{EE})=10[\mathrm{V}]-(-10[\mathrm{V}])\\&=20[\mathrm{V}]\end{aligned}$$

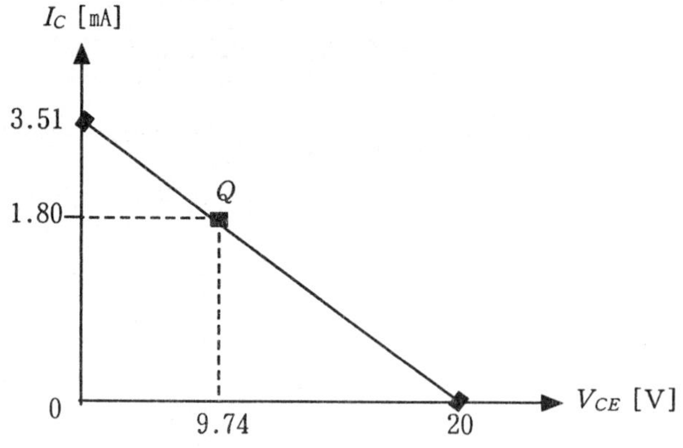

예제 4 다음 회로에서 β_{DC}를 85에서 100으로 증가시키고, V_{BE}를 0.7[V]에서 0.6[V]로 감소시키는 온도 범위에서 Q점의 변화를 알아보아라.

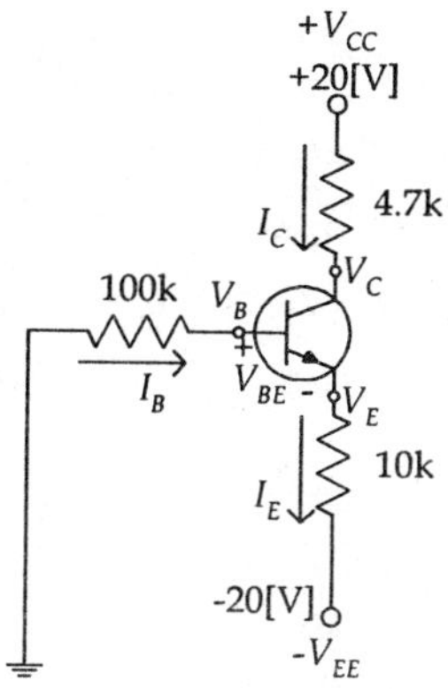

〈풀이〉 ① $\beta_{DC}=85$, $V_{BE}=0.7\,[\text{V}]$일 때, $V_{EE}=I_BR_B+V_{BE}+I_ER_E$에서,

$$20[\text{V}]=100\,[\text{k}\Omega]\,I_B+0.7[\text{V}]+10[\text{k}\Omega]\,I_E\cdots\cdots①$$

$$I_C\cong I_E,\ \ I_B=\frac{I_C}{\beta_{DC}}\cong\frac{I_E}{\beta_{DC}} \text{ 에서,}$$

$$I_B=\frac{I_C}{85}\cong\frac{I_E}{85}\cdots\cdots②$$

식 ②를 식 ①에 대입하여 I_E에 대하여 정리하면,

$$\left(\frac{100\,[\text{k}\Omega]}{85}+10\,[\text{k}\Omega]\right)I_E=20[\text{V}]-0.7[\text{V}]$$

$$\therefore\ I_E=\frac{20[\text{V}]-0.7[\text{V}]}{\left(\frac{100\,[\text{k}\Omega]}{85}+10\,[\text{k}\Omega]\right)}=1.73\,[\text{mA}]\cong I_C$$

$$\begin{aligned}V_C&=V_{CC}-V_{R_C}=V_{CC}-I_CR_C\\&=20[\text{V}]-1.73[\text{mA}]\times4.7[\text{k}\Omega]=11.9[\text{V}]\\V_E&=V_{R_E}-V_{EE}=I_ER_E-V_{EE}\\&=1.73\,[\text{mA}]\times10[\text{k}\Omega]-20[\text{V}]=-2.7[\text{V}]\end{aligned}$$

$$\therefore V_{CE}=V_C-V_E=11.9[\text{V}]-(-2.7[\text{V}])=14.6[\text{V}]$$

② $\beta_{DC}=100$, $V_{BE}=0.7\,[\text{V}]$일 때,

$$20[\text{V}]=100\,[\text{k}\Omega]\,I_B+0.6[\text{V}]+10\,[\text{k}\Omega]\,I_E\cdots\cdots①$$

$$I_B=\frac{I_C}{100}\cong\frac{I_E}{100}\cdots\cdots②$$

식 ②를 식 ①에 대입하여 I_E에 대하여 정리하면,

$$\left(\frac{100\,[\text{k}\Omega]}{100}+10\,[\text{k}\Omega]\right)I_E=20[\text{V}]-0.6[\text{V}]$$

$$\therefore\ I_E = \frac{20[\mathrm{V}]-0.6[\mathrm{V}]}{11[\mathrm{k\Omega}]} = 1.85[\mathrm{mA}] \cong I_C$$

$$V_C = V_{CC} - I_C R_C = 20[\mathrm{V}] - 1.85[\mathrm{mA}]\times 4.7[\mathrm{k\Omega}] = 11.3[\mathrm{V}]$$

$$V_E = I_E R_E - V_{EE} = 1.85[\mathrm{mA}]\times 10[\mathrm{k\Omega}] - 20[\mathrm{V}] = -1.5[\mathrm{V}]$$

$$\therefore\ V_{CE} = V_C - V_E = 11.3[\mathrm{V}] - (-1.5[\mathrm{V}]) = 12.8[\mathrm{V}]$$

$$\therefore\ \%I_C = \frac{I_{C(100)} - I_{C(85)}}{I_{C(85)}}\times 100 = \frac{1.85[\mathrm{mA}]-1.73[\mathrm{mA}]}{1.73[\mathrm{mA}]}\times 100$$

$=6.94[\%]$; 증가

$$\% V_{CE} = \frac{V_{CE(100)} - V_{CE(85)}}{V_{CE(85)}}\times 100 = \frac{12.8[\mathrm{V}]-14.6[\mathrm{V}]}{14.6[\mathrm{V}]}\times 100$$

$=-12.33[\%]$; 감소

예제 5 다음의 회로에서 V_C, V_E, V_{CE}를 구하여라. 단, $\beta_{DC}=100$, $V_{BE}=0.7[\mathrm{V}]$이다.

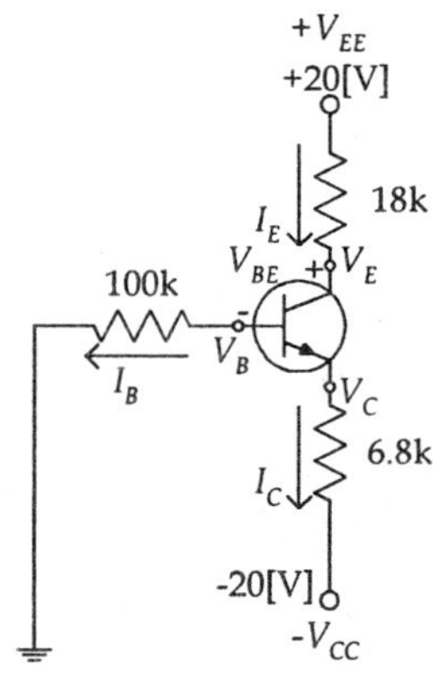

〈풀이〉 $V_{EE} = I_B R_B + V_{BE} + I_E R_E$에서,

$$20[\mathrm{V}] = 100[\mathrm{k\Omega}]\, I_B + 0.7[\mathrm{V}] + 18[\mathrm{k\Omega}]\, I_E \cdots\cdots ①$$

$I_C \cong I_E$, $I_B = \dfrac{I_C}{\beta_{DC}} \cong \dfrac{I_E}{\beta_{DC}}$ 에서,

$$I_B = \frac{I_C}{100} \cong \frac{I_E}{100} \cdots\cdots ②$$

식 ②를 식 ①에 대입하여 I_E에 대하여 정리하면,

$$\left(\frac{100[\mathrm{k\Omega}]}{100} + 18[\mathrm{k\Omega}]\right) I_E = 20[\mathrm{V}] - 0.7[\mathrm{V}]$$

$$\therefore\ I_E = \frac{20[\text{V}] - 0.7[\text{V}]}{\left(\frac{100\,[\text{k}\Omega]}{100} + 18\,[\text{k}\Omega]\right)} = 1.02\,[\text{mA}] \cong I_C$$

$$V_C = V_{R_C} + (-V_{CC}) = I_C R_C - V_{CC}$$

$$= 1.02\,[\text{mA}] \times 6.8[\text{k}\Omega] - 20[\text{V}] = -13.1[\text{V}]$$

$$V_E = V_{EE} - V_{R_E} = V_{EE} - I_E R_E$$

$$= 20[\text{V}] - 1.02[\text{mA}] \times 18[\text{k}\Omega] = 1.64[\text{V}]$$

여기서,

$$V_{EC} = V_E - V_C = 1.64[\text{V}] - (-13.1[\text{V}]) = 14.74[\text{V}]$$

이므로,

$$\therefore\ V_{CE} = -14.74[\text{V}]$$

5-4. 전압분배 바이어스

5-4-1. 베이스에서 본 입력저항($R_{IN(base)}$)

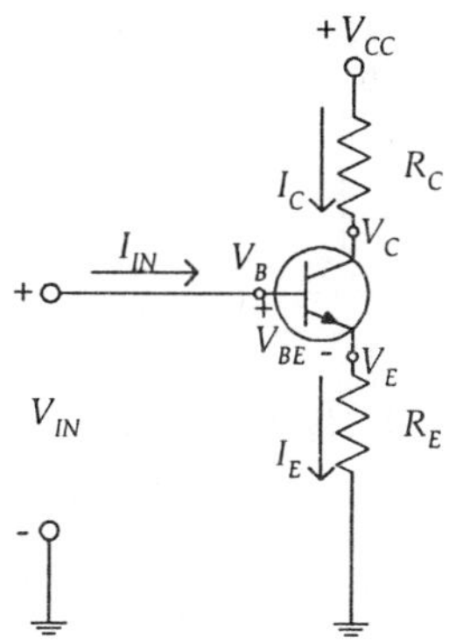

[그림 5-6] 직류 입력저항

$$R_{IN(base)} = \frac{V_{IN}}{I_{IN}} \tag{5-12}$$

KVL을 적용하면,

$$V_{IN} = V_{BE} + I_E R_E \tag{5-13}$$

$I_ER_E \gg V_{BE}$라고 가정하면,

$$V_{IN} \cong I_ER_E \tag{5-14}$$

$I_E \cong I_C = \beta_{DC}I_B$에서

$$V_{IN} = \beta_{DC}I_BR_E = \beta_{DC}I_{IN}R_E \tag{5-15}$$

$$\therefore\ R_{IN(base)} = \frac{\beta_{DC}I_{IN}R_E}{I_{IN}} = \beta_{DC}R_E \tag{5-16}$$

5-4-2. 전압분배 바이어스의 해석

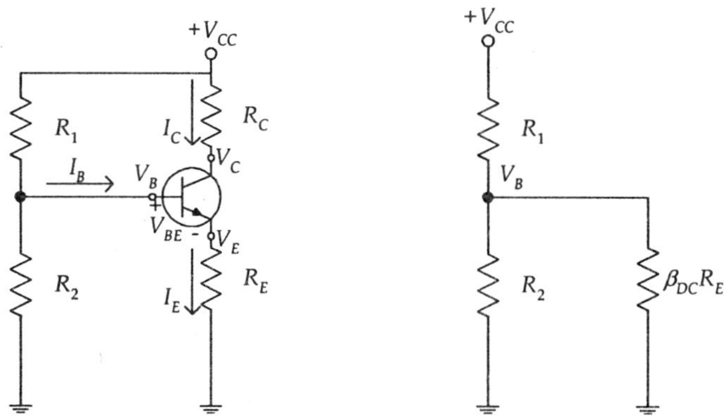

(a) 본 회로　　　　(b) 등가회로

[그림 5-7] 전압분배 바이어스

$R_{IN(base)} = \beta_{DC}R_E$, $R_T = R_2 \parallel \beta_{DC}R_E$이므로,

$$V_B = \frac{R_2 \parallel \beta_{DC}R_E}{R_1 + R_2 \parallel \beta_{DC}R_E} \times V_{CC} \tag{5-17}$$

여기서, $\beta_{DC}R_E \gg R_2$라고 가정하면, 다음과 같이 간소화된다.

$$V_B \cong \left(\frac{R_2}{R_1 + R_2}\right) \times V_{CC} \tag{5-18}$$

한편, $V_B = V_{BE} + V_E$이므로,

$$I_E = \frac{V_E}{R_E} = \frac{V_B - V_{BE}}{R_E} \cong I_C \tag{5-19}$$

$$V_C = V_{CC} - V_{R_C} = V_{CC} - I_C R_C \tag{5-20}$$

$$V_{CE} = V_C - V_E \tag{5-21}$$

$$V_{CC} = I_C R_C + V_{CE} + I_E R_E$$

$$V_{CE} = V_{CC} - I_C R_C - I_E R_E = V_{CC} - I_C(R_C + R_E) \tag{5-22}$$

예제 6 다음의 회로에서 I_C, V_{CE}를 구하여라. 단, $R_1 = 10$ [kΩ], $R_2 = 5.6$ [kΩ], $R_C = 1$ [kΩ], $R_E = 560$[Ω], $V_{CC} = 10$ [V], $\beta_{DC} = 100$이다.

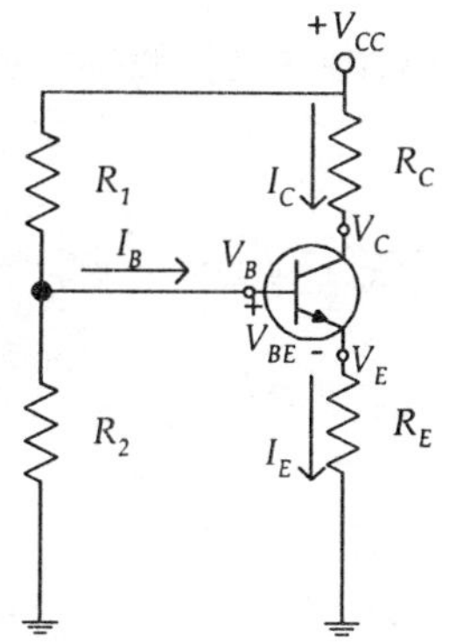

〈풀이〉 $R_{IN(base)} = \beta_{DC} R_E = 100 \times 560 = 56$ [kΩ]이므로, 이 값은 R_2에 비해서 상당히 크기 때문에 무시할 수 있다. 즉, $\beta_{DC} R_E \gg R_2$라고 가정하면,

$$V_B \cong \left(\frac{R_2}{R_1 + R_2}\right) \times V_{CC}$$

$$= \left(\frac{5.6\,[\text{k}\Omega]}{10\,[\text{k}\Omega] + 5.6[\text{k}\Omega]}\right) \times 10[\text{V}] = 3.59[\text{V}]$$

$$I_E = \frac{V_E}{R_E} = \frac{V_B - V_{BE}}{R_E} = \frac{3.59[\text{V}] - 0.7[\text{V}]}{560[\Omega]}$$

$$= 5.16\,[\text{mA}] \cong I_C$$

$$V_{CE} = V_{CC} - I_C R_C - I_E R_E$$

$$= 10[\text{V}] - 5.16[\text{mA}] \times 1\,[\text{k}\Omega] - 5.16[\text{mA}] \times 560[\Omega] = 1.95[\text{V}]$$

5-5. 컬렉터 귀환 바이어스

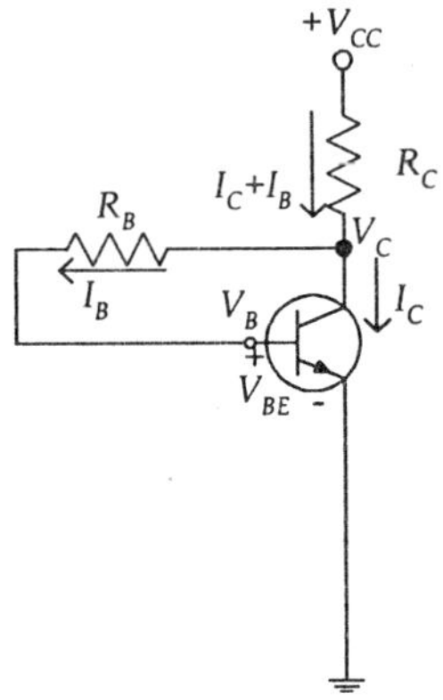

[그림 5-8] 컬렉터 귀환 바이어스

$$V_C = I_B R_B + V_{BE} \rightarrow I_B = \frac{V_C - V_{BE}}{R_B} \qquad (5\text{-}23)$$

$$V_C = V_{CC} - (I_C + I_B) R_C$$

$I_C \gg I_B$라면,

$$V_C = V_{CC} - I_C R_C \qquad (5\text{-}24)$$

식 (5-24)를 식 (5-23)에 대입하여 정리하면,

$$I_B = \frac{V_{CC} - I_C R_C - V_{BE}}{R_B} = \frac{I_C}{\beta_{DC}} \qquad (5\text{-}25)$$

$$\frac{I_C}{\beta_{DC}} + \frac{I_C R_C}{R_B} = \left(\frac{1}{\beta_{DC}} + \frac{R_C}{R_B}\right) I_C = \frac{V_{CC} - V_{BE}}{R_B}$$

$$\left(\frac{R_B + \beta_{DC} R_C}{\beta_{DC} R_B}\right) I_C = \frac{V_{CC} - V_{BE}}{R_B}$$

$$\therefore\ I_C = \frac{\beta_{DC}}{R_B + \beta_{DC} R_C}(V_{CC} - V_{BE})$$

$$= \frac{1}{\dfrac{R_B}{\beta_{DC}} + R_C}(V_{CC} - V_{BE}) \qquad (5\text{-}26)$$

제 6 장 소신호 바이폴라 증폭기

6-1. 소신호 증폭기

[그림 6-1]은 베이스에 커패시터로 결합된 정현파 교류 신호원과 컬렉터에 커패시터로 결합된 부하를 갖는 전압분배 바이어스된 트랜지스터를 나타낸 것이다.

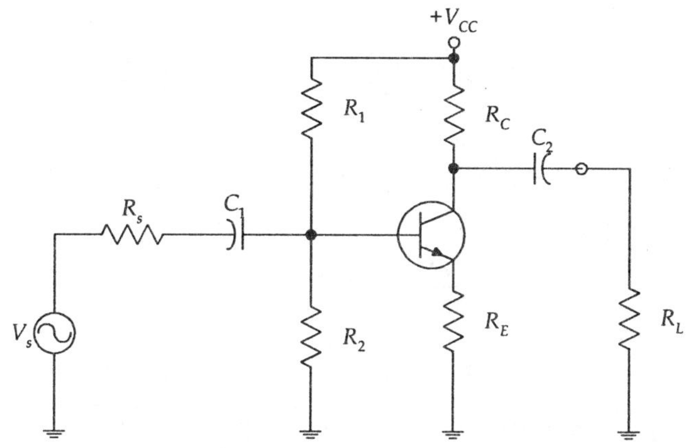

[그림 6-1] 교류전압에 의해 구동되는 전압 증폭기

결합 커패시터는 DC를 차단하므로 R_s와 R_L에 의한 베이스와 컬렉터에서 DC 바이어스 전압의 변화를 막아준다. V_s는 DC 바이어스 상하로 정현적으로 변화하는 베이스 전압을 만든다. 그 결과 베이스 전류 I_b

의 변화는 트랜지스터의 전류이득에 의해 컬렉터 전류 I_c에 큰 변화를 일으킨다. [그림 6-2]에 나타낸 것처럼, I_c는 I_b와 동상으로 Q점에서 상하로 변하고 V_{ce}는 V_b와 180° 위상차로 Q점에서 상하로 변한다.

☜ 트랜지스터는 항상 V_b와 V_{ce} 사이에 위상반전을 만든다.

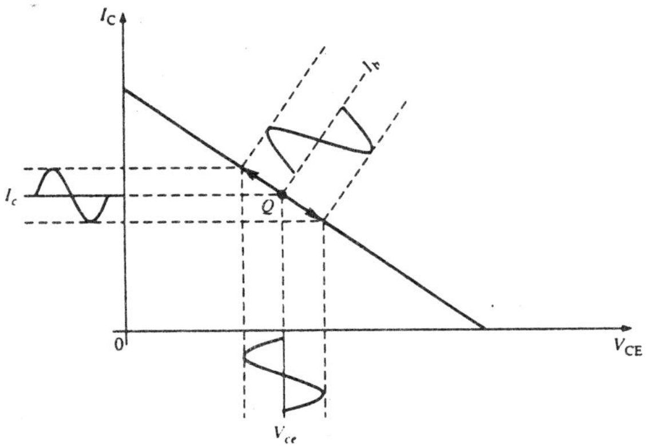

[그림 6-2] 증폭기의 그래프적 특성

6-2. BJT의 *h* 파라미터에 의한 모델링

이 절에서는 트랜지스터의 동작을 구체적으로 알아보기 위하여 *h* 파라미터를 이용하여 소자를 등가로 모델링할 필요가 있다. 〈표 6-1〉과 〈표 6-2〉에 *h* 파라미터를 요약하였다.

〈표 6-1〉 *h* 파라미터의 조건 및 의미

h 파라미터	조 건	의 미
h_i	출력 단락	입력 임피던스 [Ω]
h_r	입력 개방	전압 귀환비
h_f	출력 단락	순방향 전류이득
h_o	입력 개방	출력 어드미턴스 [S]

〈표 6-2〉 세 회로 접속에 대한 h 파라미터

접 속	h 파라미터
공통 이미터	$h_{ie}=V_b/I_b$
	$h_{re}=V_b/V_c$
	$h_{fe}=I_c/I_b$
	$h_{oe}=I_c/V_c$
공통 베이스	$h_{ib}=V_e/I_b$
	$h_{rb}=V_e/V_c$
	$h_{fb}=I_c/I_e$
	$h_{ob}=I_c/V_c$
공통 컬렉터	$h_{ic}=V_b/I_b$
	$h_{rc}=V_b/V_e$
	$h_{fc}=I_e/I_b$
	$h_{oc}=I_e/V_e$

[그림 6-3]은 위에서 정리한 h 파라미터를 이용하여 등가회로를 구성한 것이다.

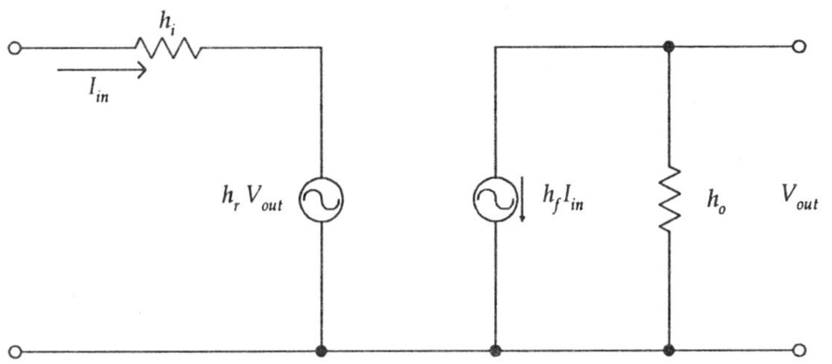

[그림 6-3] BJT의 h 파라미터 등가회로

6-3. 공통 이미터 증폭기

공통 이미터(CE) 증폭기는 높은 전압·전류 이득을 가지며, 이 절에서는 전압분배 바이어스를 갖는 회로를 [그림 6-4]에 나타내었다.

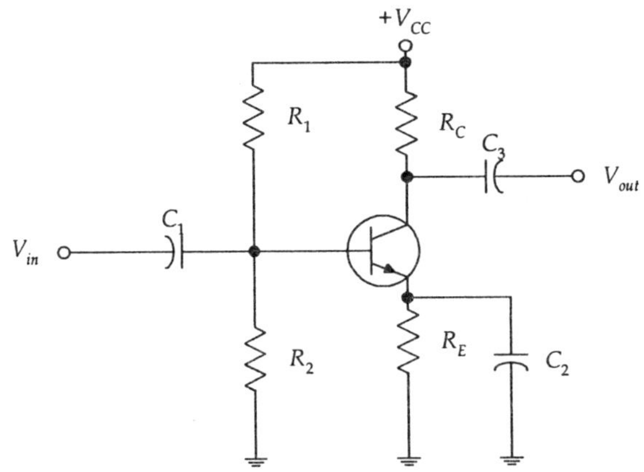

[그림 6-4] 공통 이미터(CE) 증폭기

① 입·출력 사이에 위상반전이 있다.
② C_1과 C_3는 입출력 신호 결합 커패시터이다.
③ C_2는 이미터 바이패스 커패시터이다.
④ 모든 커패시터는 동작 주파수에서 무시할 수 있을 만큼의 리액턴스를 갖는다.
⑤ 이미터는 C_2에 의해 접지가 된다.

만일 [그림 6-4]에서 $R_1 = 22\,[\text{k}\Omega]$, $R_2 = 6.8\,[\text{k}\Omega]$, $R_C = 1\,[\text{k}\Omega]$, $R_E = 560\,[\Omega]$, $V_{CC} = 12\,[\text{V}]$, $\beta_{DC} = 150$이라면, DC 등가회로는 [그림 6-5]와 같이 표현되며, 다음과 같이 정리할 수 있다.

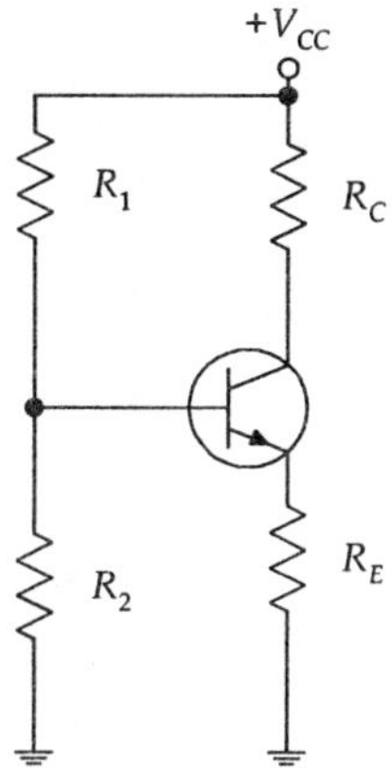

[그림 6-5] DC 등가회로

$R_{IN(base)} = \beta_{DC} R_E = 150 \times 560 = 84\,[\text{k}\Omega]$이므로, 이 값은 R_2에 비해서 상당히 크기 때문에 무시할 수 있다.

$$V_B \cong \left(\frac{R_2}{R_1 + R_2} \right) \times V_{CC}$$
$$= \left(\frac{6.8\,[\text{k}\Omega]}{22\,[\text{k}\Omega] + 6.8[\text{k}\Omega]} \right) \times 12[\text{V}] = 2.83[\text{V}]$$

따라서,

$$V_E = V_B - V_{BE} = 2.83 - 0.7 = 2.13[\text{V}]$$

그러므로,

$$I_E = \frac{V_E}{R_E} = \frac{2.13[\text{V}]}{560[\Omega]} = 3.80\,[\text{mA}] \cong I_C$$
$$V_C = V_{CC} - I_C R_C = 12[\text{V}] - 3.80[\text{mA}] \times 1[\text{k}\Omega] = 8.2[\text{V}]$$
$$\therefore\ V_{CE} = V_C - V_E = 8.2 - 2.13 = 6.07[\text{V}]$$

DC 및 AC 등가회로에 대해서 정리하면 다음과 같다.

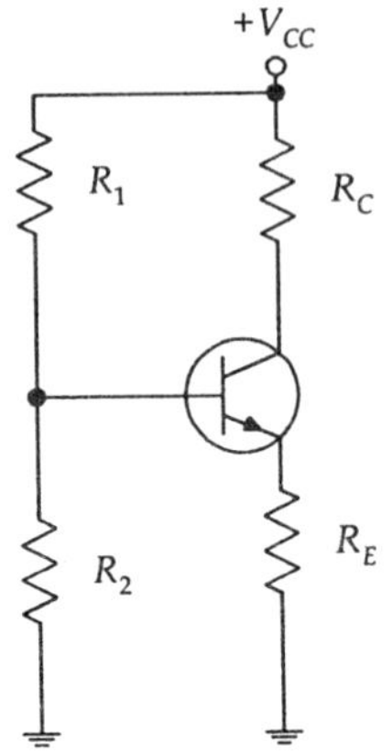

[그림 6-6] DC 등가회로

① $V_B = \left(\dfrac{R_2 \parallel \beta_{DC} R_E}{R_1 + R_2 \parallel \beta_{DC} R_E} \right) V_{CC}$

② $V_E = V_B - V_{BE}$

③ $I_E = \dfrac{V_E}{R_E}$

④ $V_C = V_{CC} - I_C R_C$

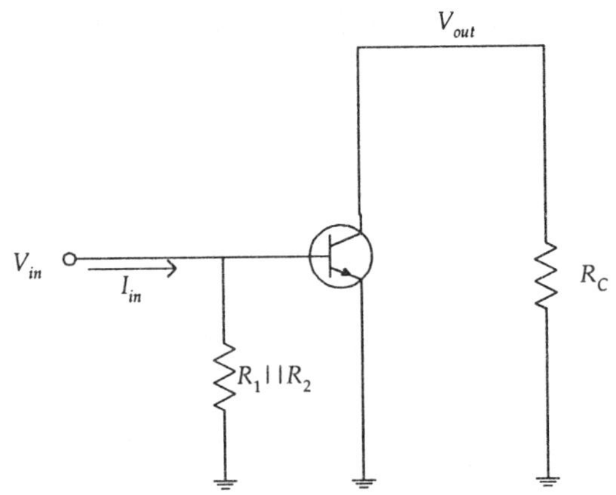

[그림 6-7] AC 등가회로

① $r'_e = \dfrac{25[\text{mV}]}{I_E}$ ② $R_{in(base)} = \beta_{ac} r'e$

③ $R_{out} \cong R_C$ ④ $A_v = \dfrac{R_C}{r'_e} \cong \dfrac{R_c}{R_{E1}}$

⑤ $A'_v = \left(\dfrac{V_b}{V_s}\right) A_v$ ⑥ $A_i = \dfrac{I_c}{I_{in}}$

⑦ $A_p = A_v' \cdot A_i$

예제 1 다음의 증폭기 회로에서 전체 컬렉터 전압을 구하여라. 단, $R_s = 600[\Omega]$, $R_1 = 47[\text{k}\Omega]$, $R_2 = 10[\text{k}\Omega]$, $R_C = 4.7[\text{k}\Omega]$, $R_{E1} = 470[\Omega]$, $R_{E2} = 470[\Omega]$, $R_L = 47[\text{k}\Omega]$, $C_1 = 10[\mu\text{F}]$, $C_2 = 100[\mu\text{F}]$, $C_3 = 10[\mu\text{F}]$, $V_s = 10[\text{mV}]$, $V_{CC} = 10[\text{V}]$, $\beta_{DC} = 150$, $\beta_{ac} = 175$ 이다.

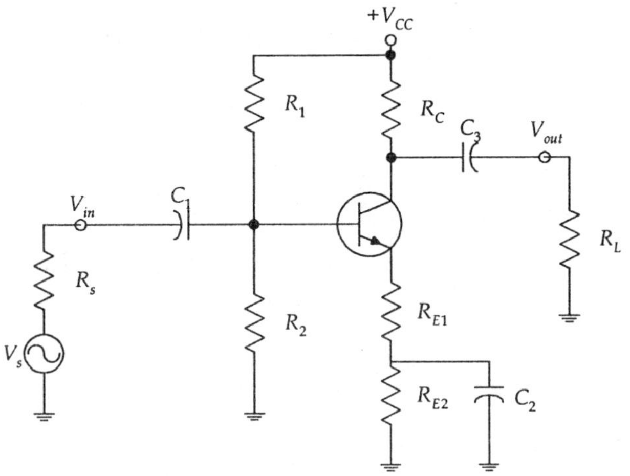

〈풀이〉 ① DC 해석

$$R_{IN(base)} = \beta_{DC}(R_{E1} + R_{E2}) = 150 \times 940 = 141[\text{k}\Omega]$$

이 값은 R_2에 비해서 상당히 크기 때문에 무시할 수 있다.

$$V_B \cong \left(\frac{R_2}{R_1 + R_2}\right) \times V_{CC} = \left(\frac{10[\text{k}\Omega]}{47[\text{k}\Omega] + 10[\text{k}\Omega]}\right) \times 10[\text{V}] = 1.75[\text{V}]$$

따라서, $V_E = V_B - V_{BE} = 1.75 - 0.7 = 1.05[\text{V}]$

$$\therefore\ I_E = \frac{V_E}{R_{E1} + R_{E2}} = \frac{1.05[\text{V}]}{940[\Omega]} = 1.12[\text{mA}] \cong I_C$$

$$V_C = V_{CC} - I_C R_C = 10[\text{V}] - 1.12[\text{mA}] \times 4.7[\text{k}\Omega] = 4.74[\text{V}]$$

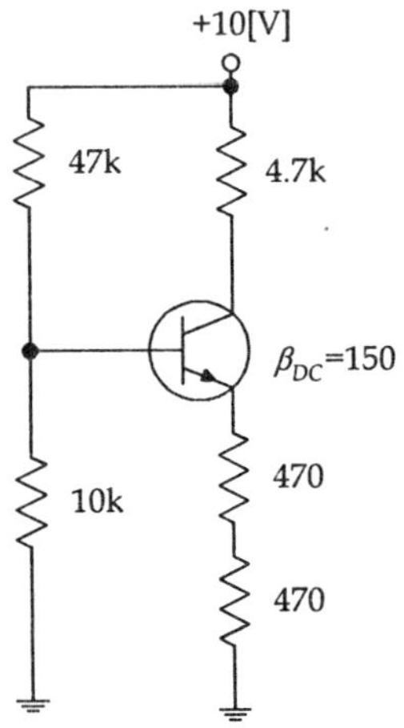

[그림 6-8] DC 등가회로

② AC 해석

$$r'_e = \frac{25[\text{mV}]}{I_E} = \frac{25[\text{mV}]}{1.12[\text{mA}]} = 22[\Omega]$$

$$R_{in(base)} = \beta_{ac}(r_e' + R_{E1}) = 175(22 + 470) = 86.1[\text{k}\Omega]$$

$$R_{in(tot)} = R_1 \parallel R_2 \parallel R_{in(base)} = 47\text{k} \parallel 10\text{k} \parallel 86.1\text{k} = 7.53[\text{k}\Omega]$$

$$R_c = \frac{R_C R_L}{R_C + R_L} = \frac{4.7[\text{k}\Omega] \times 47[\text{k}\Omega]}{4.7[\text{k}\Omega] + 47[\text{k}\Omega]} = 4.27[\text{k}\Omega]$$

전압이득,

$$A_v = \frac{R_c}{R_{E1}} = \frac{4.27[\text{k}\Omega]}{470} = 9.09$$

전체 전압이득은

$$A'_v = \left(\frac{V_b}{V_s}\right) A_v = \frac{R_{in(tot)}}{R_s + R_{in(tot)}} \times 9.09$$

$$= \frac{7.53[\text{k}\Omega]}{600[\Omega] + 7.53[\text{k}\Omega]} \times 9.09 = 8.45$$

$\therefore\ V_c = A'_v V_{in} = 8.45 \times 10[\text{mV}] = 84.5[\text{mV}]$ ☜ 실효값

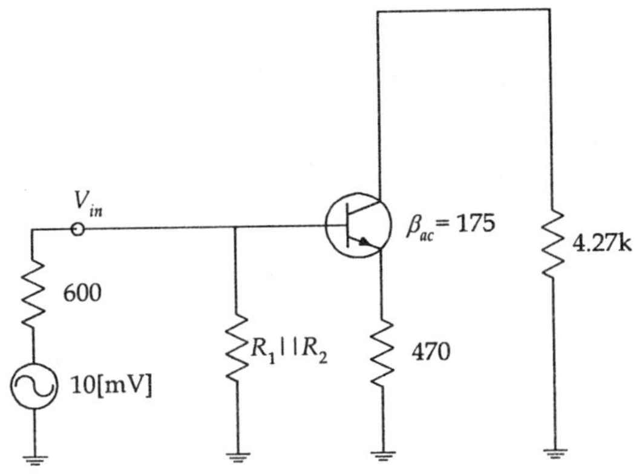

[그림 6-9] AC 등가회로

즉, 최대값은 $\sqrt{2}\times84.5$[㎷]$\cong$0.12[V]이므로 전체 컬렉터 전압은 최대 진폭 4.62~4.86[V]에서의 정현파 전압이다.

6-4. 공통 컬렉터 증폭기

공통 컬렉터(CC) 증폭기는 이미터 폴로워(EF) 증폭기라고 하며, 입력은 결합 커패시터를 통하여 베이스에 공급되고 출력은 이미터가 된다. 전압이득은 거의 1이며, 높은 입력저항 및 전류이득을 얻을 수 있는 이점을 가지고 있다. [그림 6-9]에 전압분배 바이어스를 갖는 회로를 나타내었다.

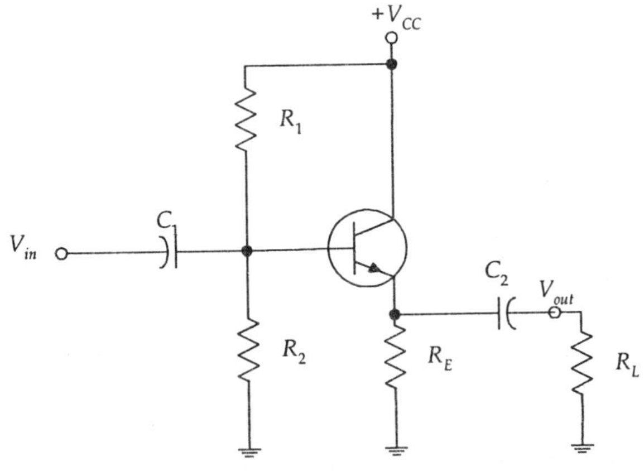

[그림 6-10] 공통 컬렉터 증폭기

① 입력은 베이스에 인가한다. ② 입 · 출력 사이에 위상반전이 없다. ③ 입력저항은 높고, 출력저항은 낮다. ④ 최대 전압이득은 1이다. ⑤ 동작 주파수에서 무시할 수 있는 커패시터를 가져야 한다.

DC 및 AC 등가회로에 대해서 정리하면 [그림 6-11], [그림 6-12]와 같다.

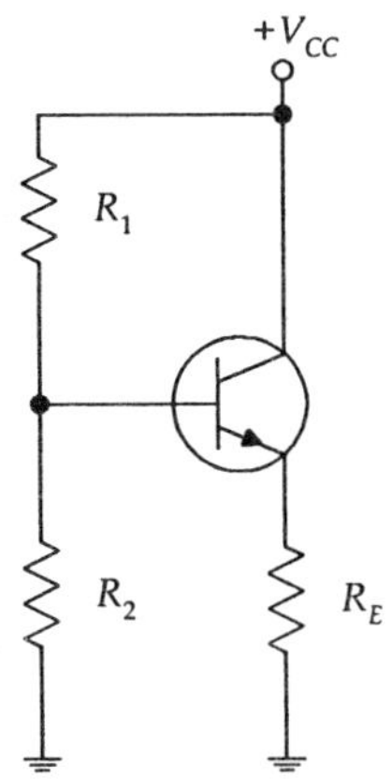

[그림 6-11] DC 등가회로

① $V_B = \left(\dfrac{R_2 \parallel \beta_{DC}R_E}{R_1 + R_2 \parallel \beta_{DC}R_E}\right) V_{CC}$

② $V_E = V_B - V_{BE}$

③ $I_E = \dfrac{V_E}{R_E}$

④ $V_C = V_{CC}$

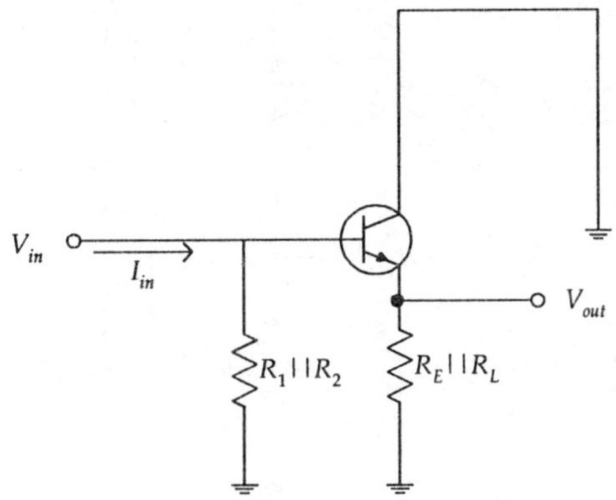

[그림 6-12] AC 등가회로

① $r'_e = \dfrac{25\,[\text{mV}]}{I_E}$

② $R_{in(base)} = \beta_{ac}(r_e' + R_e) \cong \beta_{ac} R_e$

③ $R_{out} \cong \left(\dfrac{R_s}{\beta_{ac}}\right) \| R_E$

④ $A_v = \dfrac{R_e}{r'_e + R_e}$

⑤ $A_i = \dfrac{I_e}{I_{in}}$

⑥ $A_p = A_i$

예제 2 다음의 이미터 폴로워 증폭기 회로에서 전체 입력저항, 전압이득, 전류이득, 전력이득을 각각 구하여라. 단, $R_1 = 10$ [kΩ], $R_2 = 10$ [kΩ], $R_E = 1$ [kΩ], $R_L = 10$ [kΩ], $V_{in} = 1$ [V_{rms}], $V_{CC} = 10$ [V], $\beta_{ac} = 175$이다.

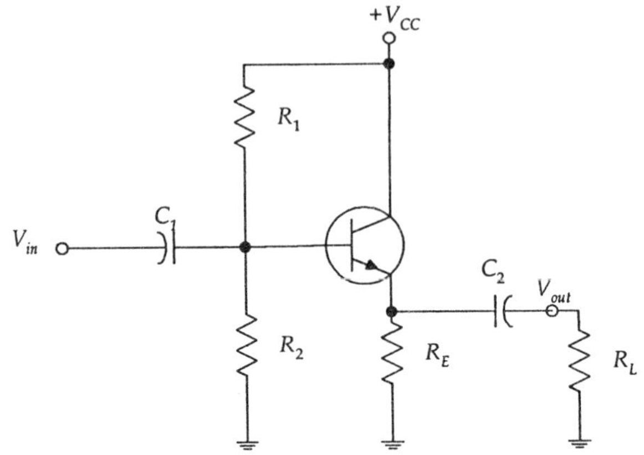

〈풀이〉 ① 전체 입력저항($R_{in(tot)}$)
외부 AC 이미터 저항

$$R_e = R_E \parallel R_L = 1\,[\mathrm{k\Omega}] \parallel 10[\mathrm{k\Omega}] = 909[\Omega]$$

$$R_{in(base)} \cong \beta_{ac} \cdot R_e = 175 \times 909 = 159\,[\mathrm{k\Omega}]$$

$$R_{in(tot)} = R_1 \parallel R_2 \parallel R_{in(base)} = 10\mathrm{k} \parallel 10 \parallel 159\mathrm{k} = 4.85\,[\mathrm{k\Omega}]$$

② 전압이득(A_v)

$$I_E = \frac{V_E}{R_E} = \frac{5[\mathrm{V}] - 0.7[\mathrm{V}]}{1\,[\mathrm{k\Omega}]} = 4.3\,[\mathrm{mA}]$$

$$r'_e = \frac{25\,[\mathrm{mV}]}{I_E} = \frac{25\,[\mathrm{mV}]}{4.3\,[\mathrm{mA}]} = 5.8[\Omega]$$

$$\therefore A_v = \frac{R_e}{r'_e + R_e} = \frac{909}{5.8 + 909} = 0.994$$

③ 전류이득(A_i)

$$I_e = \frac{V_e}{R_e} = \frac{A_v V_b}{R_e} = \frac{0.994 \times 1}{909} \cong \frac{1[\mathrm{V}]}{909[\Omega]} = 1.1\,[\mathrm{mA}]$$

$$I_{in} = \frac{V_{in}}{R_{in(tot)}} = \frac{1[\mathrm{V}]}{4.85\,[\mathrm{k\Omega}]} = 0.206\,[\mathrm{mA}]$$

$$\therefore A_i = \frac{I_e}{I_{in}} = \frac{1.1\,[\mathrm{mA}]}{0.206\,[\mathrm{mA}]} = 5.34$$

④ 전력이득(A_p) $\cong A_i = 5.34$

6-5. 공통 베이스 증폭기

공통 베이스(CB) 증폭기는 높은 전압이득 및 1인 전류이득을 만든다. 낮은 입력저항을 갖기 때문에 신호원이 매우 낮은 저항출력을 갖는 고주파 응용에 사용된다. [그림 6-12]에 전압분배 바이어스를 갖는 회로를 나타내었다.

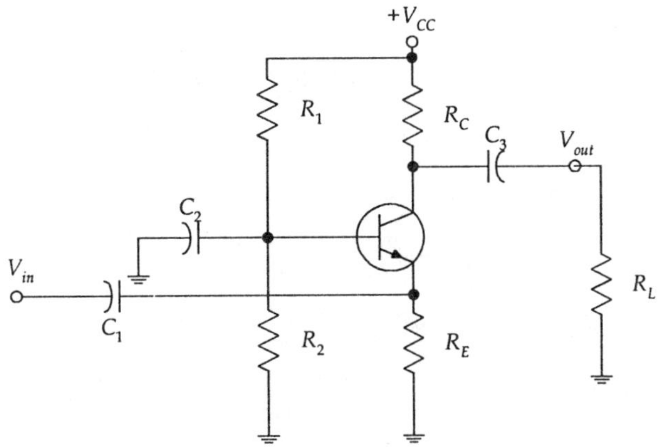

[그림 6-13] 공통 베이스 증폭기

① 입력은 이미터에, 출력은 컬렉터에 있다. ② 입・출력 사이에 위상반전은 없다. ③ 입력저항은 낮고, 출력저항은 높다. ④ 최대 전류이득은 1이다. ⑤ 베이스는 교류접지이다.

DC 및 AC 등가회로에 대해서 정리하면 [그림 6-14], [그림 6-15]와 같다.

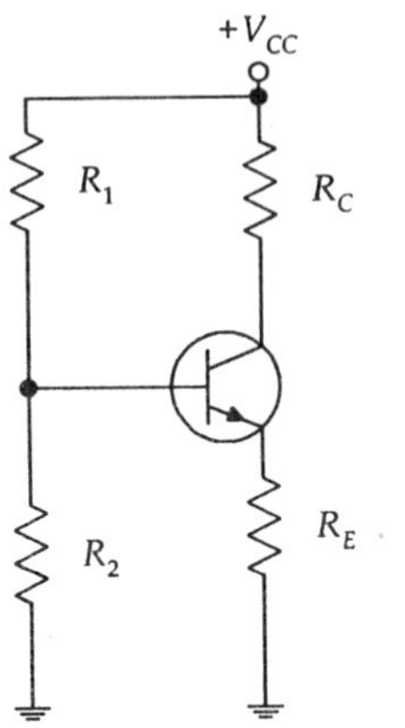

[그림 6-14] DC 등가회로

① $V_B = \left(\dfrac{R_2 \parallel \beta_{DC}R_E}{R_1 + R_2 \parallel \beta_{DC}R_E}\right) V_{CC}$

② $V_E = V_B - V_{BE}$

③ $I_E = \dfrac{V_E}{R_E}$

④ $V_C = V_{CC} - I_C R_C$

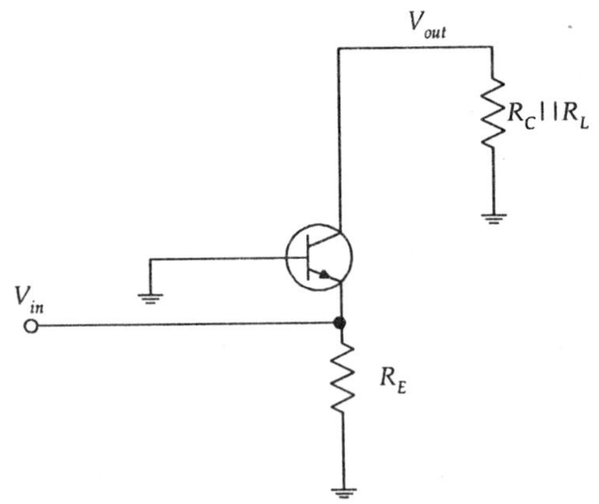

[그림 6-15] AC 등가회로

① $r'_e = \dfrac{25\,[\text{mV}]}{I_E}$	② $R_{in(emitter)} \cong r_e'$
③ $R_{out} \cong R_C$	④ $A_v = \dfrac{R_c}{r'_e}$
⑤ $A_i = 1$	⑥ $A_p \cong A_v$

예제 3 다음의 CB 증폭기 회로에서 입력저항, 전압이득, 전력이득을 각각 구하여라. 단, $R_1 = 56\,[\text{k}\Omega]$, $R_2 = 12\,[\text{k}\Omega]$, $R_C = 2.2\,[\text{k}\Omega]$, $R_E = 1\,[\text{k}\Omega]$, $R_L = 10\,[\text{k}\Omega]$, $C_1 = 100[\mu\text{F}]$, $C_2 = 1[\mu\text{F}]$, $C_3 = 1[\mu\text{F}]$, $V_{CC} = 10\,[\text{V}]$, $\beta_{DC} = 250$이다.

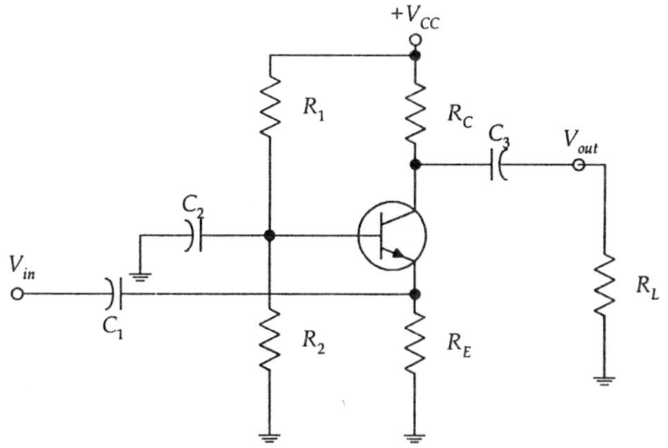

〈풀이〉 ① 입력저항(R_{in})

$$V_B = \left(\frac{R_2}{R_1 + R_2}\right) \times V_{CC} = \left(\frac{12\,[\text{k}\Omega]}{56\,[\text{k}\Omega] + 12[\text{k}\Omega]}\right) \times 10[\text{V}] = 1.76[\text{V}]$$

따라서,

$$V_E = V_B - V_{BE} = 1.76 - 0.7 = 1.06[\text{V}]$$

이므로,

$$I_E = \frac{V_E}{R_E} = \frac{1.06[\text{V}]}{1\,[\text{k}\Omega]} = 1.06\,[\text{mA}]$$

$$\therefore\ R_{in} \cong r'_e = \frac{25\,[\text{mV}]}{I_E} = \frac{25\,[\text{mV}]}{1.06\,[\text{mA}]} = 23.6[\Omega]$$

② 전압이득(A_v)

$$R_c = R_C \parallel R_L = 2.2\,[\mathrm{k\Omega}] \parallel 10[\mathrm{k\Omega}] = 1.8[\mathrm{k\Omega}]$$

$$\therefore\ A_v = \frac{R_c}{r'_e} = \frac{1.8\,[\mathrm{k\Omega}]}{23.6[\,\Omega\,]} = 76.3$$

③ 전력이득(A_p) $\cong A_v = 76.3$

제 7 장 전력 증폭기

7-1. A급 증폭기

전력 증폭기는 대신호 증폭기이며, 4가지 등급(A급, B급, C급, AB급)으로 분류된다.

공통 이미터, 공통 컬렉터 및 공통 베이스 증폭기가 바이어스되었을 때 입력 주기의 전체 주기(2π)에 대해 선형영역에서 동작하는 것이 A급 증폭기이다. 이런 형태의 증폭기 동작은 차단영역이나 포화영역으로 넘어가지 않으므로 출력파형이 입력파형의 모양과 같고, A급 증폭기는 반전 및 비반전이 가능하다.

제6장에서 살펴본 소신호 증폭기는 A급 증폭기이고, 이 절에서는 대신호 A급 증폭기에 대해서 설명한다.

[그림 7-1]은 베이스에 커패시터로 결합된 정현파 교류 신호원과 컬렉터에 커패시터로 결합된 부하를 갖는 전압분배 바이어스된 공통 이미터 A급 증폭기를 나타낸 것이다.

DC 부하선에 대해서 알아보면,

$$I_{C(sat)} \cong \frac{V_{CC}}{R_C + R_E} \;☜\; V_{CE} \cong 0 \text{일 때}$$

$$V_{CE(cutoff)} \cong V_{CC} \;☜\; I_C \cong 0 \text{일 때}$$

이므로 CE 증폭기의 DC 등가회로 및 DC 부하선을 나타낸 것이 [그림 7-2]이다.

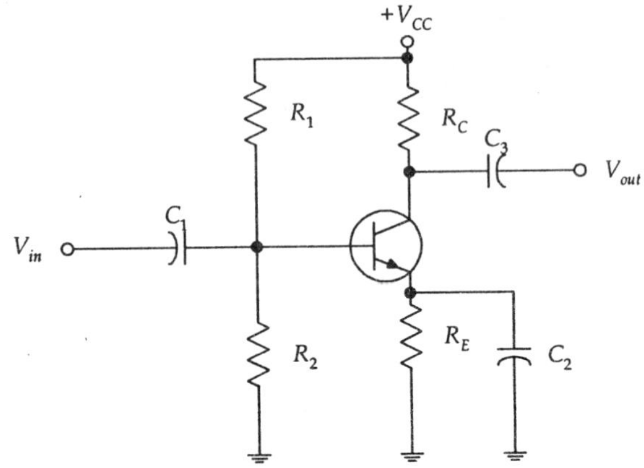

[그림 7-1] 공통 이미터 A급 증폭기

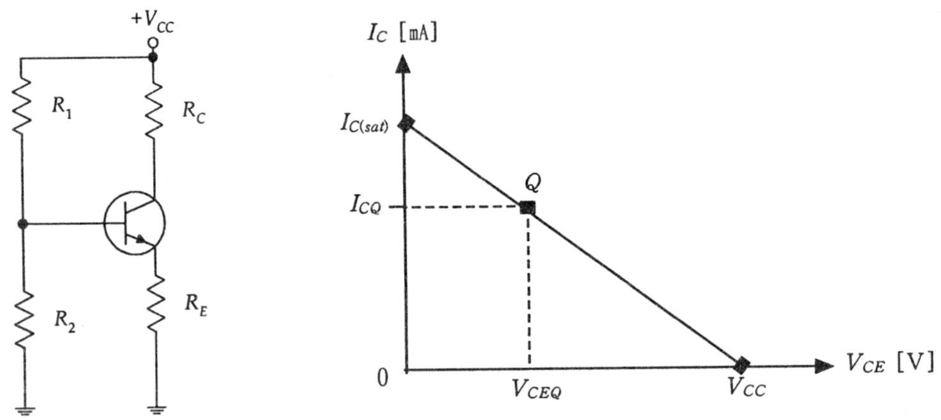

(a) DC 등가회로 (b) DC 부하선

[그림 7-2] CE 증폭기의 DC 등가회로 및 DC 부하선

AC 부하선에 대해서 알아보면,

$$\Delta I_C = \frac{\Delta V_{CEQ}}{R_c} \tag{7-1}$$

여기에서, $\Delta V_{CE} = V_{CEQ}$, $R_c = R_C \parallel R_L$이므로,

$$I_{C(sat)} = I_{CQ} + \Delta I_C = I_{CQ} + \frac{\Delta V_{CEQ}}{R_c} \tag{7-2}$$

마찬가지로, $V_{CE(sat)} = V_{CEQ} + \Delta V_{CE}$(☜ $V_{CE} = \Delta I_C R_c = I_{CQ} R_c$)이므로 CE 증폭기의 AC 등가회로 및 AC 부하선을 나타낸 것이 [그림 7-3]이다.

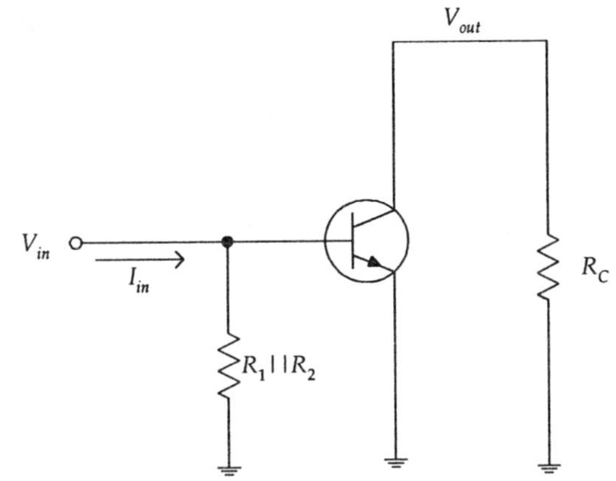

(a) AC 등가회로

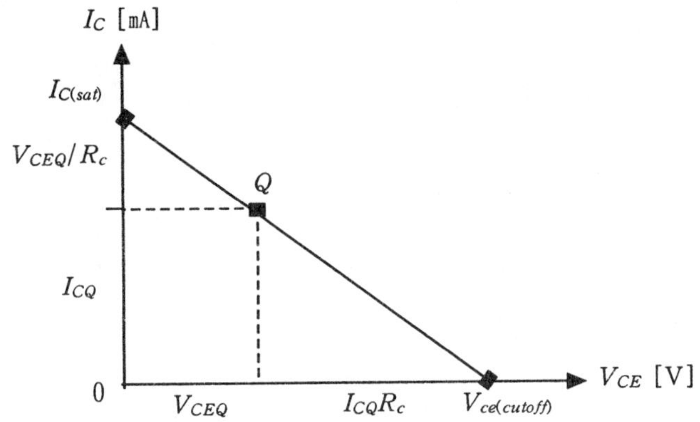

(b) AC 부하선

[그림 7-3] CE 증폭기의 AC 등가회로 및 AC 부하선

예제 1 다음의 증폭기 회로에서 포화점과 차단점에서의 컬렉터 전류와 컬렉터-이미터 전압을 각각 구하여라. 단, $X_{C1} = X_{C2} = X_{C3} = 0\,[\Omega]$으로 가정하고, $\beta_{ac} = 200$이다.

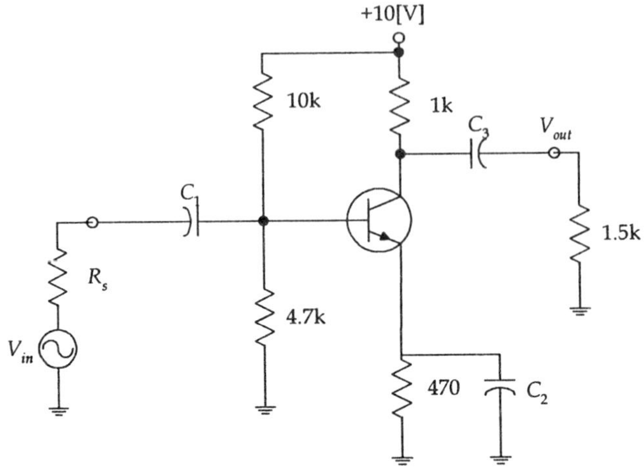

〈풀이〉 $V_{BQ} \cong \left(\dfrac{R_2}{R_1+R_2}\right)\times V_{CC} = \left(\dfrac{4.7\,[\text{k}\Omega]}{10\,[\text{k}\Omega]+4.7\,[\text{k}\Omega]}\right)\times 10[\text{V}] = 3.2[\text{V}]$

따라서,

$$V_{EQ} = V_{BQ} - V_{BE} = 3.2 - 0.7 = 2.5[\text{V}]$$

$$I_{EQ} = \frac{V_{EQ}}{R_E} = \frac{2.7[\text{V}]}{470[\Omega]} = 5.3\,[\text{mA}] \cong I_{CQ}$$

$$V_{CQ} = V_{CC} - I_{CQ}R_C = 10[\text{V}] - 5.3\,[\text{mA}]\times 1\,[\text{k}\Omega] = 4.7[\text{V}]$$

$$\therefore\ V_{CEQ} = V_{CQ} - V_{EQ} = 4.7 - 2.5 = 2.2[\text{V}]$$

교류에서 포화점에서의 컬렉터 전류와 컬렉터-이미터 전압은 다음과 같다.

$R_c = R_C \,\|\, R_L = 1\,[\text{k}\Omega] \,\|\, 1.5\,[\text{k}\Omega] = 600[\Omega]$이므로,

$$V_{ce(sat)} \cong 0[\text{V}]$$

$$I_{c(sat)} \cong I_{CQ} + \frac{V_{CEQ}}{R_c} = 5.3\,[\text{mA}] + \frac{2.2\,[\text{V}]}{600\,[\Omega]} = 8.97\,[\text{mA}]$$

한편, 교류에서 차단점에서의 컬렉터 전류와 컬렉터-이미터 전압은 다음과 같다.

$$I_{c(cutoff)} = 0[\text{A}]$$

$$V_{ce(cutoff)} = V_{CEQ} + I_{CQ}R_c = 2.2[\text{V}] + 5.3\,[\text{mA}]\times 600[\Omega] = 5.38[\text{V}]$$

[참조] AC 부하선을 도시하면 다음과 같다.

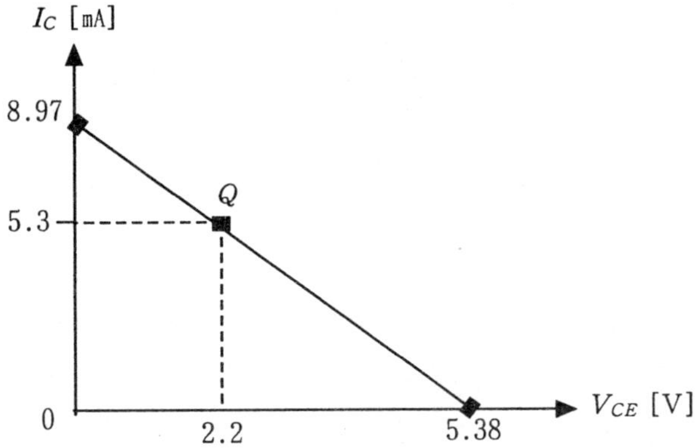

여기에서, Q점이 중앙에 있을 때의 최대 출력 진폭은

$$\Delta I_C = I_{CQ} = \frac{I_{c(sat)}}{2} = \frac{8.97\,[\text{mA}]}{2} = 4.49\,[\text{mA}]$$

$$\Delta V_C = V_{CQ} = \frac{V_{ce(cutoff)}}{2} = \frac{5.38[\text{V}]}{2} = 2.69[\text{V}]$$

이므로,

$$V_{CC} = I_{CQ}R_C + V_{CEQ} + I_{CQ}R_E$$

$$\therefore\ R_E = \frac{V_{CC} - I_{CQ}R_C - V_{CEQ}}{I_{CQ}}$$

$$= \frac{10[\text{V}] - 4.49\,[\text{mA}] \times 1\,[\text{k}\Omega] - 2.69[\text{V}]}{4.49\,[\text{mA}]} = 628[\Omega]$$

한편, 출력전력에 대해서 알아보면 다음과 같이 정리할 수 있다.

① Q점이 포화영역 근처일 때

$$P_{out} = \left(\frac{\frac{1}{\sqrt{2}}V_{CEQ}}{R_c}\right)\frac{1}{\sqrt{2}}V_{CEQ} = \left(\frac{0.5V_{CEQ}^2}{R_c}\right)$$

② Q점이 차단영역 근처일 때

$$P_{out} = \left(\frac{1}{\sqrt{2}}I_{CQ}\right) \times \left(\frac{1}{\sqrt{2}}I_{CQ}R_c\right) = 0.5I_{CQ}^2R_c$$

③ Q점이 중앙에 위치할 때

$$P_{out} = \left(\frac{1}{\sqrt{2}}V_{CEQ}\right) \times \left(\frac{1}{\sqrt{2}}I_{CQ}\right) = 0.5V_{CEQ}I_{CQ}$$

또한, 효율(η) 및 최대 부하전력($P_{L(\max)}$)은 다음과 같다.

$P_{DC} = V_{CC} I_{CC}$에서,

$$\eta_{\max} = \frac{P_{out}}{P_{DC}} = \frac{0.5 V_{CEQ} I_{CQ}}{2 V_{CQ} I_{CQ}} = 0.25$$

$$P_{L(\max)} = \frac{V_L^2}{R_L} = \frac{\left(\frac{1}{\sqrt{2}} V_{CEQ}\right)^2}{R_L} = \frac{0.5 V_{CEQ}^2}{R_L}$$

예제 2 다음의 증폭기 회로에서 최대 출력신호를 갖고 동작할 때, ① 트랜지스터의 정격전력의 최소값, ② 교류 출력전력, ③ 효율, ④ 최대 부하전력을 각각 구하여라. 단, $\beta_{DC} = 150$.

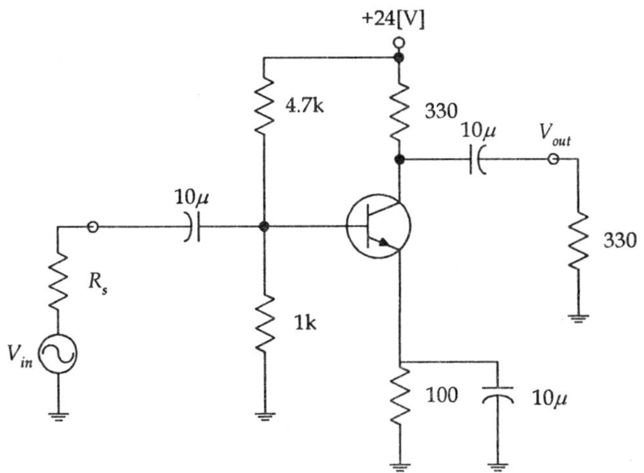

〈풀이〉 ① 트랜지스터의 정격전력(P_D)의 최소값

$$V_B = \left(\frac{R_2}{R_1 + R_2}\right) \times V_{CC} = \left(\frac{1\,[\text{k}\Omega]}{4.7\,[\text{k}\Omega] + 1\,[\text{k}\Omega]}\right) \times 24[\text{V}] = 4.2[\text{V}]$$

따라서, $V_E = V_B - V_{BE} = 4.2 - 0.7 = 3.5[\text{V}]$

$$I_E = \frac{V_E}{R_E} = \frac{3.5[\text{V}]}{100[\Omega]} = 35\,[\text{mA}] \cong I_{CQ}$$

$$V_C = V_{CC} - I_{CQ} R_C = 24[\text{V}] - 35\,[\text{mA}] \times 330[\Omega] = 12.5[\text{V}]$$

$$V_{CEQ} = V_C - V_E = 12.5 - 3.5 = 9[\text{V}]$$

$$\therefore\ P_D = V_{CEQ} I_{CQ} = 9[\text{V}] \times 35\,[\text{mA}] = 315\,[\text{mW}]$$

② 교류 출력전력(P_{out})

$$R_c = R_C \parallel R_L = 330[\Omega] \parallel 330[\Omega] = 165[\Omega]\text{이므로,}$$

$$I_{c(sat)} \cong I_{CQ} + \frac{V_{CEQ}}{R_c} = 35[\text{mA}] + \frac{9[\text{V}]}{165[\Omega]} = 89.5[\text{mA}]\text{이고,}$$

$$V_{ce(cutoff)} = V_{CEQ} + I_{CQ}R_c = 9[\text{V}] + 35[\text{mA}] \times 165[\Omega] = 14.8[\text{V}]$$

중앙에 위치한 Q점은

$$I_{CQ} = \frac{I_{c(sat)}}{2} = \frac{89.5[\text{mA}]}{2} = 44.8[\text{mA}]$$

$$V_{CEQ} = \frac{V_{ce(cutoff)}}{2} = \frac{14.8[\text{V}]}{2} = 7.4[\text{V}]$$

차단영역 근처에 Q점이 존재하므로,

$$\therefore\ P_{out} = 0.5 I_{CQ}^2 R_c = 0.5 \times (35[\text{mA}])^2 \times 165[\Omega] = 101[\text{mW}]$$

③ 효율(η)

$$\eta_{\max} = \frac{P_{out}}{P_{DC}} = \frac{P_{out}}{V_{CC}I_{CC}} = \frac{101[\text{mW}]}{24[\text{V}] \times 35[\text{mA}]} = 0.12$$

④ 최대 부하전력($P_{L(\max)}$)

$$P_{L(\max)} = \frac{0.5 V_{CEQ}^2}{R_L} = \frac{0.5 \times (9[\text{V}])^2}{330} = 122.7[\text{mW}]$$

7-2. B급, AB급 증폭기

B급 증폭기는 입력주기의 반주기(π)에 대하여 직선영역에서 동작하고 나머지 반주기에서는 차단하도록 바이어스가 되어 있고, AB급 증폭기는 반주기보다 조금 넓은 영역에서 동작되도록 바이어스가 되어 있다. B급 및 AB급 증폭기의 이점은 A급 증폭기보다 더욱 효율적으로 주어진 입력파형을 증폭시켜 보다 큰 출력파형을 얻을 수 있다. 그러나, 입력파형의 충실한 재현을 위한 회로구성이 복잡하다는 단점도 갖고 있다. [그림 7-4]는 입력파형의 충실한 재현을 위해 2개의 트랜지스터 구조로 재현한 공통 컬렉터 B급 증폭기를 나타낸 것이다.

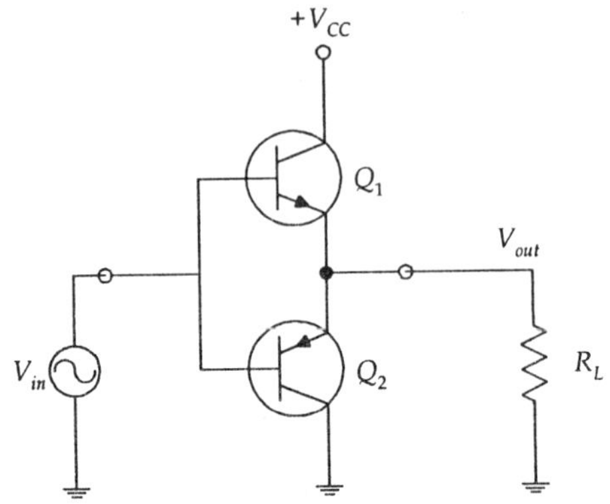

[그림 7-4] 공통 컬렉터 B급 증폭기

신호전압에 의해 각각의 트랜지스터가 동작한다. 즉, [그림 7-4]에서 *npn*형 트랜지스터는 정(+)의 반주기 동안 도통하고, *pnp*형 트랜지스터는 부(−)의 반주기 동안 도통하는데, 이를 푸시풀(push-pull) 동작이라고 한다. [그림 7-5]는 AB급 증폭기를 나타낸 것으로 열에 의한 변화를 줄이기 위해서 다이오드를 이용하면 다이오드 특성이 트랜지스터의 전달 컨덕턴스 특성과 거의 일치하여 안정된 바이어스를 유지한다. 또한 두 트랜지스터가 차단영역 근처에서 바이어스되어 있기 때문에 $I_{CQ} \cong 0$이므로, $V_{CEQ1} = V_{CEQ2} = V_{CC/2}$이다.

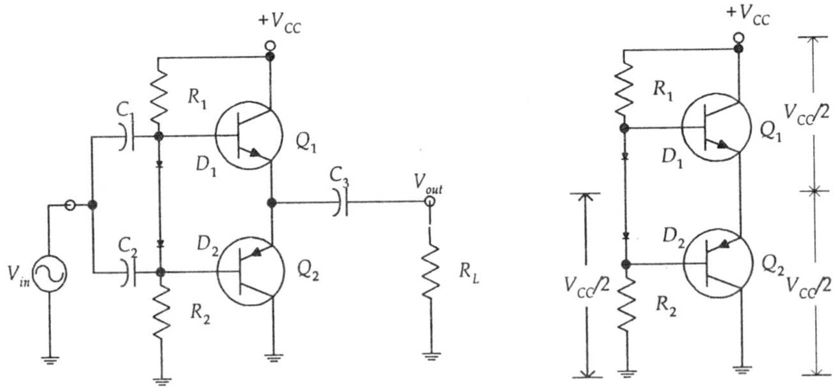

(a) 회로도 (b) 등가회로

[그림 7-5] AB급 증폭기

예제 3 다음의 증폭기 회로에서 트랜지스터 Q_1 및 Q_2에 대한 베이스와 이미터의 직류전압을 각각 구하하고, 각 트랜지스터에 대한 V_{CEQ}를 구하여라. 단, $V_{D1} = V_{D2} = V_{BE} = 0.7\,[\mathrm{V}]$로 가정한다.

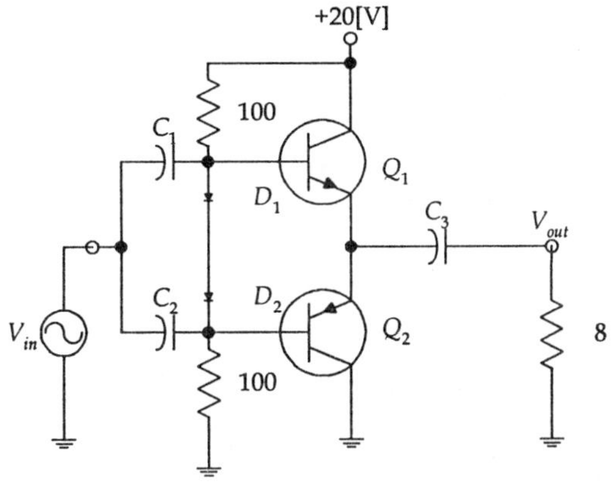

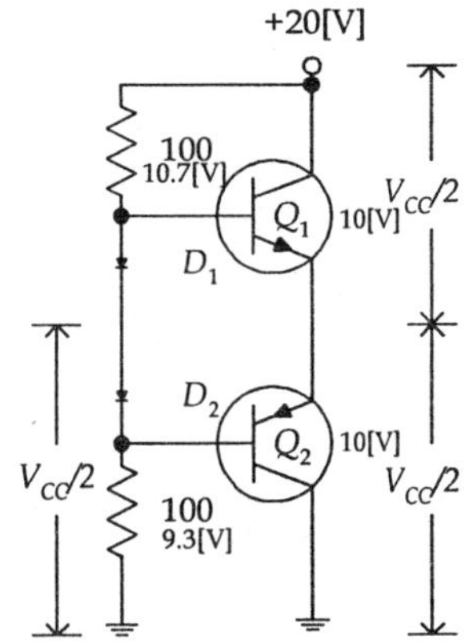

〈풀이〉 $V_{CC} = I_T R_1 + V_{D1} + V_{D2} + I_T R_2$; KVL에서,

$$I_T = \frac{V_{CC} - V_{D1} - V_{D2}}{R_1 + R_2} = \frac{20[\mathrm{V}] - 0.7[\mathrm{V}] - 0.7[\mathrm{V}]}{100[\Omega] + 100[\Omega]} = 93\,[\mathrm{mA}]$$

$$\therefore\ V_{B1} = V_{CC} - I_T R_1 = 20[\mathrm{V}] - 93\,[\mathrm{mA}] \times 100[\Omega] = 10.7[\mathrm{V}]$$

$$V_{B2} = V_{B1} - V_{D1} - V_{D2} = 10.7 - 0.7 - 0.7 = 9.3[\mathrm{V}]$$

$$V_{E1} = V_{B1} - V_{BE1} = 10.7 - 0.7 = 10[\mathrm{V}] = V_{E2}$$

$$V_{CEQ1} = V_{CEQ2} = \frac{V_{CC}}{2} = \frac{20[\mathrm{V}]}{2} = 10[\mathrm{V}]$$

한편, 출력전력에 대해서 알아보면 다음과 같이 정리할 수 있다.

$$V_{out(rms)} = \frac{1}{\sqrt{2}} V_{out(peak)} = \frac{1}{\sqrt{2}} V_{CEQ}$$

$$I_{out(rms)} = \frac{1}{\sqrt{2}} I_{out(peak)} = \frac{1}{\sqrt{2}} I_{c(sat)}$$

$$\therefore\ P_{out} = V_{out(rms)}\, I_{out(rms)} = \frac{1}{\sqrt{2}} V_{CEQ} \times \frac{1}{\sqrt{2}} I_{c(sat)}$$

$$= 0.5\, V_{CEQ} I_{c(sat)} = 0.25\, V_{CC}\, I_{c(sat)}$$

$$I_{CC} = \frac{I_{c(sat)}}{\pi} \left(\because \text{ 반주기에 대하여 도통; 평균값} = \text{최대값} \times \frac{2}{\pi} \right)$$

에서,

$$P_{DC} = V_{CC}I_{CC} = \frac{V_{CC}I_{c(sat)}}{\pi}$$

또한, 효율(η)은 다음과 같다.

$$\eta_{\max} = \frac{P_{out}}{P_{DC}} = \frac{0.25\,V_{CC}I_{c(sat)}}{\frac{V_{CC}I_{c(sat)}}{\pi}} = 0.79$$

☜ A급 증폭기의 효율은 0.25임을 감안할 때, 상당히 고효율임을 알 수 있다.

7-3. C급 증폭기

C급 증폭기는 반주기 미만에서 도통하도록 바이어스되어 있다. 이 증폭기는 지금까지의 증폭기보다 효율이 훨씬 높은데, 이는 더욱 큰 출력을 얻을 수 있음을 의미한다. C급 증폭기는 고주파 동조 증폭기에 한정적으로 응용된다.

[그림 7-6]은 저항성 부하를 갖는 공통 이미터 C급 증폭기를 나타내었다.

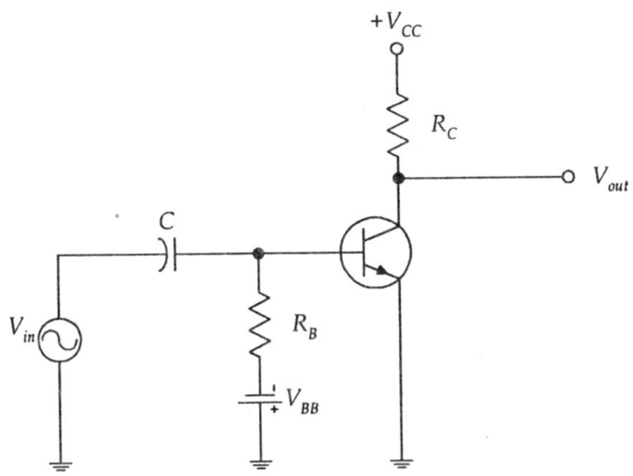

[그림 7-6] 공통 이미터 C급 증폭기 : 비반전

한편, 전력손실에 대해서 알아보면 다음과 같이 정리할 수 있다. 도통시의 전력손실은

$$P_{D(on)} = V_{CE(sat)} I_{C(sat)} \tag{7-3}$$

전체 주기에 대한 평균 전력손실

$$P_{D(avg)} = \left(\frac{t_{ON}}{T}\right) P_{D(on)} = \left(\frac{t_{ON}}{T}\right) V_{CE(sat)} I_{C(sat)} \tag{7-4}$$

또한, 효율은 다음과 같이 정리된다.

출력전력 $P_{out} = \dfrac{V_{rms}^2}{R_c}$

$$= \frac{\left(\frac{1}{\sqrt{2}} V_{CC}\right)^2}{R_c} = \frac{0.5 V_{CC}^2}{R_c} \tag{7-5}$$

총전력 $P_T = P_{out} + P_{D(avg)}$에서,

$$\therefore \ \eta = \frac{P_{out}}{P_{out} + P_{D(avg)}} \tag{7-6}$$

여기에서, $P_{out} \gg P_{D(avg)}$이면 효율은 거의 1(100[%])에 가깝다.

예제 4 200 [㎑]의 신호에 의해 C급 증폭기가 구동되고 있을 때, 트랜지스터는 1 [μs] 동안 도통되고, 증폭기는 전체 부하선에 대하여 동작하고 있다. ① $I_{C(sat)} = 100$ [㎃]이고 $V_{CE(sat)} = 0.2$ [V]일 때 평균 전력손실을 구하고, ② $V_{CC} = 24$ [V], $R_C = 100$ [Ω]일 때 효율을 구하여라.

〈풀이〉 ① 평균 전력손실($P_{D(avg)}$)

주기 $T = \dfrac{1}{f} = \dfrac{1}{200\,[\text{kHz}]} = 5\,[\mu s]$

$$\therefore \ P_{D(avg)} = \left(\frac{t_{ON}}{T}\right) P_{D(on)} = \left(\frac{1\,[\mu s]}{5\,[\mu s]}\right) \times 0.2[\text{V}] \times 100\,[\text{mA}] = 4\,[\text{mW}]$$

② 효율(η)

출력전력 $P_{out} = \dfrac{0.5 V_{CC}^2}{R_c} = \dfrac{0.5(24[\text{V}])^2}{R_c} = 2.88[\text{W}]$

$$\therefore \ \eta = \frac{P_{out}}{P_{out} + P_{D(avg)}} = \frac{2.88[\text{W}]}{2.88[\text{W}] + 4\,[\text{mW}]} = 0.999$$

제 8 장 전계 효과 트랜지스터

8-1. 접합 전계 효과 트랜지스터

접합 전계 효과 트랜지스터(JFET : Junction Field Effect Transistor)는 채널의 전류를 제어하기 위하여 역바이어스되는 접합으로 동작하며, 그들의 구조에 따라 *n*채널 및 *p*채널로 구분된다.

8-1-1. 구조 및 표기

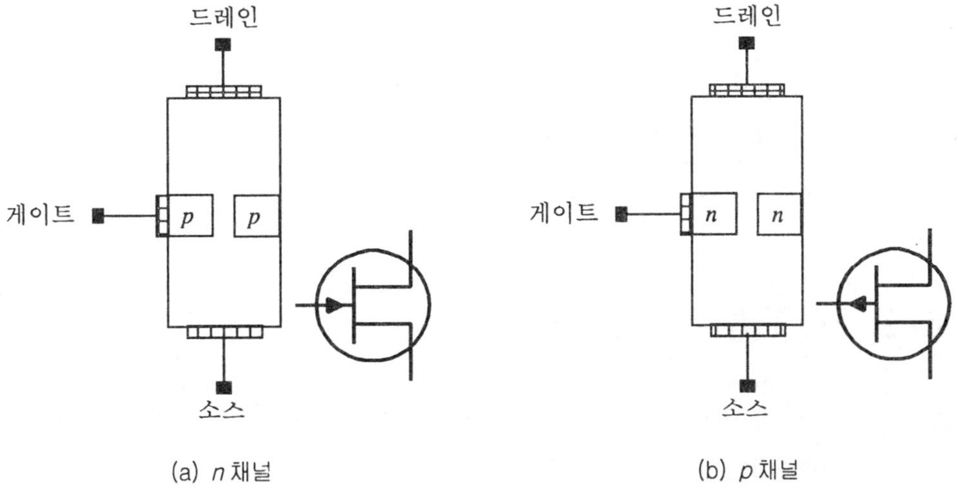

(a) *n* 채널 (b) *p* 채널

[그림 8-1] JFET의 구조 및 표기

8-1-2. JFET의 동작

[그림 8-2]에서와 같이 V_{DD}는 드레인-소스 전압을 공급하여 I_D가 흐르도록 하고, V_{GG}는 게이트와 소스 사이에 역방향 바이어스 전압을 인가한다.

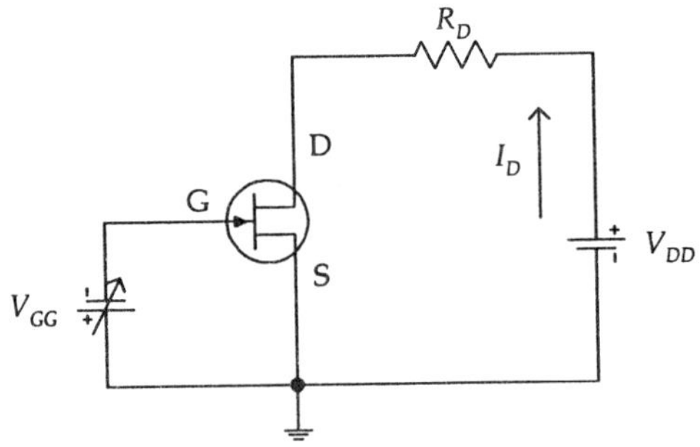

[그림 8-2] JFET의 기본 동작(n 채널)

① V_{GG}가 증가할 때 : JFET는 게이트와 소스 사이에 pn접합을 역방향 바이어스로 동작시키므로, 게이트와 소스 사이에 공핍층이 두터워지고 채널 폭은 좁아져서 I_D가 감소한다.

② V_{GG}가 감소할 때 : JFET는 게이트와 소스 사이에 공핍층이 얇아지고 채널 폭은 넓어져서 I_D가 증가한다. ☜ 즉, 채널 폭은 V_{GG}에 의해 제어되므로 결국 I_D가 제어된다.

8-2. JFET의 I_D-V_{DS} 특성

[그림 8-2]에서 V_{GS}가 0[V]일 때, $I_D - V_{DS}$ 특성 그래프를 [그림 8-3]에 나타내었다.

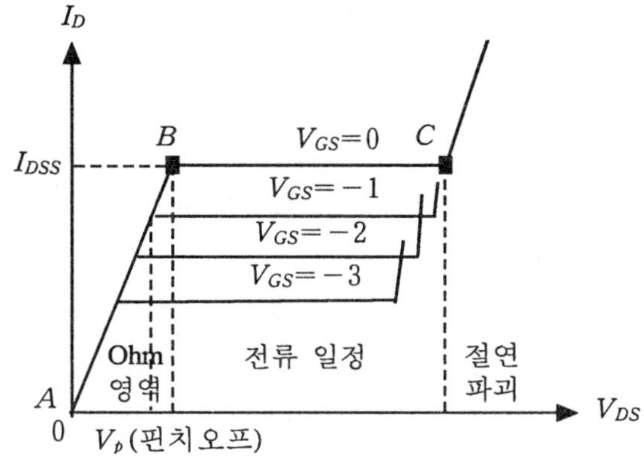

[그림 8-3] V_{GS}에 따른, I_D-V_{DS} 특성

V_{GS}가 0[V]일 때 V_{DD}를 증가시키면 공핍층이 충분치 않아서 I_D가 비례하여 증가하고(옴 영역 ; $A \sim B$), 그 때까지의 전압을 핀치 오프(pinch-off) 전압(V_P)이라고 한다. V_P 이상으로 증가하면 I_D가 거의 일정하게 되는데, 이 영역($B \sim C$ 영역)에서 JFET는 동작하여야 한다. 한편, 계속 전압이 증가하여 C 지점에 이르면 I_D가 급증하는 절연파괴가 일어나는데 이는 소자에 치명적인 손상을 줄 수 있다. 차단전압 $V_{GS(off)}$는 I_D가 거의 흐르지 않을 때의 값이다.

☜ 일반적으로 I_{DSS}는 $V_{GS}=0$일 때의 드레인 전류를 의미하며 $V_{GS(off)}=-V_P$이다.

예제 1 다음의 JFET 회로에서 소자가 일정한 전류영역에서 동작하도록 V_{DD}의 최소값을 구하여라. 단, $V_{GS(off)}=-4$[V]이고, $I_{DSS}=12$[mA]이다.

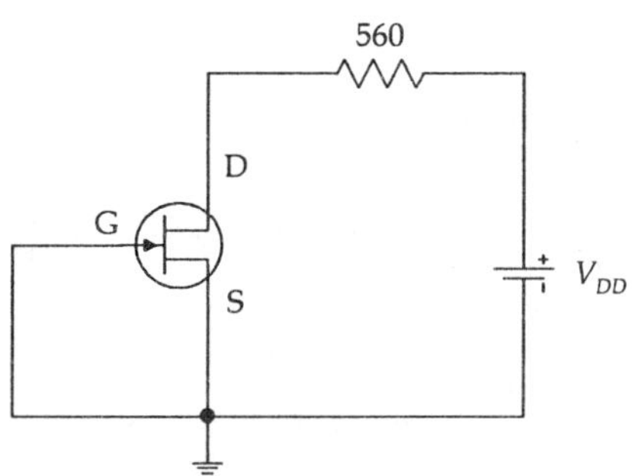

〈풀이〉 $V_{GS(off)}=-4\,[\mathrm{V}]$에서 $V_P=4\,[\mathrm{V}]$이므로, 일정 전류영역에 있으려면

$$V_{DS}=V_P=4\,[\mathrm{V}],\quad I_D=I_{DSS}=12\,[\mathrm{mA}]$$

로 각각 놓을 수 있으므로,

$$V_{R_D}=I_DR_D=12\,[\mathrm{mA}]\times 560[\Omega]=6.72[\mathrm{V}]$$

$$\therefore\ V_{DD}=V_{DS}+V_{R_D}=4+6.72=10.72[\mathrm{V}]$$

8-2-1. JFET의 전달 특성

JFET의 전달 특성곡선은 거의 포물선 형태에 가까우며, 이를 근사적으로 표현하면 다음과 같은 식으로 주어진다.

$$I_D=I_{DSS}\left(1-\frac{V_{GS}}{V_{GS(off)}}\right)^2 \tag{8-1}$$

〈표 8-1〉에 JFET의 규격표를 요약하였다.

예제 2 2N5459 JFET에서 V_{GS}가 $0\,[\mathrm{V}]$, $-1\,[\mathrm{V}]$, $-4\,[\mathrm{V}]$에 대한 드레인 전류(I_D)를 각각 구하여라. 단, 〈표 8-1〉로부터 얻은 $V_{GS(off)}=-8\,[\mathrm{V}]$ (최대)이고, $I_{DSS}=9\,[\mathrm{mA}]$이다.

〈풀이〉 ① $V_{GS}=0\,[\mathrm{V}]$일 때

$$I_D=I_{DSS}\left(1-\frac{V_{GS}}{V_{GS(off)}}\right)^2=9\,[\mathrm{mA}]\times\left(1-\frac{0[\mathrm{V}]}{-8[\mathrm{V}]}\right)^2=9\,[\mathrm{mA}]$$

② $V_{GS}=-1\,[\mathrm{V}]$일 때

$$I_D=I_{DSS}\left(1-\frac{V_{GS}}{V_{GS(off)}}\right)^2=9\,[\mathrm{mA}]\times\left(1-\frac{-1[\mathrm{V}]}{-8[\mathrm{V}]}\right)^2=6.89\,[\mathrm{mA}]$$

③ $V_{GS}=-4\,[\mathrm{V}]$일 때

$$I_D=I_{DSS}\left(1-\frac{V_{GS}}{V_{GS(off)}}\right)^2=9\,[\mathrm{mA}]\times\left(1-\frac{-4[\mathrm{V}]}{-8[\mathrm{V}]}\right)^2=2.25\,[\mathrm{mA}]$$

〈표 8-1〉 JFET의 규격표(25[℃] 기준)

Characteristics		Symbol	Min.	Typ.	Max.	Unit
OFF Characteristics						
Gate-Source Breakdown Voltage (I_G=-10[μA], V_{DS}=0)		$V_{(BR)GSS}$	−25	-	-	[V]
Gate Reverse Current (V_{GS}=-15[V], V_{DS}=0) (V_{GS}=-15[V], V_{DS}=0, T_A=100[℃])		I_{GSS}	 - -	 - -	 −1.0 −200	[nA]
Gate-Source Cutoff Voltage (V_{DS}=15[V], I_D=10[nA])	 2N5457 2N5458 2N5459	$V_{GS(off)}$	 −0.5 −1.0 −2.0	 - - -	 −6.0 −7.0 −8.0	[V]
Gate-Source Voltage (V_{DS}=15[V], I_D=100[μA]) (V_{DS}=15[V], I_D=200[μA]) (V_{DS}=15[V], I_D=400[μA])	 2N5457 2N5458 2N5459	V_{GS}	 - - -	 −2.5 −3.5 −4.5	 - - -	[V]
ON Characteristics						
Zero-Gate-Source Drain Current (V_{DS}=15[V], I_D=10[nA])	 2N5457 2N5458 2N5459	I_{DSS}	 1.0 2.0 4.0	 3.0 6.0 9.0	 5.0 9.0 16	[mA]
Small-Signal Characteristics						
Forward Transfer Admittance Common Source (V_{DS}=15[V], V_{GS}=0, f=1[kHz])	 2N5457 2N5458 2N5459	$\lvert y_{fs} \rvert$	 1000 1500 2000	 - - -	 5000 5500 6000	[μs]
Output Admittance Common Source (V_{DS}=15[V], V_{GS}=0, f=1[kHz])		$\lvert y_{as} \rvert$	-	10	50	[μs]
Input Capacitance (V_{DS}=15[V], V_{GS}=0, f=1[MHz])		C_{iss}	-	4.5	7.0	[pF]
Reverse Transfer Capacitance (V_{DS}=15[V], V_{GS}=0, f=1[MHz])		C_{rss}	-	1.5	3.0	[pF]

8-3. JFET의 바이어스

8-3-1. 자기 바이어스

JFET가 동작하기 위해서는 게이트-소스 접합이 역방향 바이어스이어야 하므로 *n*채널은 음의 V_{GS}가 필요하고 *p*채널은 양의 V_{GS}가 필요하다. 이러한 조건은 [그림 8-4]와 같이 자기 바이어스(self-bias)를 이용하여 얻을 수 있다.

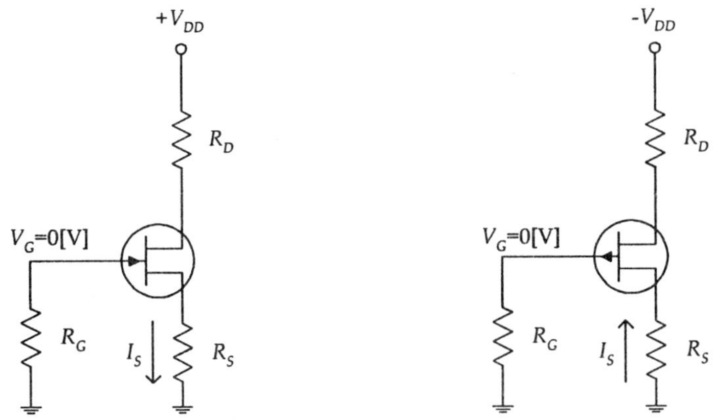

(a) *n* 채널　　　　(b) *p* 채널

[그림 8-4] 자기 바이어스된 JFET($I_S = I_D$)

여기에서,

$$V_{GS} = V_G - V_S = 0 - I_S R_S$$
$$= -I_S R_S = -I_D R_S \quad ☜ \because I_S = I_D \qquad (8\text{-}2)$$
$$V_D = V_{DD} - I_D R_D \qquad (8\text{-}3)$$
$$V_S = I_S R_S = I_D R_S \qquad (8\text{-}4)$$
$$V_{DS} = V_D - V_S = V_{DD} - I_D R_D - I_D R_S$$
$$= V_{DD} - I_D(R_D + R_S) \qquad (8\text{-}5)$$

예제 3 다음의 회로에서 $I_D = 5\,[\mathrm{mA}]$일 때, V_{DS}와 V_{GS}를 각각 구하여라.

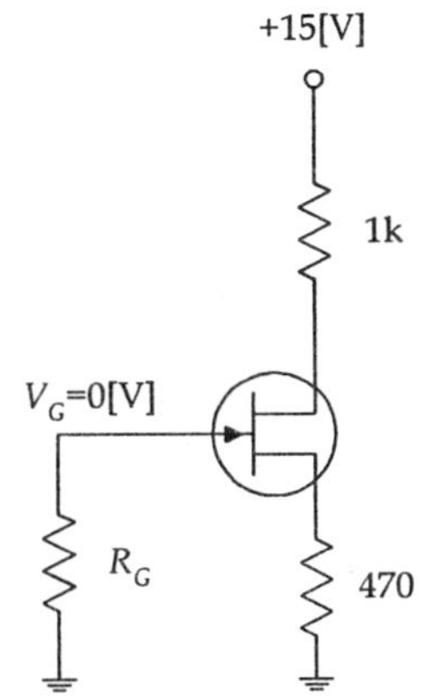

〈풀이〉 $V_S = I_S R_S = I_D R_S = 5\,[\mathrm{mA}] \times 470 = 2.35\,[\mathrm{V}]$

$V_D = V_{DD} - I_D R_D = 15[\mathrm{V}] - 5\,[\mathrm{mA}] \times 1\,[\mathrm{k\Omega}] = 10[\mathrm{V}]$

$V_{DS} = V_D - V_S = 10 - 2.35 = 7.65[\mathrm{V}]$

$V_{GS} = V_G - V_S = 0 - 2.35 = -2.35[\mathrm{V}]$

8-3-2. 자기 바이어스된 JFET의 Q점

JFET의 바이어스 점을 결정하기 위해서는 소스 저항(R_S)이 필요하며 다음의 식으로 구할 수 있다.

$$R_S = \left| \frac{V_{GS}}{I_D} \right| \tag{8-6}$$

예제 4 p채널 JFET가 $I_{DSS} = 25[\mathrm{mA}]$, $V_{GS(off)} = 15\,[\mathrm{V}]$일 때, $V_{GS} = +5\,[\mathrm{V}]$에서 자기 바이어스가 되는 데 필요한 R_S를 구하여라.

〈풀이〉 $I_D = I_{DSS}\left(1 - \frac{V_{GS}}{V_{GS(off)}}\right)^2 = 25\,[\mathrm{mA}]\left(1 - \frac{5[\mathrm{V}]}{15[\mathrm{V}]}\right)^2 = 11.12\,[\mathrm{mA}]$

$R_S = \left| \frac{V_{GS}}{I_D} \right| = \left| \frac{5[\mathrm{V}]}{11.12\,[\mathrm{mA}]} \right| = 450[\Omega] \cong 470[\Omega]$ (∵ 표준값)

예제 5 다음의 회로에서 $V_D = 7\,[V]$일 때, I_D와 V_{GS}를 각각 구하여라.

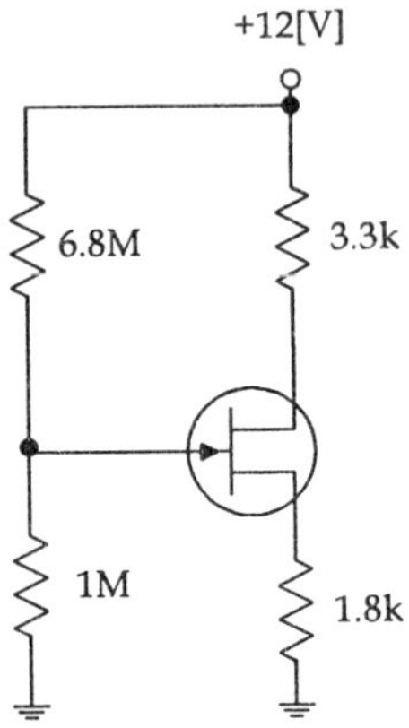

〈풀이〉 $V_D = V_{DD} - I_D R_D$에서

$$I_D = \frac{V_{DD} - V_D}{R_D} = \frac{12[V] - 7[V]}{3.3\,[k\Omega]} = 1.52\,[mA]$$

$$V_S = I_S R_S = I_D R_S = 1.52\,[mA] \times 1.8\,[k\Omega] = 2.74[V]$$

$$V_G = \left(\frac{R_2}{R_1 + R_2}\right) V_{DD} = \left(\frac{1\,[M\Omega]}{6.8\,[M\Omega] + 1\,[M\Omega]}\right) \times 12[V] = 1.54[V]$$

$$V_{GS} = V_G - V_S = 1.54 - 2.74 = -1.2[V]$$

8-4. 금속 산화물 반도체 FET

금속 산화물 반도체 전계 효과 트랜지스터(MOSFET : Metal Oxide Semiconductor Field Effect Transistor)는 JFET가 *pn* 접합구조인 반면에 게이트가 산화 실리콘(SiO_2) 층에 의해 채널과 격리되어 있는 구조이다. 이러한 구조로 인해 절연 게이트 FET(IGFET : Insulated Gate FET)라고도 지칭한다.

MOSFET는 공핍형(depletion type)인 D-MOSFET와 증가형(enhancement type)인 E-MOSFET로 나누어진다.

8-4-1. D-MOSFET

증가형 모드에서 동작될 때를 제외하고 JFET의 특성과 같다.
☜ 전달 특성식도 같다.

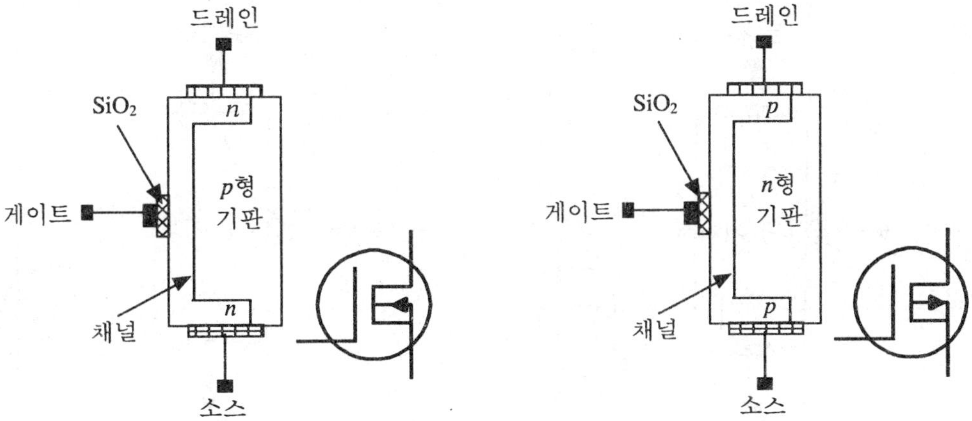

(a) *n* 채널 (b) *p* 채널

[그림 8-5] D-MOSFET의 구조 및 표기

[그림 8-5]의 (a)에서 게이트-소스 전압(V_{GS})이 음(−)으로 가해지면 MOSFET는 공핍형으로 동작되고(척력), 양(+)으로 가해지면 MOSFET는 증가형으로 동작된다(인력). 즉, 공핍형에서는 전도도가 떨어지고 나아가 V_{GS}를 매우 크게 하면 I_D가 흐르지 않는다. 이에 반해서 증가형에서는 채널의 전도도가 증가한다.

8-4-2. E-MOSFET

E-MOSFET는 증가형으로만 동작하고 공핍형으로는 동작하지 않는다. 또한, 물리적인 채널을 갖지 않으므로 [그림 8-6]에서와 같이 기판이 SiO_2 층까지 완전히 확장되어 있다.

[그림 8-6]에 증가형 MOSFET(E-MOSFET)에 대한 기본 구조 및 표기

를 나타내었다. 전달 특성식은 다음과 같이 주어진다.

$$I_D = K(V_{GS} - V_{GS(th)})^2 \tag{8-7}$$

여기서, $K = \dfrac{I_{D(on)}}{(V_{GS} - V_{GS(th)})^2}$ 이다.

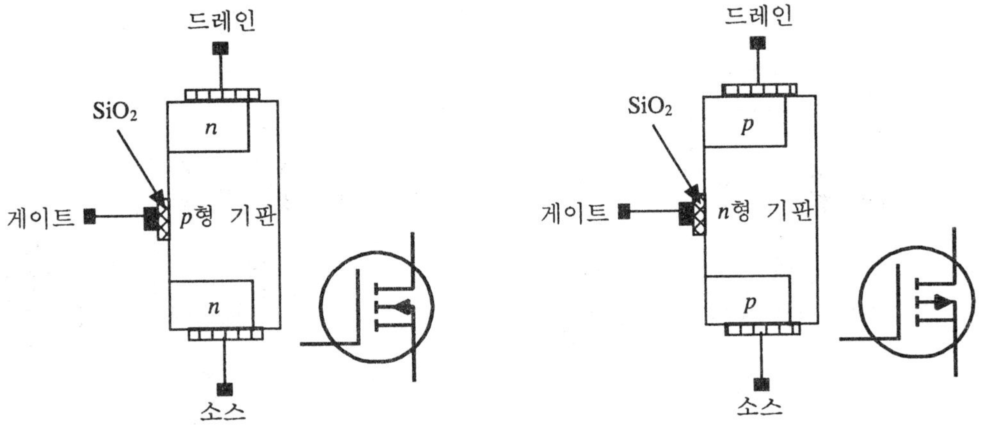

(a) n 채널 (b) p 채널

[그림 8-6] E-MOSFET의 구조 및 표기

8-5. MOSFET의 바이어스

8-5-1. D-MOSFET의 바이어스

D-MOSFET는 V_{GS}가 양 또는 음으로 동작된다. [그림 8-7]과 같이 0으로 바이어스(zero bias)된 MOSFET에서 $V_{GS}=0$ [V], $I_D = I_{DSS}$이므로, 드레인-소스 전압(V_{DS})은 다음의 식으로 주어진다.

$$V_{DS} = V_{DD} - I_D R_D = V_{DD} - I_{DSS} R_D \tag{8-8}$$

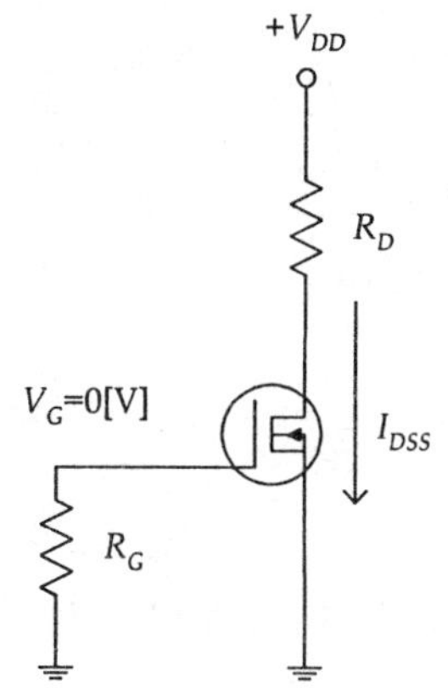

[그림 8-7] 0으로 바이어스된 D-MOSFET

8-5-2. E-MOSFET의 바이어스

[그림 8-8]에 E-MOSFET의 전압분배 바이어스 및 드레인 귀환 바이어스를 각각 나타내었다.

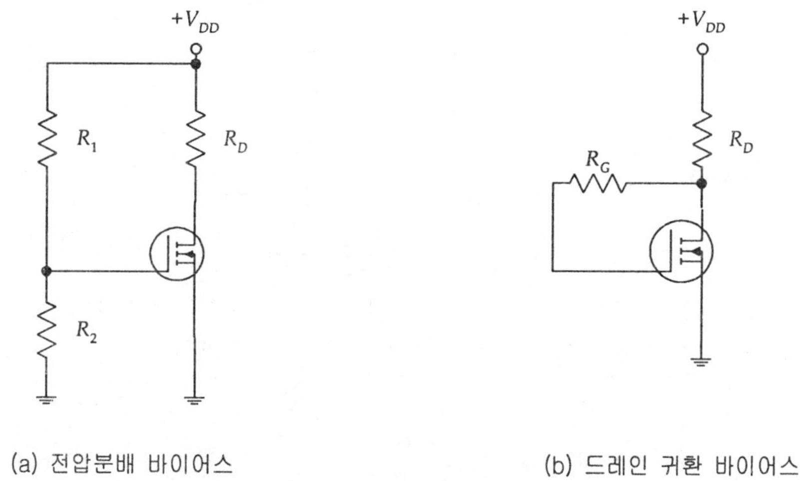

[그림 8-8] E-MOSFET 바이어스

[그림 8-8 (a)]에서,

$$V_{GS} = \left(\frac{R_2}{R_1 + R_2}\right) V_{DD} \tag{8-9}$$

$$I_D = K(V_{GS} - V_{GS(th)})^2 \tag{8-10}$$

여기서, $V_{GS(th)}$는 V_{GS}의 입계값이며, $K = \dfrac{I_{D(on)}}{(V_{GS} - V_{GS(th)})^2}$ 이다.

예제 6 다음의 회로에서 V_{GS} 및 V_{DS}를 각각 구하여라. 단, 규격표에서 $V_{GS} = 10\,[\text{V}]$, $V_{GS(th)} = 1\,[\text{V}]$, $I_{D(on)} = 500\,[\text{mA}]$이다.

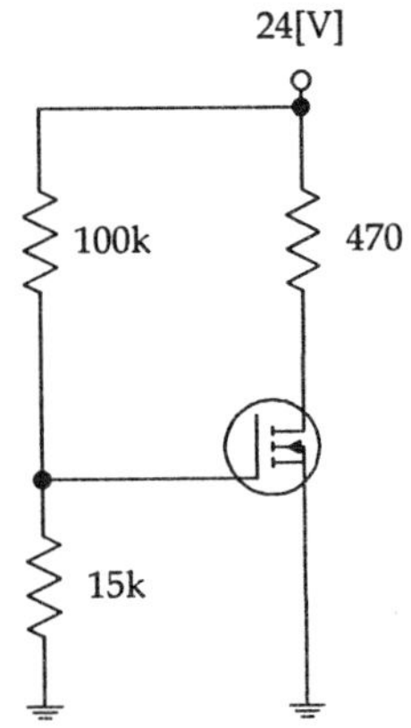

〈풀이〉 $V_{GS} = \left(\frac{R_2}{R_1 + R_2}\right) V_{DD} = \left(\frac{15\,[\text{k}\Omega]}{100\,[\text{k}\Omega] + 15\,[\text{k}\Omega]}\right) 24[\text{V}] = 3.13[\text{V}]$

$K = \dfrac{I_{D(on)}}{(V_{GS} - V_{GS(th)})} = \dfrac{500\,[\text{mA}]}{(10[\text{V}] - 1[\text{V}])^2} = 6.17\,[\text{mA}/\text{V}^2]$

$I_D = K(V_{GS} - V_{GS(th)})^2 = 6.17\,[\text{mA}/\text{V}^2](3.13[\text{V}] - 1[\text{V}])^2 = 28\,[\text{mA}]$

$\therefore\ V_{DS} = V_{DD} - I_D R_D = 24[\text{V}] - 28\,[\text{mA}] \times 470[\Omega] = 10.8[\text{V}]$

제 9 장 소신호 FET 증폭기

9-1. 소신호 FET 증폭기의 동작

소신호 증폭기의 개념은 이미 제6장의 BJT에서 다루었으며, 그 개념이 FET 소신호 증폭기에서도 그대로 적용된다. 즉, 소신호를 원하는 양으로 증폭한다는 목적과 최종 결과는 같다. 또한, FET 증폭기의 접속도 BJT 증폭기의 CE, CC 및 CB 접속과 마찬가지로 공통 소스(CS), 공통 드레인(CD), 그리고 공통 게이트(CG) 접속이 있다.

9-1-1. JFET 증폭기의 동작

[그림 9-1]은 커패시터 결합에 의해 게이트에 결합된 교류 신호원을 갖는 자기 바이어스된 n채널 JFET를 나타낸 것이다.

R_G는 I_{DSS}가 아주 적기 때문에 거의 0[V] 전압으로 게이트를 유지시키고, 교류신호의 부하 영향을 막는 목적으로 쓰인다. 바이어스 전압은 R_S 양단의 전압강하에 의해 만들어지고 바이패스 커패시터 C_2는 FET 신호원을 효과적으로 교류 접지시킨다.

Q점 상하로 변하는 I_D는 V_{GS}와 동위상이며, V_{DS}는 V_{GS}와 180°의 위상차를 갖는다. 이 관계를 도시한 것이 [그림 9-2]이다.

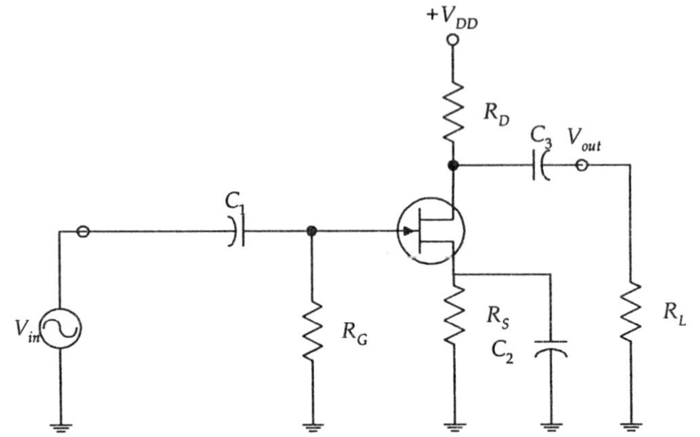

[그림 9-1] JFET 공통 소스 증폭기

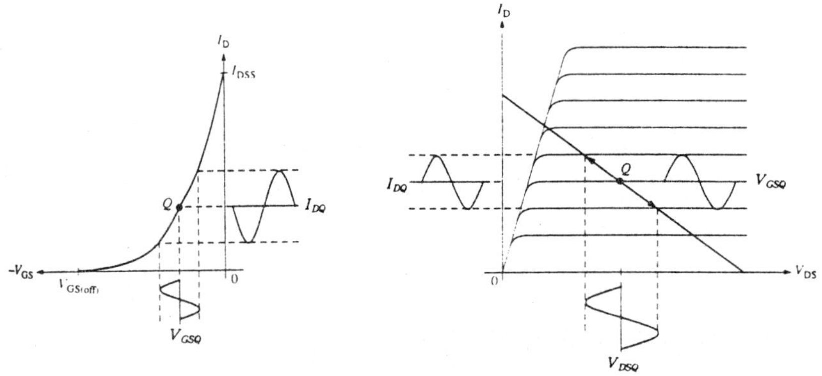

(a) 전달 특성곡선 (b) 드레인 특성곡선

[그림 9-2] JFET의 특성곡선

9-1-2. D-MOSFET 증폭기의 동작

[그림 9-3]은 교류 신호원이 커패시터 결합에 의해 게이트에 연결된 0 바이어스 n채널 D-MOSFET 및 그 전달 특성을 나타낸 것이다.

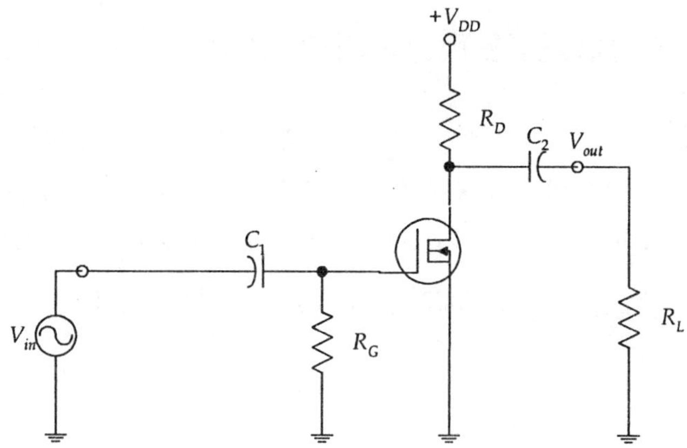

(a) 0 바이어스

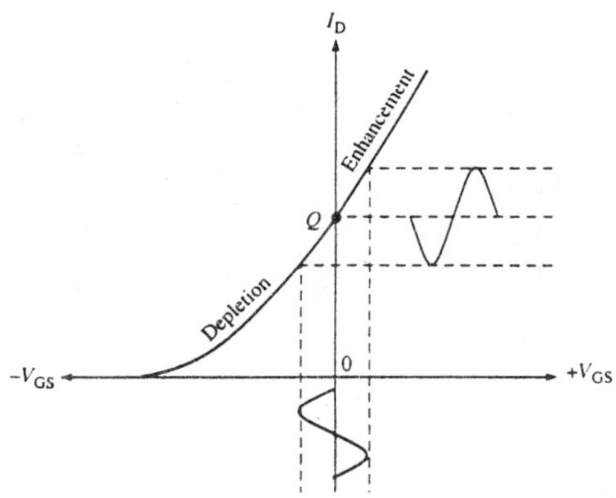

(b) 전달 특성

[그림 9-3] D-MOSFET 공통 소스(CS) 증폭기

게이트 전압은 0[V]이고, 소스 단자는 접지되어 V_{GS}는 0[V]이다. 신호전압은 V_{gs}를 만들어 [그림 9-3]의 (b)와 같이 I_d가 변하게 된다. 즉, V_{gs}의 음(−)이 증가하면 공핍 모드를 만들어 I_d가 감소하고, V_{gs}의 양(+)이 증가하면 증가 모드를 만들어 I_d가 증가한다.

9-1-3. E-MOSFET 증폭기의 동작

[그림 9-4]는 교류 신호원이 커패시터 결합에 의해 게이트에 연결된 전압분배 바이어스 n채널 E-MOSFET이다. 게이트는 $V_{GS} > V_{GS(th)}$인 바이어스로 되어 있으며, JFET나 D-MOSFET와 같이 신호전압은 V_{gs}를 변화시키고 [그림 9-4]의 (b)와 같이 I_d가 변하게 된다.

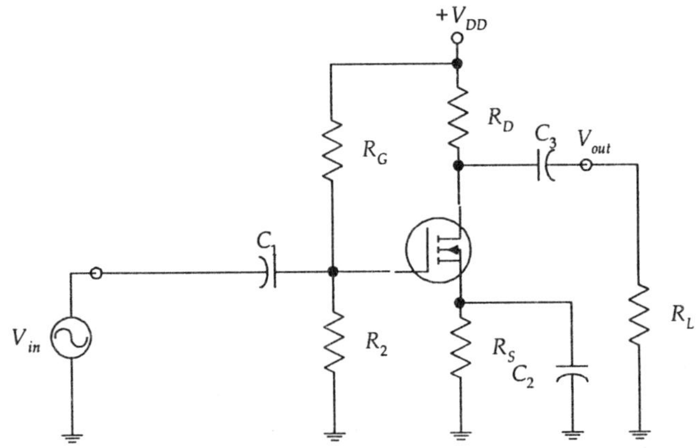

(a) 전압분배 바이어스

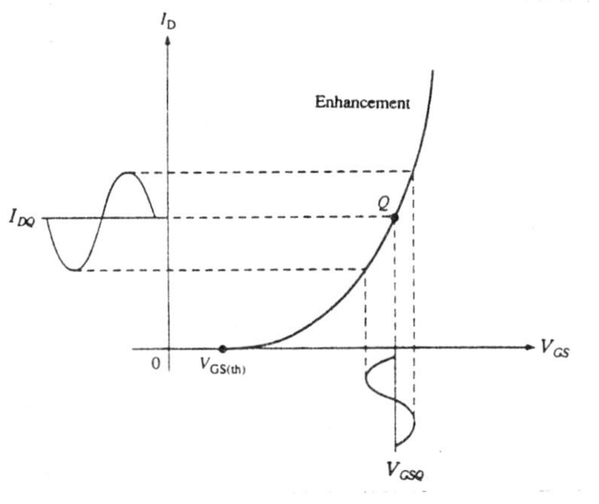

(b) 전달 특성

[그림 9-4] E-MOSFET 공통 소스(CS) 증폭기

9-2. FET의 증폭

이 절에서는 FET의 증폭 특성과 동작 파라미터를 얻기 위한 등가회로에 대해서 알아본다.

9-2-1. 등가회로

전달 컨덕턴스는 다음의 식으로 정의된다.

$$g_m = \frac{\Delta I_D}{\Delta V_{GS}}$$

인데, 교류로 표현하면 다음과 같다.

$$g_m = \frac{I_d}{V_{gs}}$$

$$\therefore\ I_d = g_m V_{gs} \qquad (9\text{-}1)$$

위의 식에 대한 등가회로를 [그림 9-5]에 나타내었다.

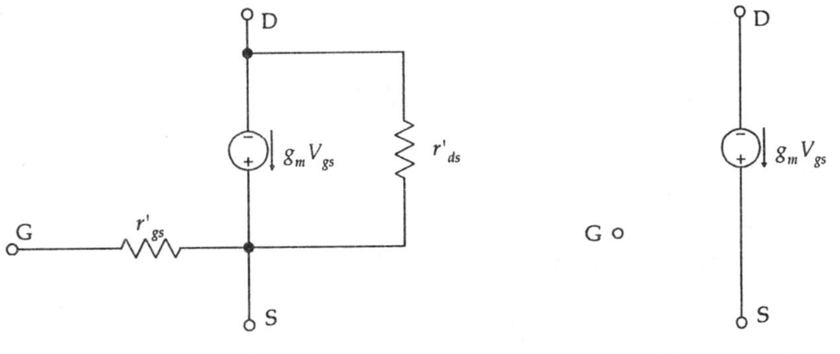

(a) 완전 등가　　　(b) 간략화된 등가

[그림 9-5] FET의 등가회로

9-2-2. 전압이득

[그림 9-6]은 외부 교류 드레인 저항을 갖는 FET의 이상적인 등가회로이다.

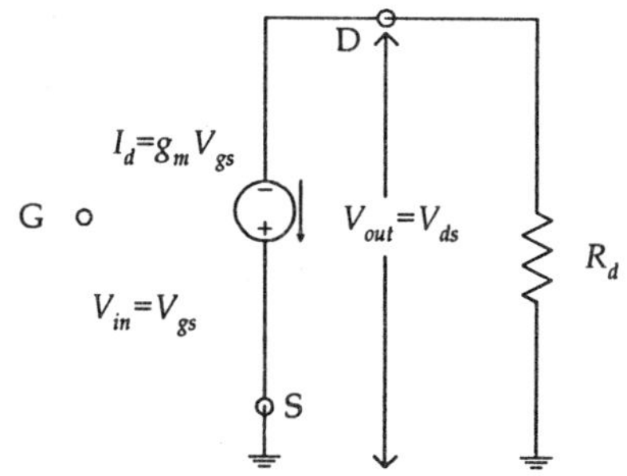

[그림 9-6] 외부 드레인 저항을 갖는 FET의 등가회로

전압이득,

$$A_v = \frac{V_{out}}{V_{in}} = \frac{V_{ds}}{V_{gs}} \tag{9-2}$$

$$V_{ds} = I_d R_d \tag{9-3}$$

전달 컨덕턴스에 대한 정의로부터,

$$V_{gs} = \frac{I_d}{g_m} \tag{9-4}$$

대입하여 정리하면,

$$A_v = \frac{V_{out}}{V_{in}} = \frac{V_{ds}}{V_{gs}} = \frac{I_d R_d}{I_d / g_m} = g_m R_d \tag{9-5}$$

예제 1 다음의 FET 등가회로에서 R_d 양단에서 출력을 얻을 때, 전압이득을 구하여라. 단, $g_m=4$ [mS]이고, r'_{ds}는 무시한다.

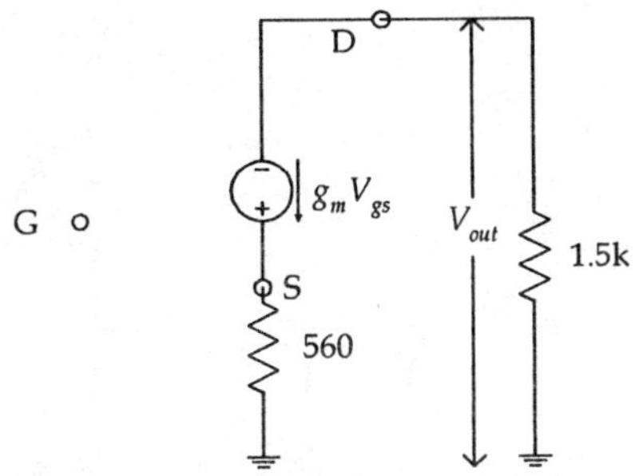

〈풀이〉 소스 저항(R_s)이 있으므로,

$$V_{in} = V_{gs} + I_d R_s$$

$$V_{out} = I_d R_d$$

$$\therefore A_v = \frac{V_{out}}{V_{in}} = \frac{I_d R_d}{V_{gs} + I_d R_s} = \frac{g_m V_{gs} R_d}{V_{gs} + g_m V_{gs} R_s}$$

$$= \frac{g_m R_d}{1 + g_m R_s} = \frac{4\,[\mathrm{mS}] \times 1.5[\mathrm{k\Omega}]}{1 + 4\,[\mathrm{mS}] \times 560[\Omega]} = 1.85$$

9-3. 공통 소스 증폭기

공통 소스(CS) 증폭기는 BJT의 공통 이미터(CE) 증폭기와 유사하다.

9-3-1. JFET 공통 소스 증폭기

(1) 직류 해석

자기 바이어스를 갖는 JFET 공통 소스 증폭기 회로를 [그림 9-7]에 나타내었다.

$$I_D = I_{DSS}\left(1 - \frac{I_D R_S}{V_{GS(off)}}\right)^2 \tag{9-6}$$

$$V_S = -V_{GS} = I_D R_S$$

$$V_D = V_{DD} - I_D R_D$$

$$V_{DS} = V_D - V_S \tag{9-7}$$

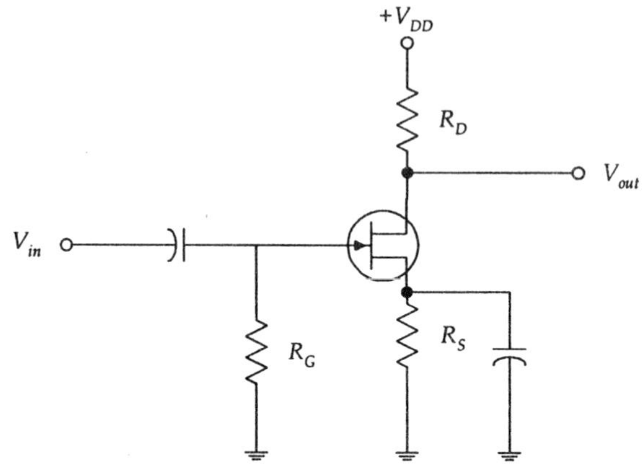

(a) 회로도

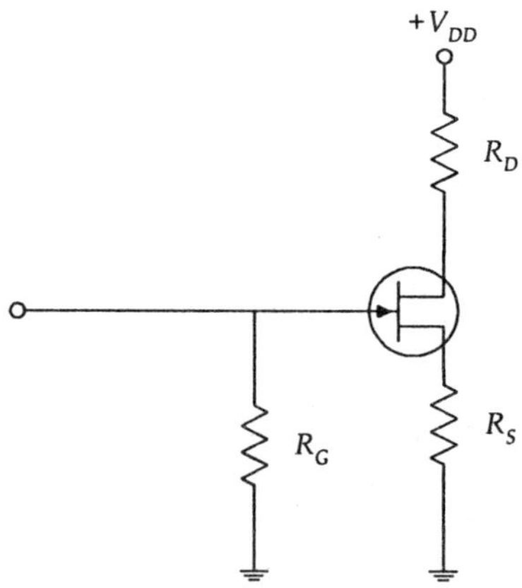

(b) DC 등가회로

[그림 9-7] JFET의 공통 소스(CS) 증폭기 ; 자기 바이어스

(2) 교류 해석

JFET 공통 소스 증폭기의 신호 동작을 해석하기 위하여 [그림 9-8]에 AC 등가회로를 나타내었다.

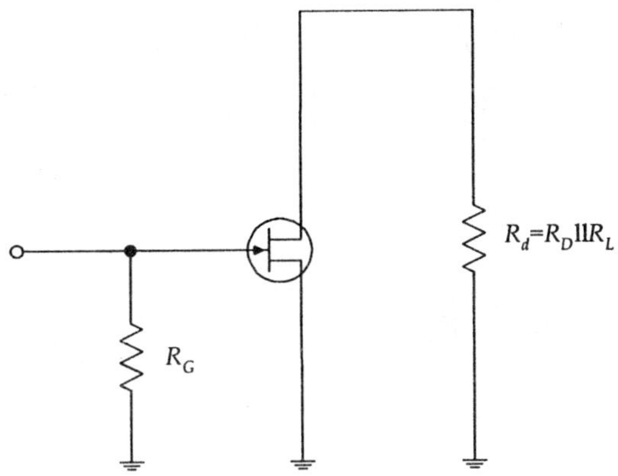

(a) AC 등가회로

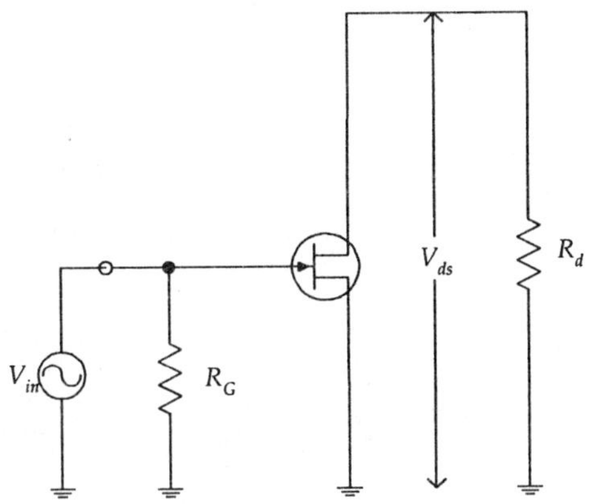

(b) AC 전압원 인가

[그림 9-8] JFET의 공통 소스(CS) 증폭기의 AC 등가회로

$$R_d = R_D \| R_L,\quad V_{gs} = V_{in},\quad A_v = \frac{V_{out}}{V_{in}},\quad A_v = g_m R_d$$

에서, 출력전압

$$V_{out} = V_{ds} = A_v V_{in} = A_v V_{gs} = g_m R_d V_{in} \tag{9-8}$$

이고, 입력저항

$$R_{in} = R_G \| \left(\frac{V_{GS}}{I_{GSS}}\right) \tag{9-9}$$

$$R_{IN(gate)} = \frac{V_{GS}}{I_{GSS}}$$

[참조] 전달 컨덕턴스

$$g_m = g_{m0}\left(1 - \frac{V_{GS}}{V_{GS(off)}}\right)$$

여기에서, $g_{m0} = \dfrac{2I_{DSS}}{|V_{GS(off)}|}$

로 주어진다.

예제 2 다음의 무부하 증폭기 회로에서 전체 출력전압(V_{out})을 구하여라. 단, I_{DSS}=8 [mA], $V_{GS(off)}$=−10 [V]이다.

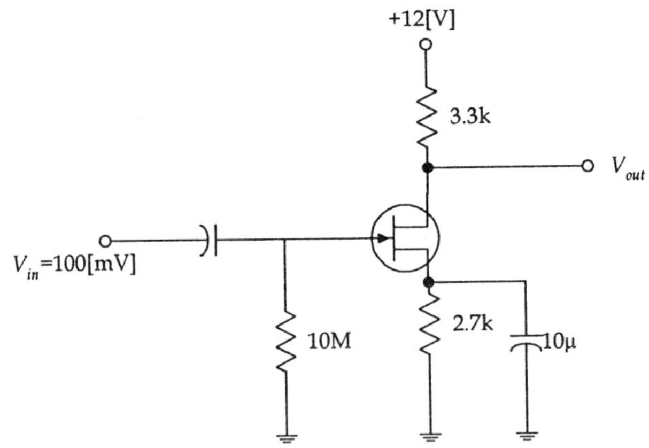

〈풀이〉 $I_D = I_{DSS}\left(1 - \dfrac{I_D R_S}{V_{GS(off)}}\right)^2$

$$= 8\,[\text{mA}] \times \left(1 - \frac{I_D 2.7\,[\text{k}\Omega]}{-10\,[\text{V}]}\right)^2 = 1.9\,[\text{mA}]$$

$$V_D = V_{DD} - I_D R_D = 12\,[\text{V}] - 1.9\,[\text{mA}] \times 3.3\,[\text{k}\Omega] = 5.73[\text{V}]$$

$$V_{GS} = -I_D R_S = -1.9\,[\text{mA}] \times 2.7\,[\text{k}\Omega] = -5.13[\text{V}]$$

$$g_{m0} = \frac{2I_{DSS}}{|V_{GS(off)}|} = \frac{2 \times 8\,[\text{mA}]}{10\,[\text{V}]} = 1.6\,[\text{mS}]$$

$$g_m = g_{m0}\left(1-\frac{V_{GS}}{V_{GS(off)}}\right) = 1.6\,[\mathrm{mS}]\left(1-\frac{-5.13[\mathrm{V}]}{-10[\mathrm{V}]}\right) = 0.779[\mathrm{mS}]$$

$$\therefore\ V_{out} = g_m R_d V_{in} = g_m R_D V_{in}$$

$$= 0.779\,[\mathrm{mS}] \times 3.3\,[\mathrm{k\Omega}] \times 100[\mathrm{mV}] = 257[\mathrm{mV}]$$

($\because R_d = R_D \parallel R_L$ 에서, 무부하인 경우에 $R_d = R_D$)

9-3-2. MOSFET 공통 소스 증폭기

(1) D-MOSFET

$V_{GS}=0\,[\mathrm{V}]$(0 바이어스)일 때, $I_D = I_{DSS}$이므로 직류 해석은 JFET의 경우보다 간편하며, 교류 해석은 JFET의 경우와 같다. [그림 9-9]는 D-MOSFET를 사용한 공통 소스 증폭기이다.

$$V_D = V_{DD} - I_D R_D \tag{9-10}$$

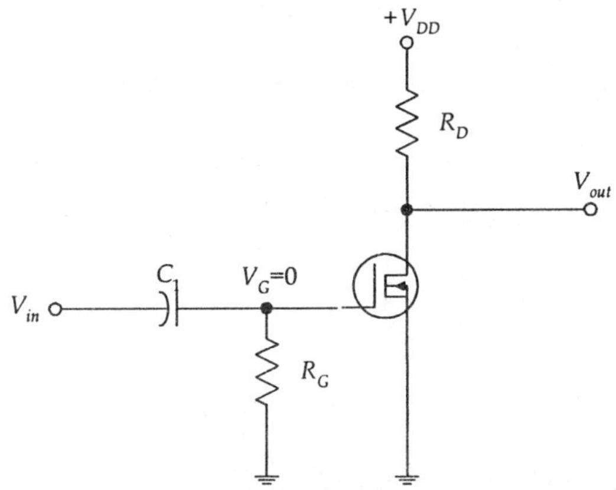

[그림 9-9] D-MOSFET 공통 소스 증폭기

예제 3 [그림 9-9]와 같은 D-MOSFET 증폭기 회로에서 다음을 구하여라. 단, $I_{DSS}=12\,[\mathrm{mA}]$, $g_m=3.2\,[\mathrm{mS}]$, $V_{in}=500\,[\mathrm{mV}]$이다.

① 직류 드레인 전압(V_D)

② 전체 출력전압(V_{out})

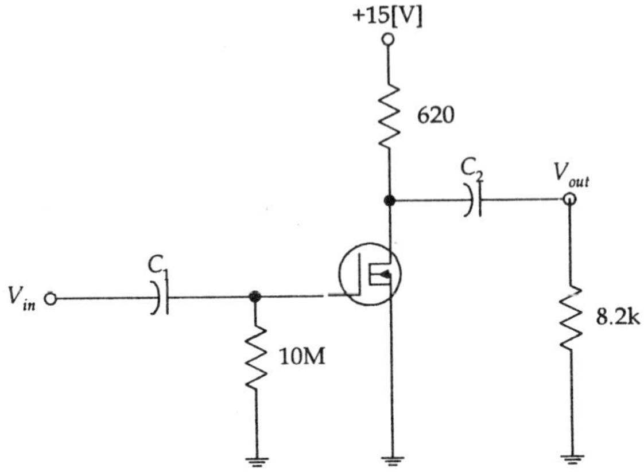

〈풀이〉 ① $I_D = I_{DSS} = 12\,[\text{mA}]$(∵ 0 바이어스)

$V_D = V_{DD} - I_D R_D = 15\,[\text{V}] - 12[\text{mA}] \times 620[\Omega] = 7.56[\text{V}]$

② $R_d = R_D \parallel R_L = 620[\Omega] \parallel 8.2\,[\text{k}\Omega] = 576[\Omega]$

∴ $V_{out} = g_m R_d V_{in} = 3.2\,[\text{mS}] \times 576[\Omega] \times 500[\text{mV}] = 922[\text{mV}]$

(2) E-MOSFET

전압분배 바이어스를 사용하여 임계전압 이상의 V_{GS}를 얻으며, 직류해석은 특성 방정식을 이용하여 I_D를 구한다. [그림 9-10]은 E-MOSFET를 사용한 공통 소스 증폭기이다. 전압분배에 의해,

$$V_{GS} = \left(\frac{R_2}{R_1 + R_2}\right) V_{DD} \tag{9-11}$$

특성 방정식,

$$I_D = K[\,V_{GS} - V_{GS(th)}]^2 \tag{9-12}$$

$$V_{DS} = V_{DD} - I_D R_D \tag{9-13}$$

전압이득의 표현은 JFET와 D-MOSFET 회로의 경우와 같다.

$$R_{in} = R_1 \parallel R_2 \parallel R_{IN(gate)} \tag{9-14}$$

여기에서,

$$R_{IN(gate)} = \frac{V_{GS}}{I_{GSS}}$$

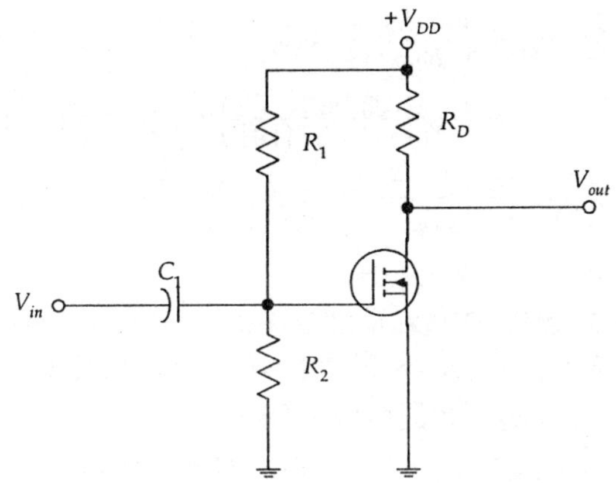

[그림 9-10] E-MOSFET 공통 소스 증폭기

예제 4 [그림 9-10]과 같은 E-MOSFET 증폭기 회로에서 다음을 구하여라. 단, $V_{GS}=10$ [V]일 때, $I_{D(on)}=5$[mA], $V_{GS(th)}=4$ [V], $g_m=5.5$ [mS], $V_{in}=50$ [mV]이다.

① V_{GS}

② I_D

③ V_{DS}

④ 교류 출력전압(V_{out})

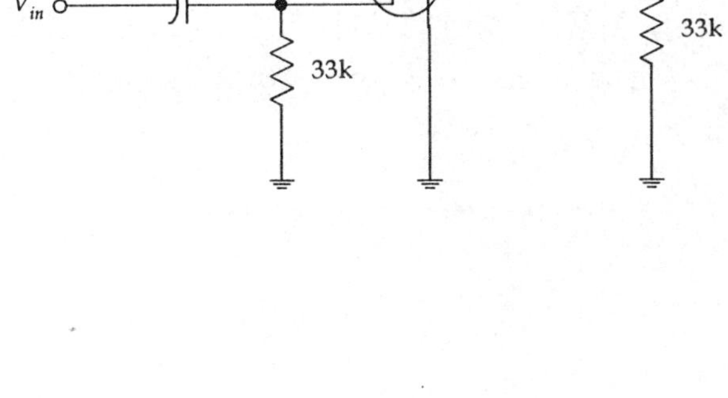

〈풀이〉 ① $V_{GS} = \left(\frac{R_2}{R_1 + R_2}\right) V_{DD}$

$= \left(\frac{33\,[\text{k}\Omega]}{47\,[\text{k}\Omega] + 33\,[\text{k}\Omega]}\right) \times 15\,[\text{V}] = 6.19[\text{V}]$

② $K = \frac{I_{D(on)}}{(V_{GS} - V_{GS(th)})^2} = \frac{5\,[\text{mA}]}{(10\,[\text{V}] - 4\,[\text{V}])^2} = 0.139\,[\text{mA/V}^2]$이므로,

$I_D = K(V_{GS} - V_{GS(th)})^2$

$= 0.139\,[\text{mA/V}^2] \times (6.19[\text{V}] - 4[\text{V}])^2 = 667\,[\mu\text{A}]$

③ $V_{DS} = V_{DD} - I_D R_D = 15\,[\text{V}] - 667\,[\mu\text{A}] \times 3.3\,[\text{k}\Omega] = 12.8[\text{V}]$

④ $R_d = R_D \| R_L = 3.3\,[\text{k}\Omega] \| 33\,[\text{k}\Omega] = 3\,[\text{k}\Omega]$에서

$\therefore V_{out} = g_m R_d V_{in} = 5.5\,[\text{mS}] \times 3\,[\text{k}\Omega] \times 50\,[\text{mV}] = 825\,[\text{mV}]$

9-4. 공통 드레인 증폭기

공통 드레인(CD) 증폭기는 BJT의 공통 컬렉터(CC) 증폭기와 유사하다. JFET 공통 드레인 증폭기를 [그림 9-11]에 나타내었다. 입력신호는 결합 커패시터를 통해서 게이트에 공급되고 출력은 소스 단자에서 얻는다.

9-4-1. 전압이득

게이트-소스 전압이득을 구하기 위하여 입력 및 출력 전압을 각각 구하면,

$$V_{in} = V_{gs} + I_d R_s,\ V_{out} = I_d R_s \tag{9-15}$$

$I_d = g_m V_{gs}$를 각각 대입하여 정리하면,

$$A_v = \frac{g_m V_{gs} R_s}{V_{gs} + g_m V_{gs} R_s} = \frac{g_m R_s}{1 + g_m R_s} \tag{9-16}$$

여기에서, 이득은 항상 1보다 약간 적으며, $g_m R_s \gg 1$이면 $A_v \cong 1$이다. 소스에 출력이 있으므로 입력전압과 동상이다.

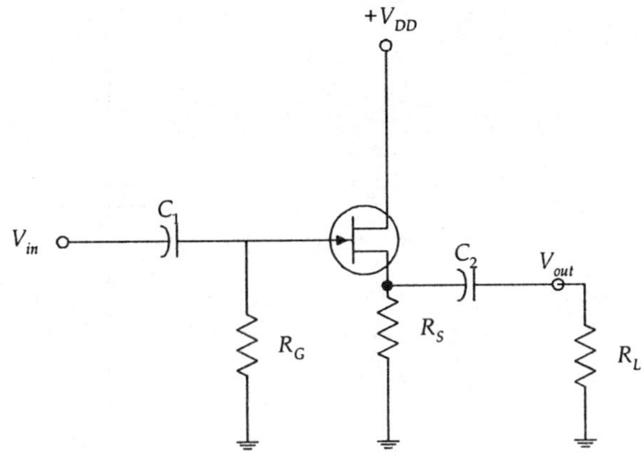

[그림 9-11] JFET 공통 드레인 증폭기

9-4-2. 입력저항

입력신호가 게이트에 공급되므로 입력저항은 CS 증폭기와 같이 매우 높다.

$$R_{in} = R_G \parallel R_{IN(gate)} \tag{9-17}$$

여기에서

$$R_{IN(gate)} = \frac{V_{GS}}{I_{GSS}}$$

이다.

예제 5 [그림 9-11]과 같은 JFET 공통 드레인 증폭기 회로에서 다음을 구하여라. 단, 규격표로부터 $V_{GS} = 20\,[\mathrm{V}]$일 때 $I_{GSS} = 5\,[\mathrm{nA}]$, $g_m = y_{fs} = 1000\,[\mu\mathrm{s}]$이다.

① 이득(A_v)

② 입력저항(R_{IN})

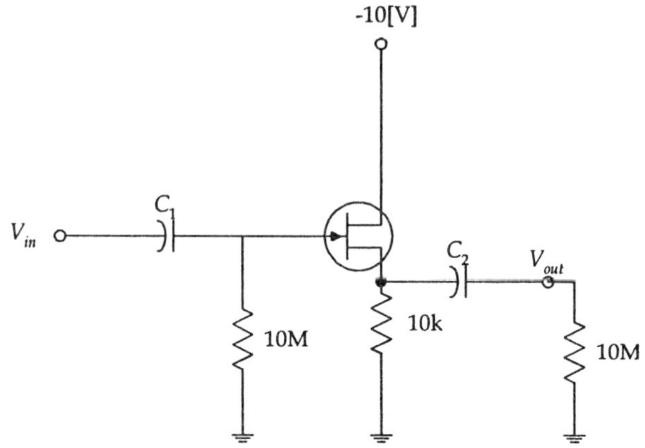

〈풀이〉 ① $A_v = \dfrac{g_m R_s}{1+g_m R_s} = \dfrac{1000[\mu s]\times 10[k\Omega]}{1+1000[\mu s]\,10[k\Omega]} = 0.909$

② $V_{GS} = 20\,[V]$일 때, $I_{GSS} = 5[nA]$이므로

$$R_{IN(gate)} = \frac{V_{GS}}{I_{GSS}} = \frac{20\,[V]}{5\,[nA]} = 4000\,[M\Omega]$$

$$\therefore\ R_{in} = R_G \parallel R_{IN(gate)} = 10\,[M\Omega] \parallel 4000\,[M\Omega] = 10\,[M\Omega]$$

9-5. 공통 게이트 증폭기

공통 게이트(CG) 증폭기는 BJT의 공통 베이스(CB) 증폭기와 유사하다. JFET 공통 게이트 증폭기를 [그림 9-12]에 나타내었다. 입력신호는 결합 커패시터를 통해서 소스에 공급되고 출력은 드레인 단자에서 얻는다.

9-5-1. 전압이득

소스-드레인 전압이득을 구하기 위하여 입력 및 출력 전압을 각각 구하면,

$$V_{in} = V_{gs},\quad V_{out} = I_d R_d,\quad R_d = R_D \parallel R_L \tag{9-18}$$

이므로, $I_d = g_m V_{gs}$를 각각 대입하여 정리하면,

$$A_v = \frac{V_d}{V_{gs}} = \frac{I_d R_d}{V_{gs}} = \frac{g_m V_{gs} R_d}{V_{gs}} = g_m R_d \tag{9-19}$$

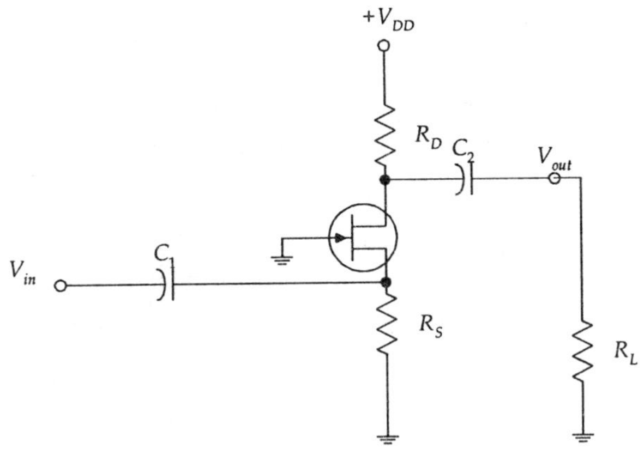

[그림 9-12] JFET 공통 게이트 증폭기

9-5-2. 입력저항

게이트가 입력단자로 되는 CS 및 CD 접속은 입력저항이 매우 높으나, CG 접속에서는 다음의 설명에서 알 수 있듯이 매우 낮은 저항을 갖는다.

$$I_{in} = I_s = I_d = g_m V_{gs}, \quad V_{in} = V_{gs}$$

이므로, 입력저항

$$R_{IN(source)} = \frac{V_{in}}{I_{in}} = \frac{V_{gs}}{g_m V_{gs}} = \frac{1}{g_m} \tag{9-20}$$

예제 6 [그림 9-12]와 같은 JFET 공통 게이트 증폭기 회로에서 다음을 구하여라. 단, 규격표로부터 $g_m = y_{fs} = 2000\,[\mu s]$이다.

① 이득(A_v)

② 입력저항(R_{in})

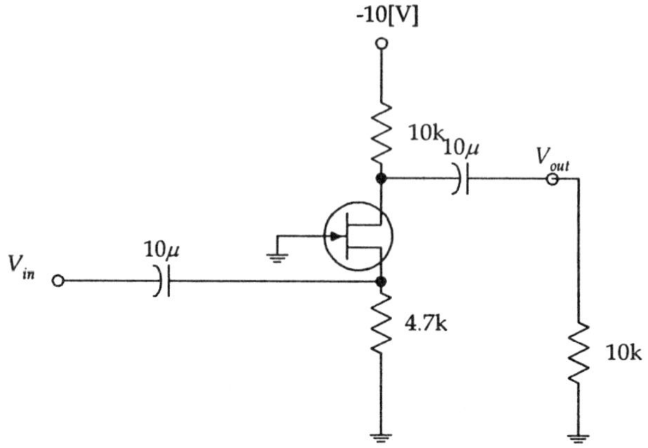

〈풀이〉 ① $A_v = g_m R_d = g_m(R_D \parallel R_L)$

$= 2000\,[\mu s]\,(10\,[k\Omega] \parallel 10\,[k\Omega]) = 10$

② $R_{IN(source)} = \dfrac{1}{g_m} = \dfrac{1}{2000\,[\mu s]} = 500[\Omega]$에서,

$\therefore\ R_{in} = R_S \parallel R_{IN(source)} = 500[\Omega] \parallel 4.7\,[k\Omega] = 452[\Omega]$

제 10 장 연산 증폭기

10-1. 연산 증폭기의 개요

연산 증폭기(OP Amp : Operational Amplfier)는 주로 수학적인 연산(가산, 감산, 미분, 적분 등)에 주로 사용되었으며, 초기 소자들은 고전압에서 동작하는 진공관으로 구성된 반면에 최근의 소자들은 비교적 낮은 공급전원을 사용하는 선형 집적회로(IC)를 사용하고 있다.

10-1-1. 기호와 단자

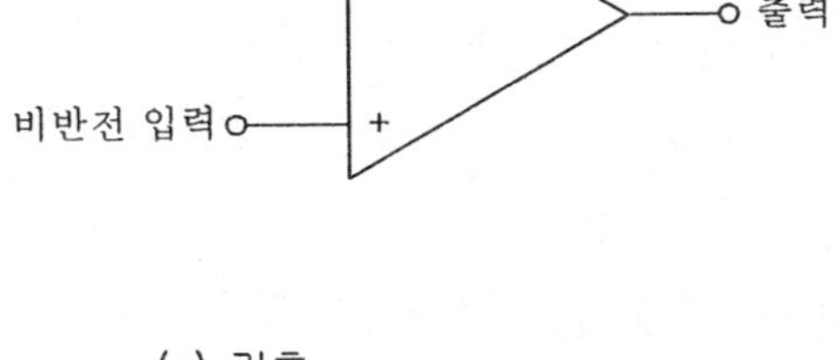

(a) 기호

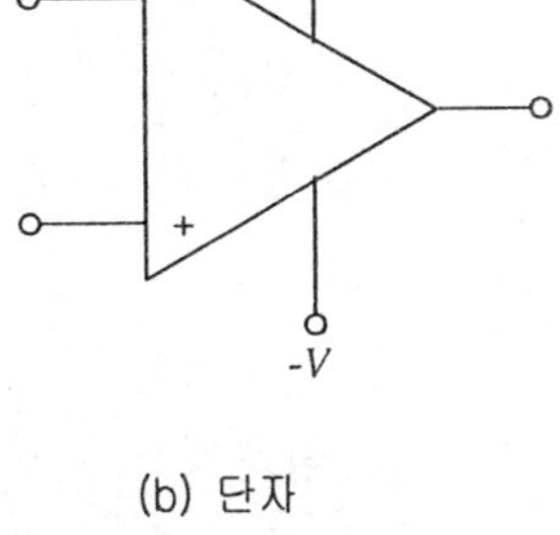

(b) 단자

[그림 10-1] 연산 증폭기의 기호 및 단자

10-1-2. 기본적 회로 구성

OP Amp의 회로 구성은 여러 가지로 고려할 수 있으나 기본적인 회로 구성의 일례를 나타내면 [그림 10-2]와 같다. 입력단은 차동 증폭기(differential amplifier)로 구성되며 반전 입력과 비반전 입력이라는 2개의 입력단자를 가지고 있다. 차동 증폭기의 출력은 고이득 증폭기로 증폭되어 레벨 시프트 회로에 의해 0입력에 대해서 출력이 0으로 되도록 레벨 조정을 하며 출력단 증폭기를 통해서 출력된다.

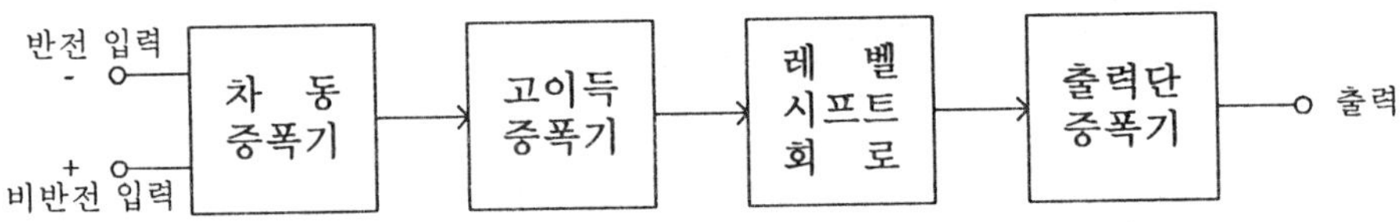

[그림 10-2] 연산 증폭기의 기본적인 회로 구성

10-1-3. 이상적 모델과 실제 모델

OP Amp의 내부 회로는 다소 복잡하므로 등가 모델을 이용하여 간소화시키면 [그림 10-3]과 같이 나타낼 수 있다.

이상적인 경우 무한대의 전압이득과 대역폭을 가지며 개방 상태에서는 입력 임피던스(Z_{in})가 무한대이기 때문에 공급전원이 OP Amp 내부로 공급되지 않고 출력 임피던스(Z_{out})는 0이다. 실제의 경우 OP Amp는 전압이득과 입력 임피던스(Z_{in})가 매우 높으며, 출력 임피던스(Z_{out})는 매우 작다.

일반적으로 OP Amp는 저항, 콘덴서, 다이오드 등을 사용하여 귀환연산 증폭기를 구성하고 여러 가지 연산회로로서 사용된다.

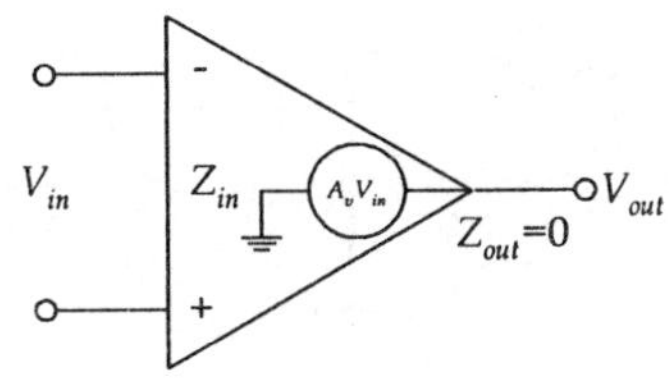

(a) 이상적 모델

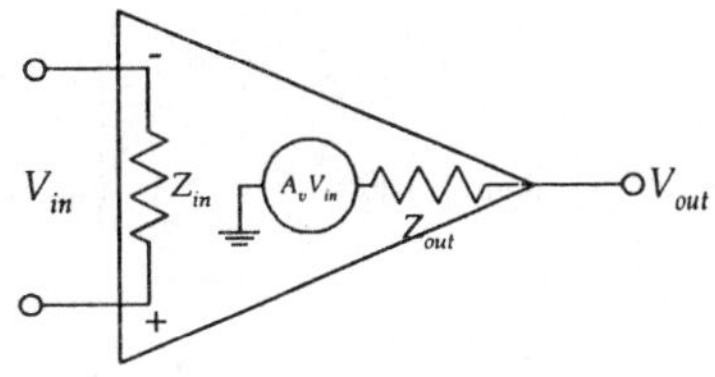

(b) 실제 모델

[그림 10-3] 연산 증폭기의 모델

10-2. 귀환 연산 증폭기

OP Amp 회로에서 귀환회로(feedback circuit)를 사용하지 않으면 개방루프 전압이득(A_{ol})이 너무 커서(대체로 100,000 이상) 아주 작은 입력에 대해서도 출력을 포화 상태로 만들 수 있으므로 안정적으로 조절 가능한 전압이득을 제공하고 입출력 임피던스 제어 및 대역폭 제어를 위하여 귀환회로를 사용한다.

10-2-1. 비반전 증폭기

OP Amp를 폐루프로 구성한 경우, 전압이득을 조절할 수 있는 비반전 증폭기가 되는데 이를 [그림 10-4]에 나타내었고, 입력전압과 귀환전압의 차이는 차동입력임을 [그림 10-5]에 나타내었다.

입력신호는 비반전 입력단자에 인가되며 출력은 R_i와 R_f로 구성된 귀환회로를 통하여 반전 입력단자로 귀환한다. R_i와 R_f는 전압 분배기를 이루고, 이로 인해 V_{out}이 감소되고 귀환전압을 표현하면 다음과 같다.

$$V_f = \left(\frac{R_i}{R_i + R_f}\right) V_{out} \tag{10-1}$$

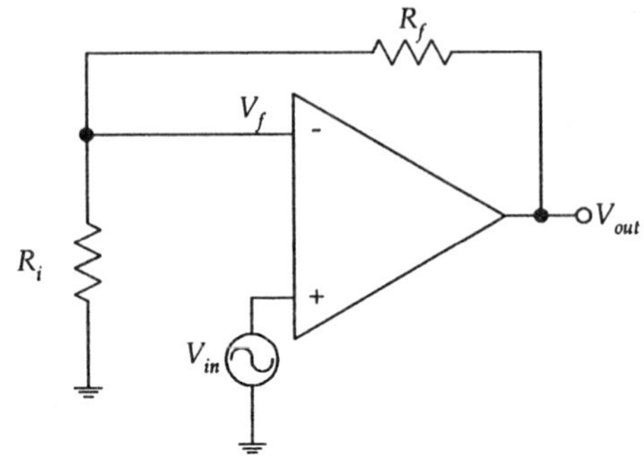

[그림 10-4] 비반전 증폭기

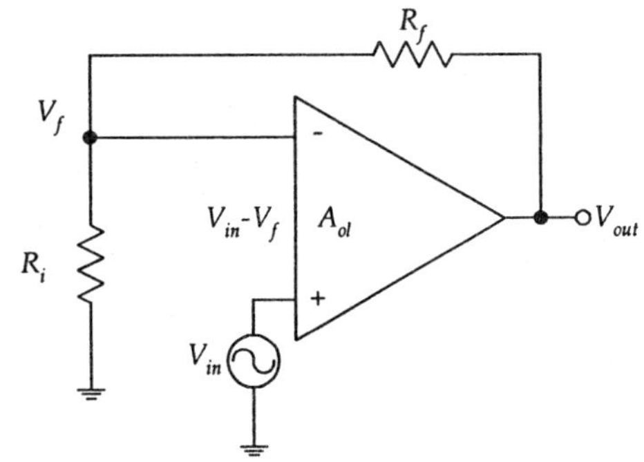

[그림 10-5] 차동입력

[그림 10-5]에서 개방 루프 이득(A_{ol})에 의해 차동전압이 증폭되므로,

$$V_{out} = A_{ol}(V_{in} - V_f) \tag{10-2}$$

여기에서 귀환율(B)을 $B = R_i/(R_i + R_f)$로 정의하면,

$$V_{out} = A_{ol}(V_{in} - V_f) = A_{ol}(V_{in} - BV_{out})$$
$$V_{out} + A_{ol}BV_{out} = A_{ol}V_{in}$$
$$V_{out}(1 + A_{ol}B) = A_{ol}V_{in}$$
$$\therefore \frac{V_{out}}{V_{in}} = \frac{A_{ol}}{1 + A_{ol}B} \tag{10-3}$$

에서 $A_{ol}B \gg 1$이므로,

$$\frac{V_{out}}{V_{in}} = \frac{A_{ol}}{1+A_{ol}B} = \frac{A_{ol}}{A_{ol}B} = \frac{1}{B} \tag{10-4}$$

비반전 증폭기의 폐루프 이득($A_{cl(NI)}$)은 다음과 같다.

$$A_{cl(NI)} = \frac{V_{out}}{V_{in}} = \frac{1}{B} = \frac{R_i + R_f}{R_i} = 1 + \frac{R_f}{R_i} \tag{10-5}$$

(1) 입력 임피던스($Z_{in(NI)}$)

입력 임피던스를 구하기 위하여 [그림 10-5]를 변형하여 나타낸 것이 [그림 10-6]이다.

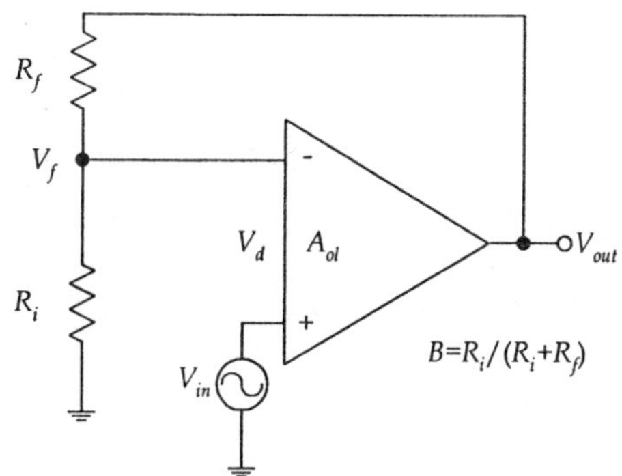

[그림 10-6] 입력 임피던스

$V_{in} = V_d + V_f$에서 $V_f = BV_{out}$이므로,

$$V_{in} = V_d + BV_{out} \tag{10-6}$$

$V_{out} \cong A_{ol} V_d$ 이므로,

$$V_{in} = V_d + A_{ol}BV_d = (1 + A_{ol}B)\, V_d \tag{10-7}$$

$V_d = I_{in} Z_{in}$으로 치환하면,

$$V_{in} = (1 + A_{ol}B)\, V_d = (1 + A_{ol}B) I_{in} Z_{in}$$

$$\therefore \ \frac{V_{in}}{I_{in}} = (1 + A_{ol}B) Z_{in} = Z_{in(NI)} \tag{10-8}$$

(2) 출력 임피던스($Z_{out(NI)}$)

출력 임피던스를 구하기 위하여 [그림 10-5]를 변형하여 나타낸 것이 [그림 10-7]이다.

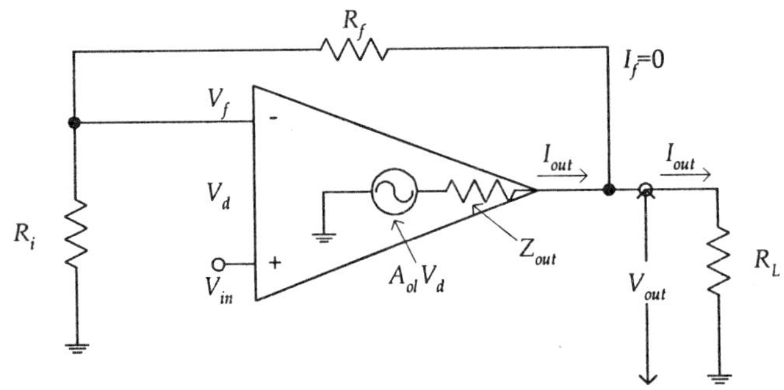

[그림 10-7] 출력 임피던스

KVL을 적용하면, $V_{out}=A_{ol}V_d-Z_{out}I_{out}$에서 $V_d=V_{in}-V_f$이고 $A_{ol}V_d \gg Z_{out}I_{out}$로 가정하면,

$$V_{out} \cong A_{ol}V_d = A_{ol}(V_{in}-V_f) \tag{10-9}$$

$V_f=BV_{out}$이므로,

$$V_{out} \cong A_{ol}V_d = A_{ol}(V_{in}-BV_{out})$$

$$V_{out} = A_{ol}V_{in}-A_{ol}BV_{out}$$

$$A_{ol}V_{in} = V_{out}+A_{ol}BV_{out} = (1+A_{ol}B)V_{out} \tag{10-10}$$

$V_{out}=I_{out}Z_{out(NI)}$이므로, 대입하여 정리하면

$$A_{ol}V_{in} = (1+A_{ol}B)I_{out}Z_{out(NI)}$$

$$\frac{A_{ol}V_{in}}{I_{out}} = \frac{V_{out}}{I_{out}} = Z_{out} = (1+A_{ol}B)Z_{out(NI)}$$

$$\therefore\ Z_{out(NI)} = \frac{Z_{out}}{1+A_{ol}B} \tag{10-11}$$

예제 1 그림과 같은 귀환 증폭기 회로에서 다음을 구하여라. 단, 규격표로부터 $Z_{in}=2[\mathrm{M\Omega}]$, $Z_{out}=75[\Omega]$, $A_{ol}=200,000$이다.

① 입출력 임피던스($Z_{in(NI)}$, $Z_{out(NI)}$)

② 폐루프 전압이득($A_{cl(NI)}$)을 구하여라.

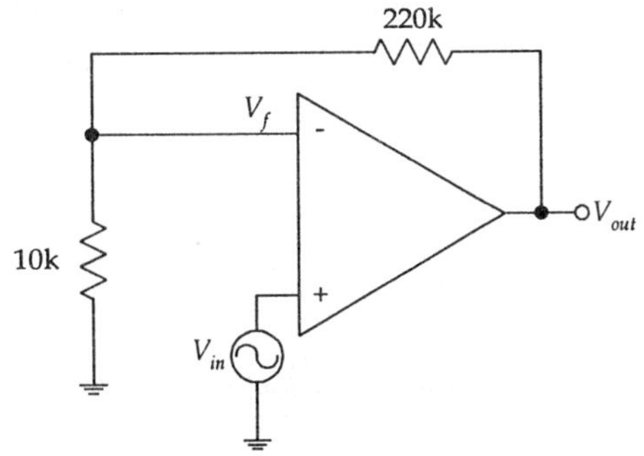

〈풀이〉 ① 입출력 임피던스($Z_{in(NI)}$, $Z_{out(NI)}$)

귀환율 $B=\dfrac{R_i}{R_i+R_f}=\dfrac{10[\mathrm{k\Omega}]}{10[\mathrm{k\Omega}]+220[\mathrm{k\Omega}]}=0.043$

$Z_{in(NI)}=(1+A_{ol}B)Z_{in}=(1+200,000\times0.043)\times2[\mathrm{M\Omega}]=17,402[\mathrm{M\Omega}]$

$Z_{out(NI)}=\dfrac{Z_{out}}{1+A_{ol}B}=\dfrac{75[\Omega]}{1+200,000\times0.043}=8.7[\mathrm{M\Omega}]$

② 폐루프 전압이득($A_{cl(NI)}$)

$A_{cl(NI)}=\dfrac{1}{B}=\dfrac{1}{0.043}\cong23$

10-2-2. 반전 증폭기

OP Amp를 사용하여 전압이득이 조절 가능한 반전 증폭기 회로를 [그림 10-8]에 나타내었다. 입력신호는 R_i를 통하여 반전 입력단자에 인가되며 출력은 R_f를 통하여 동일 입력단자로 귀환된다.

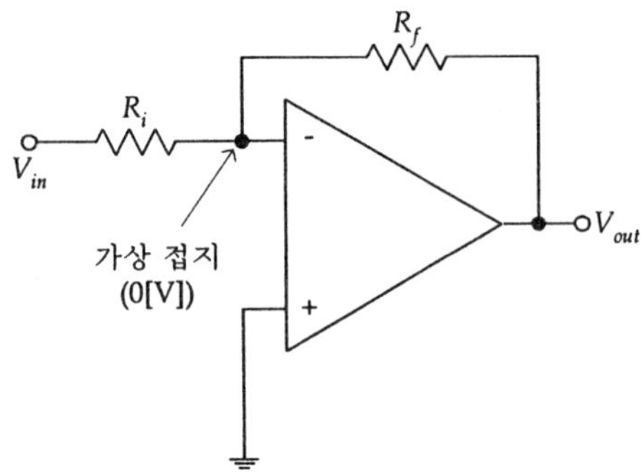

(a) 가상 접지

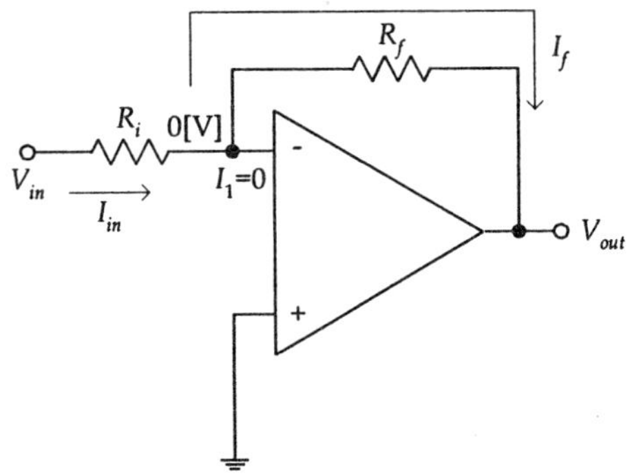

(b) $I_{in} = I_f$ 이므로, $I_1 = 0$

[그림 10-8] 반전 증폭기

[그림 10-8]에서 R_i가 가상접지되었으므로,

$$I_{in} = \frac{V_{in}}{R_i} \tag{10-12}$$

또한, 가상접지로 R_f의 양단전압은 $-V_{out}$과 같으므로

$$I_f = \frac{-V_{out}}{R_f} \tag{10-13}$$

$I_{in} = I_f$ 이므로 $\dfrac{V_{in}}{R_i} = \dfrac{-V_{out}}{R_f}$ 에서,

$$\therefore\ \frac{V_{out}}{V_{in}} = -\frac{R_f}{R_i} = A_{cl(I)} \tag{10-14}$$

한편, 반전 증폭기에서의 입력 임피던스($Z_{in(I)}$) 및 출력 임피던스($Z_{out(I)}$)는 밀러의 정리(Miller's theorem)에 의하여 다음과 같다.

$$Z_{in(I)} \cong R_i\ ,\ \ Z_{out(I)} \cong Z_{out} \tag{10-15}$$

예제 2 그림과 같은 귀환 증폭기 회로에서 다음을 구하여라. 단, 규격표로부터 $Z_{in} = 4\,[\text{M}\Omega]$, $Z_{out} = 50[\Omega]$, $A_{ol} = 50{,}000$이다.

① 입출력 임피던스($Z_{in(I)}$, $Z_{out(I)}$)

② 폐루프 전압이득($A_{cl(I)}$)

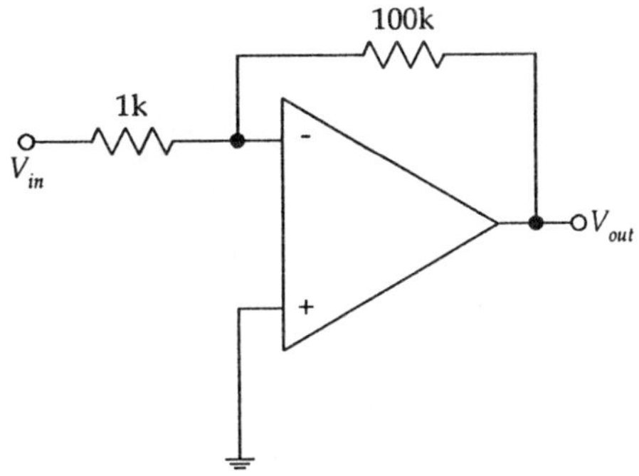

〈풀이〉 ① 입출력 임피던스($Z_{in(I)}$, $Z_{out(I)}$)

$Z_{in(I)} \cong R_i = 1[\text{k}\Omega]$
$Z_{out(I)} \cong Z_{out} = 50[\Omega]$

② 폐루프 전압이득($A_{cl(NI)}$)

$$A_{cl(I)} = -\frac{R_f}{R_i} = \frac{-100[\text{k}\Omega]}{1[\text{k}\Omega]} = -100$$

10-3. 주파수 응답

10-3-1. 개방 루프 이득 및 폐루프 이득

OP Amp의 개방 루프 이득(A_{ol})이란 소자 그 자체의 내부 회로에 의해 결정되는 전압이득을 말하며, [그림 10-9]의 (a)에서와 같이 입력전압(V_{in})에 대한 출력전압(V_{out})의 비를 의미한다. 연결된 외부 소자가 없기 때문에 A_{ol} 은 전적으로 내부 회로의 설계에 의해 결정되며 그 범위는 최대 200,000 정도이며, '대신호 전압이득'이라고도 지칭한다.

한편, 폐루프 이득(A_{cl})이란 출력을 반전 입력단자로 연결하는 귀환회로와 OP Amp에 의해 결정되며, [그림 10-9]의 (b)에서와 같이 외부 저항값에 의해 결정되고 이 저항값에 의해 조절할 수 있다.

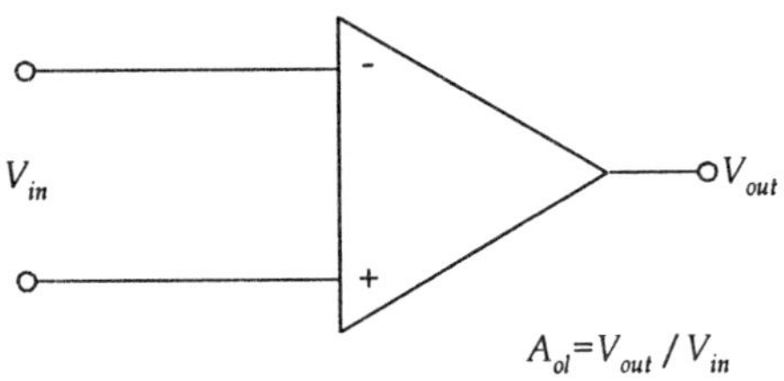

(a) 개방 루프

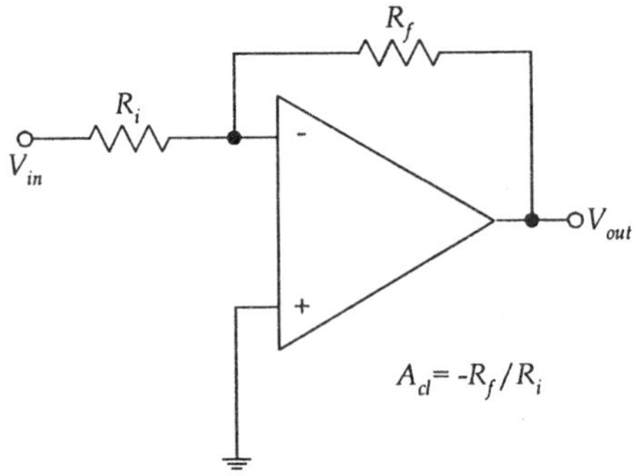

(b) 폐루프

[그림 10-9] 개방 루프 및 폐루프의 구성

10-3-2. 주파수와 이득

OP Amp는 증폭단 사이의 결합이 콘덴서 결합이 아닌 직류 증폭기이므로 하한 임계 주파수는 없다. 즉, 중역 이득이 0 [Hz]까지 확장되며 직류전압도 중역 신호 주파수에서와 같이 증폭됨을 의미한다. [그림 10-10]은 OP Amp의 개방 루프 응답곡선(Bode 선도)을 나타낸 것이다.

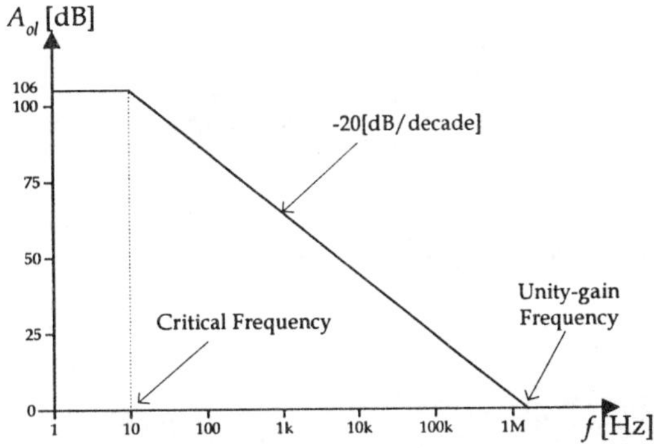

[그림 10-10] OP Amp의 개방 루프 응답곡선(Bode 선도)

대부분의 OP Amp의 규격표는 이와 같은 곡선이나 중역에서의 A_{ol}을 제공한다. 이 곡선은 기울기가 −20 [dB/decade]이며, 중역에서의 이득은 200,000배(106 [dB])이고, 임계 주파수는 약 10 [Hz] 정도이다.

10-3-3. 이득과 주파수 분석

OP Amp 내의 *R-C* LPF 회로 때문에 주파수 증가에 따라 이득이 감소하는데 기초회로에서 언급하였듯이 *R-C* LPF에 의한 감쇠는 [그림 10-11 (a)]와 같다.

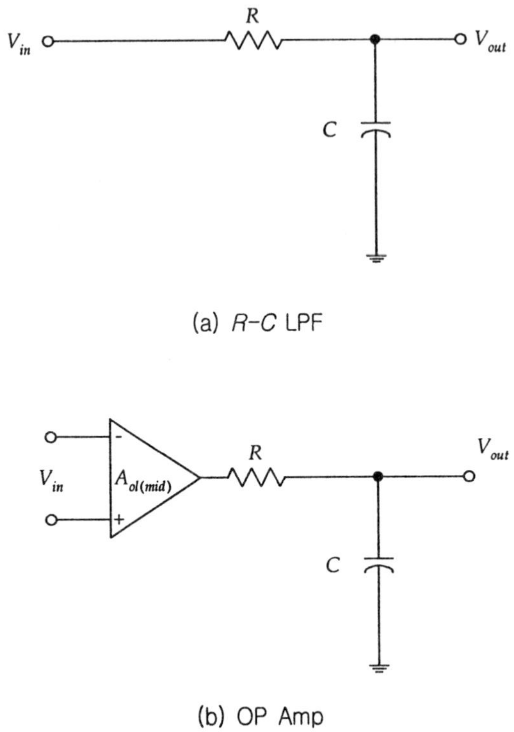

[그림 10-11] *R-C* LPF와 이득 요소를 포함한 OP Amp

$$\frac{V_{out}}{V_{in}} = \frac{X_C}{\sqrt{R^2 + X_C^2}} \text{에서}$$

$$\frac{V_{out}}{V_{in}} = \frac{1}{\sqrt{1 + R^2/X_C^2}} \tag{10-16}$$

R-C LPF의 차단 주파수는 $\frac{1}{2\pi f_c C} = R$ 에서

$$f_c = \frac{1}{2\pi RC}$$

f로 양변을 나누면,

$$\frac{f_c}{f} = \frac{1}{2\pi RCf} = \frac{1}{(2\pi fC)R} \tag{10-17}$$

식 (10-17)에 X_C를 대입하면,

$$\frac{f_c}{f} = \frac{1}{(2\pi fC)R} = \frac{X_c}{R} \tag{10-18}$$

식 (10-18)을 식 (10-16)에 대입하여 정리하면 *R-C* LPF의 감쇠량은 다음과 같다.

$$\frac{V_{out}}{V_{in}} = \frac{1}{\sqrt{1+f^2/f_c^2}} \tag{10-19}$$

[그림 10-11]의 (b)에서와 같이 전압이득 요소와 *R-C* LPF를 포함한 OP Amp의 전체 개방 루프 이득은 중역에서의 개방 루프 이득(A_{ol})과 *R-C* LPF의 감쇠량을 곱한다.

$$A_{ol} = \frac{V_{out}}{V_{in}} \times A_{ol(mid)} = \frac{A_{ol(mid)}}{\sqrt{1+f^2/f_c^2}} \tag{10-20}$$

10-3-4. 위상 지연

R-C LPF 회로는 입력에서 출력으로 전달되는 신호가 지연되는 원인을 제공하므로 입력신호와 출력신호 사이에 위상차가 발생하고 이 위상차는 다음의 식으로 얻을 수 있다.

$$\theta = -\tan^{-1}\left(\frac{f}{f_c}\right) \tag{10-21}$$

10-3-5. 개방 루프 응답

(1) 주파수 응답

중역의 개방 루프 이득($A_{ol(mid)}$)은 각각의 기울기를 합하여 구한다.

$$A_{ol(mid)} = A_{v1} + A_{v2} + \cdots + A_{vn} \tag{10-22}$$

(2) 위상 응답

위상 지연은 각 단의 지연각을 합하여 구한다.

$$\theta_{tot} = \left\{-\tan^{-1}\left(\frac{f}{f_{c1}}\right)\right\} + \left\{-\tan^{-1}\left(\frac{f}{f_{c2}}\right)\right\} + \cdots$$
$$+ \left\{-\tan^{-1}\left(\frac{f}{f_{cn}}\right)\right\} \qquad (10\text{-}23)$$

예제 3 다음의 이득과 차단 주파수를 갖는 내부 3단 증폭기로 구성된 OP Amp가 있다.

1단 $A_{v1} = 40\,[\text{dB}]$, $f_{c1} = 2\,[\text{kHz}]$

2단 $A_{v2} = 32\,[\text{dB}]$, $f_{c2} = 40\,[\text{kHz}]$

3단 $A_{v3} = 30\,[\text{dB}]$, $f_{c3} = 150\,[\text{kHz}]$

다음을 구하여라.

① 중역의 개방 루프 이득($A_{ol(mid)}$)

② $f = f_{c1}$ 일 때 전체 지연 위상각(θ)을 각각 구하여라.

〈풀이〉 ① 중역의 개방 루프 이득($A_{ol(mid)}$)

$$A_{ol(mid)} = A_{v1} + A_{v2} + A_{v3} = 40 + 32 + 20 = 92\,[\text{dB}]$$

② 전체 지연 위상각(θ)

$$\theta_{tot} = \left\{-\tan^{-1}\left(\frac{f}{f_{c1}}\right)\right\} + \left\{-\tan^{-1}\left(\frac{f}{f_{c2}}\right)\right\} + \left\{-\tan^{-1}\left(\frac{f}{f_{c3}}\right)\right\}$$
$$= \{-\tan^{-1}(1)\} + \left\{-\tan^{-1}\left(\frac{2\,[\text{kHz}]}{40\,[\text{kHz}]}\right)\right\} + \left\{-\tan^{-1}\left(\frac{2\,[\text{kHz}]}{150\,[\text{kHz}]}\right)\right\}$$
$$= -45^\circ \; -2.86^\circ \; -0.76^\circ \; = -48.62^\circ$$

10-3-6. 폐루프 응답

폐루프의 임계 주파수($f_{c(cl)}$)는 다음과 같다.

$$f_{c(cl)} = f_{c(ol)}(1 + BA_{ol(mid)}) \qquad (10\text{-}24)$$

폐루프의 대역폭(BW_{cl})은 다음과 같다.

$$BW_{cl} = BW_{ol}(1 + BA_{ol(mid)}) \qquad (10\text{-}25)$$

$$A_{cl}f_{c(cl)} = \text{단위이득 대역폭} \qquad (10\text{-}26)$$

예제 4 다음 두 개의 귀환 증폭기 회로에서 개방 루프 이득 100 [dB], 단위 이득 대역폭이 3 [MHz]일 때 각 증폭기의 대역폭을 구하여라.

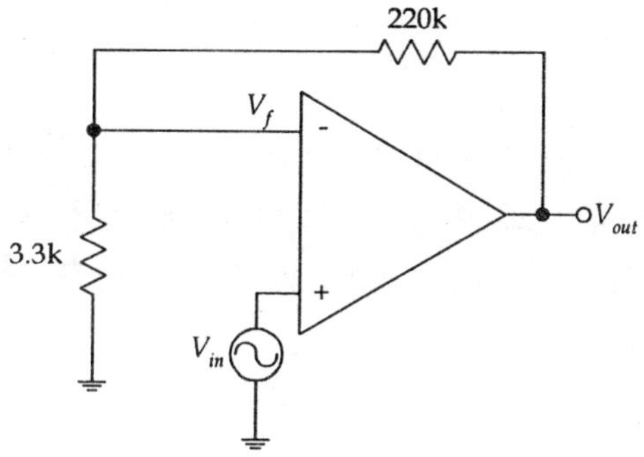

(a) 비반전 증폭기

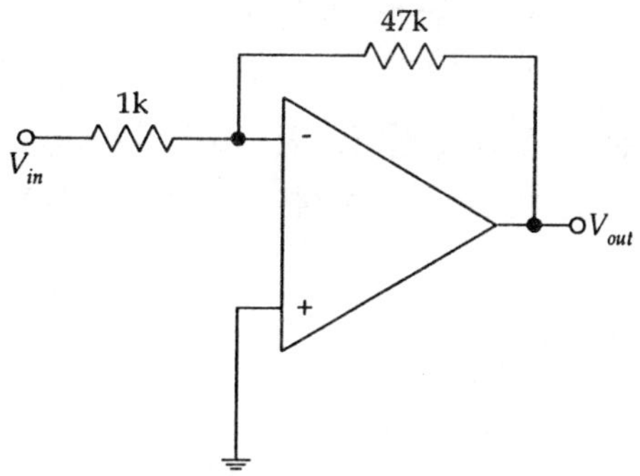

(b) 반전 증폭기

〈풀이〉 ① 그림 (a)의 경우

$$A_{cl} \cong \frac{1}{B} = 1 + \frac{R_f}{R_i} = 1 + \frac{220\,[\text{k}\Omega]}{3.3\,[\text{k}\Omega]} = 67.67$$

$A_{cl} f_{c(cl)}$ = 단위 이득 대역폭에서,

$$f_{c(cl)} = BW_{cl} = \frac{\text{단위 이득 대역폭}}{A_{cl}} = \frac{3\,[\text{MHz}]}{67.67} = 44.33\,[\text{kHz}]$$

② 그림 (b)의 경우

$$A_{cl} = -\frac{R_f}{R_i} = -\frac{47\,[\text{k}\Omega]}{1\,[\text{k}\Omega]} = -47$$

$$f_{c(cl)} = BW_{cl} = \frac{\text{단위 이득 대역폭}}{A_{cl}} = \frac{3\,[\text{MHz}]}{47} = 63.8\,[\text{kHz}]$$

10-4. 기본 연산 증폭기 회로

10-4-1. 비 교 기

OP Amp의 비교기(comparator)는 하나의 전압과 다른 전압을 비교하기 위한 비선형 장치로 이용되는데, 이때의 OP Amp는 개방 루프 회로로 구성되고 한쪽 입력에는 신호전압을 연결하고 다른 쪽 입력에는 기준전압을 연결한다.

(1) 0전위 검출기

[그림 10-12]의 (a)와 같이 반전 입력은 접지되고 비반전 입력에 입력 신호전압이 인가된다. 높은 개방 루프 전압 때문에 두 입력 사이에 전압 차가 아주 작더라도 증폭기를 포화시켜 출력전압을 최대가 되게 한다. 0 전위 검출기는 출력파형이 [그림 10-12]의 (b)와 같이 나타나므로 정현파 입력을 구형파로 만드는 구형파 발생기로 사용된다.

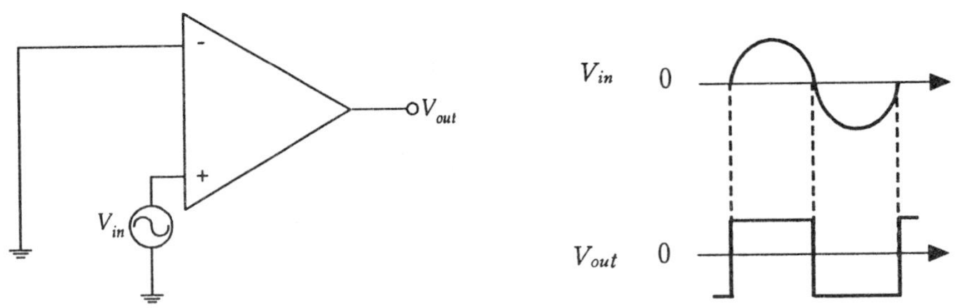

(a) 회로도 (b) 파형

[그림 10-12] 0전위 검출기

(2) 0이 아닌 전위 검출기

[그림 10-13]의 (a)와 같이 반전 입력에 고정된 기준전압(V_{REF})을 연결하여 0이 아닌 전압을 검출할 수 있는 회로로 수정할 수 있다.

[그림 10-13]의 (b)는 전압 분배기를 이용한 것으로 기준전압(V_{REF})은 다음과 같다.

$$V_{REF} = \frac{R_2}{R_1 + R_2}(+V) \tag{10-27}$$

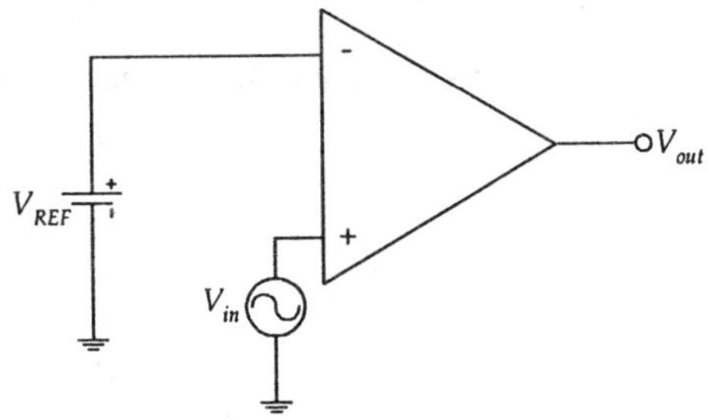

(a) 회로도

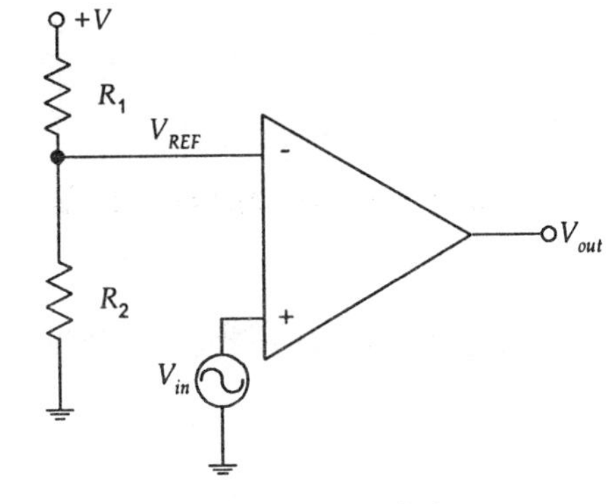

(b) 기준전압 분배기

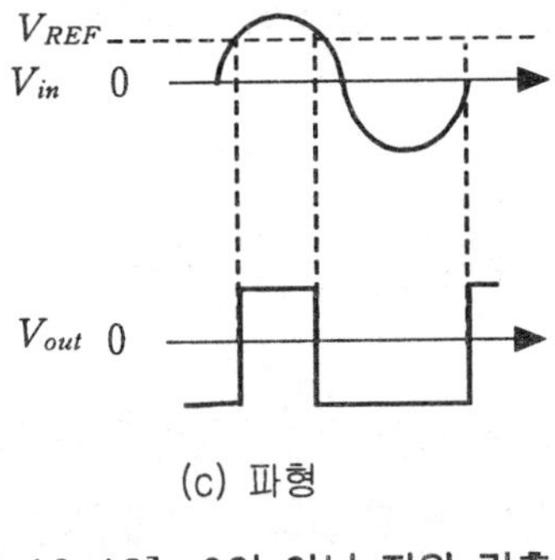

(c) 파형

[그림 10-13] 0이 아닌 전위 검출기

(3) 히스테리시스를 갖는 비교기

히스테리시스란 입력전압이 높은 값에서 낮은 값으로 갈 때보다 낮은 값에서 높은 값으로 갈 때 높은 레벨이 됨을 의미한다. 두 기준전압은 상측 트리거 점(UTP)과 하측 트리거 점(LTP)이며, 이 두 레벨 히스테리시스는 [그림 10-14]와 같이 정귀환으로 구성할 수 있다. 히스테리시스를 갖는 비교기를 '슈미트 트리거(Schmitt Trigger)'라고도 지칭한다.

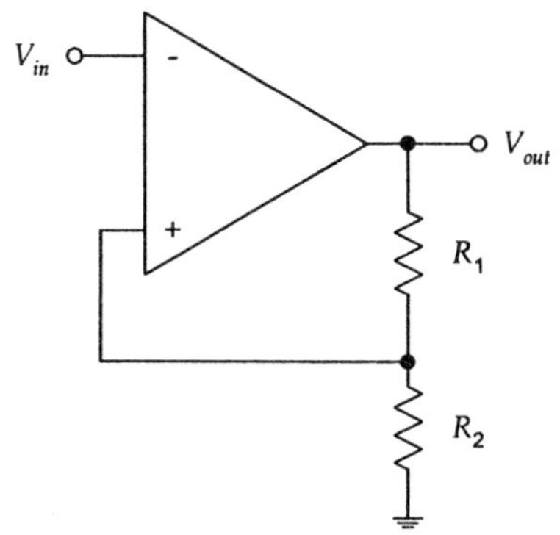

[그림 10-14] 히스테리시스를 갖는 비교기

출력을 $+V_{out(\max)}$라 하고 비반전 단자에 귀환하는 전압(V_{UTP})을 구하면

$$V_{UTP} = \frac{R_2}{R_1 + R_2}(+V_{out(\max)}) \tag{10-28}$$

입력전압이 V_{UTP}를 넘으면 출력은 $-V_{out(\max)}$이 되어 V_{LTP}를 구하면

$$V_{LTP} = \frac{R_2}{R_1 + R_2}(-V_{out(\max)}) \tag{10-29}$$

예제 5 다음의 비교기에서 UTP 및 LTP를 구하여라. 단, $+V_{out(\max)} = +5\,[\mathrm{V}]$, $-V_{out(\max)} = -5\,[\mathrm{V}]$이다.

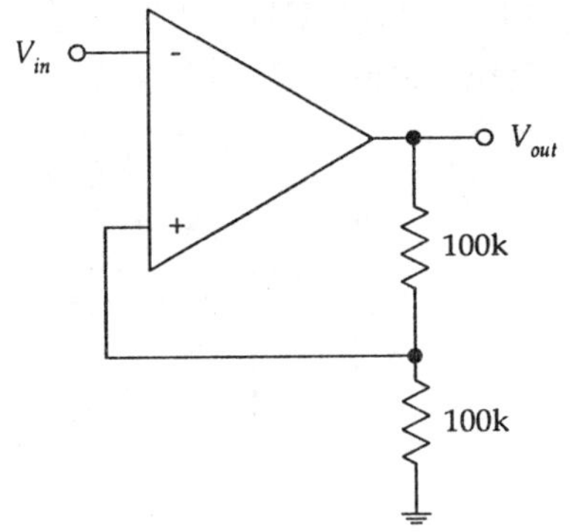

〈풀이〉 $V_{UTP} = \dfrac{R_2}{R_1 + R_2}(+V_{out(\max)})$

$= \dfrac{100\,[\mathrm{k\Omega}]}{100\,[\mathrm{k\Omega}] + 100\,[\mathrm{k\Omega}]}(+5[\mathrm{V}]) = +2.5\,[\mathrm{V}]$

$V_{LTP} = \dfrac{R_2}{R_1 + R_2}(-V_{out(\max)})$

$= \dfrac{100\,[\mathrm{k\Omega}]}{100\,[\mathrm{k\Omega}] + 100\,[\mathrm{k\Omega}]}(-5[\mathrm{V}]) = -2.5[\mathrm{V}]$

(4) 출력 제한 비교기

비교기의 출력을 포화출력($V_{out(\max)}$) 이하로 제한하고자 할 때, [그림 10-15]와 같이 제너 다이오드를 이용하면 출력을 제한할 수 있다.

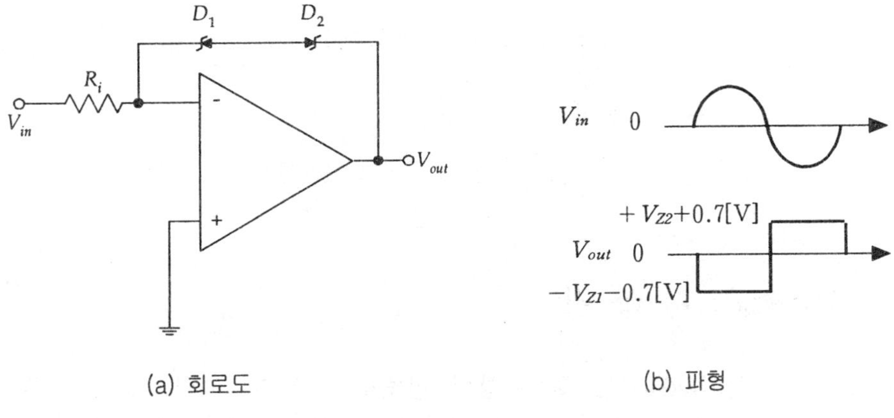

[그림 10-15] 출력 제한 비교기

예제 6 다음의 비교기에서 UTP 및 LTP를 구하여라. 단, 입력전압의 최대값은 5[V]이다.

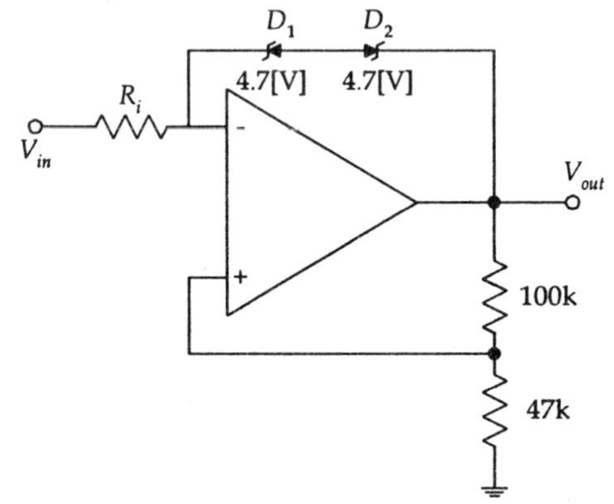

〈풀이〉 반전 입력전압은 V_{out}±5.4[V] ☜ 4.7[V]+0.7[V]
차전압을 무시하면 비반전 입력전압은 V_{out}±5.4[V]

$$V_{R1} = V_{out} - (V_{out} \pm 5.4[V]) = \pm 5.4[V]$$

$$I_{R1} = \frac{V_{R1}}{R_1} = \frac{\pm 5.4[V]}{100[k\Omega]} = \pm 54[\mu A] = I_{R2}$$

$$V_{R2} = I_{R2}R_2 = \pm 54[\mu A] \times 47[k\Omega] = \pm 2.54[V]$$

$$V_{out} = V_{R1} + V_{R2} = \pm 5.4[V] + \pm 2.54[V] = \pm 7.94[V]$$

$$V_{UTP} = \frac{R_2}{R_1 + R_2}(+V_{out})$$

$$= \frac{47[k\Omega]}{100[k\Omega] + 47[k\Omega]}(+7.94[V]) = +2.54[V]$$

$$V_{LTP} = \frac{R_2}{R_1 + R_2}(+V_{out})$$

$$= \frac{47[k\Omega]}{100[k\Omega] + 47[k\Omega]}(-7.94[V]) = -2.54[V]$$

10-4-2. 가 산 기

가산기(adder)는 둘 이상의 입력을 가지며, 출력전압은 입력전압의 부(−)의 대수합에 비례한다. [그림 10-16]의 (a)는 2개의 입력을 갖는 가산기를 나타낸 것으로 무한대 입력 임피던스와 가상접지 개념을 도입하면

OP Amp의 반전 입력은 0[V]이고, 전류가 흐르지 않아서 두 입력전류 I_1 및 I_2가 합쳐져 R_f를 통해 흐른다.

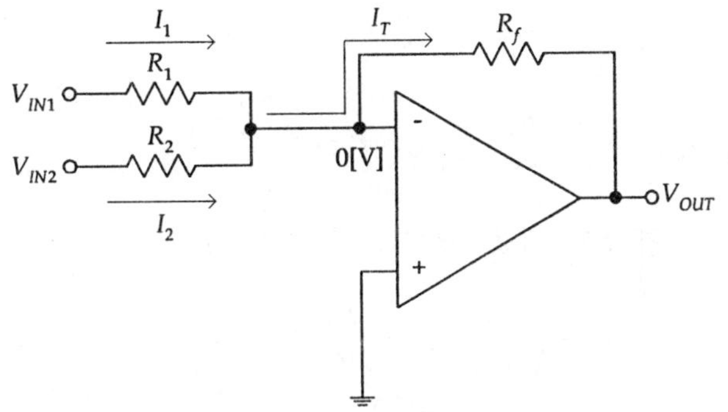

(a) 2개의 입력

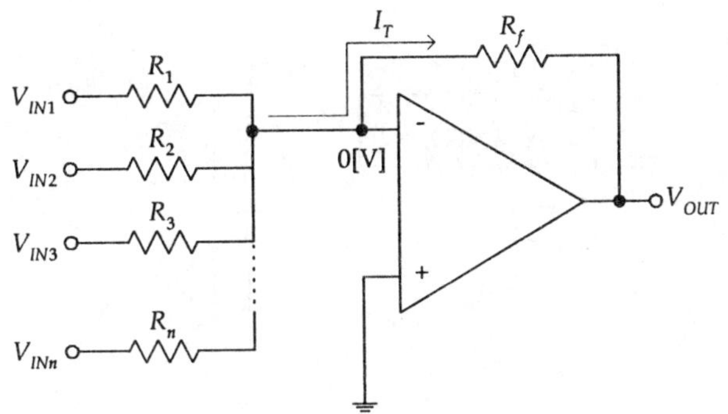

(b) n개의 입력

[그림 10-16] 가산기

$$I_T = I_1 + I_2 \tag{10-30}$$

$$V_{OUT} = -I_T R_f = -(I_1 + I_2)R_f = -\left(\frac{V_{IN1}}{R_1} + \frac{V_{IN2}}{R_2}\right)R_f \tag{10-31}$$

만일 $R_1 = R_2 = R_f$라면,

$$V_{OUT} = -\left(\frac{V_{IN1}}{R_1} + \frac{V_{IN2}}{R_2}\right)R_f = -(V_{IN1} + V_{IN2}) \tag{10-32}$$

일반적으로 n개의 입력을 갖는 가산기의 출력은 다음과 같다.

$$V_{OUT} = -(V_{IN1} + V_{IN2} + \cdots + V_{INn}) \qquad (10\text{-}33)$$

R_f가 입력저항보다 클 때 이득은 R_f/R가 되며, 일반적인 출력식은 다음과 같다.

$$V_{OUT} = -\frac{R_f}{R}(V_{IN1} + V_{IN2} + \cdots + V_{INn}) \qquad (10\text{-}34)$$

입력 저항값이 다를 때의 출력식은 다음과 같다.

$$V_{OUT} = -\left(\frac{R_f}{R_1}V_{IN1} + \frac{R_f}{R_2}V_{IN2} + \cdots + \frac{R_f}{R_n}V_{INn}\right) \qquad (10\text{-}35)$$

예제 7 다음의 가산기에서 입력전압의 가중값을 구하여라.

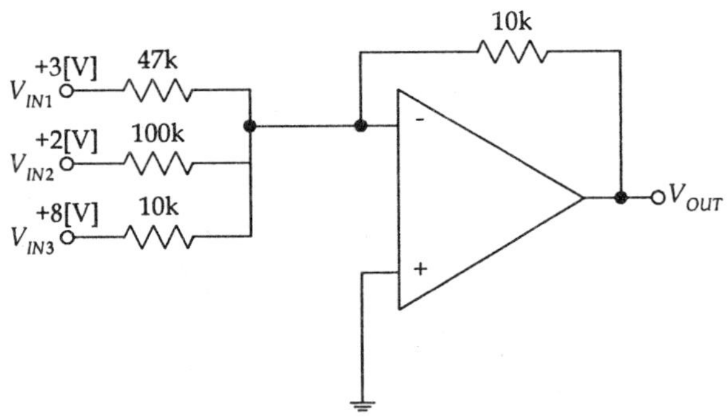

〈풀이〉 입력 1 : $\frac{R_f}{R_1} = \frac{10\,[\text{k}\Omega]}{47\,[\text{k}\Omega]} = 0.213$

입력 2 : $\frac{R_f}{R_2} = \frac{10\,[\text{k}\Omega]}{100\,[\text{k}\Omega]} = 0.1$

입력 3 : $\frac{R_f}{R_3} = \frac{10\,[\text{k}\Omega]}{10\,[\text{k}\Omega]} = 1$

출력전압은

$$V_{OUT} = -\left(\frac{R_f}{R_1}V_{IN1} + \frac{R_f}{R_2}V_{IN2} + \frac{R_f}{R_3}V_{IN3}\right)$$

$$-(0.213\times 3[\text{V}] + 0.1\times 2[\text{V}] + 1\times 8[\text{V}]) \fallingdotseq -8.8[\text{V}]$$

10-4-3. 적 분 기

OP Amp의 적분기(integrator)는 함수의 면적을 구하는 수학적 과정이다. [그림 10-17]은 기본적인 적분기 회로를 나타낸 것으로 귀환소자가 저항과 함께 *R-C* 회로를 구성한다.

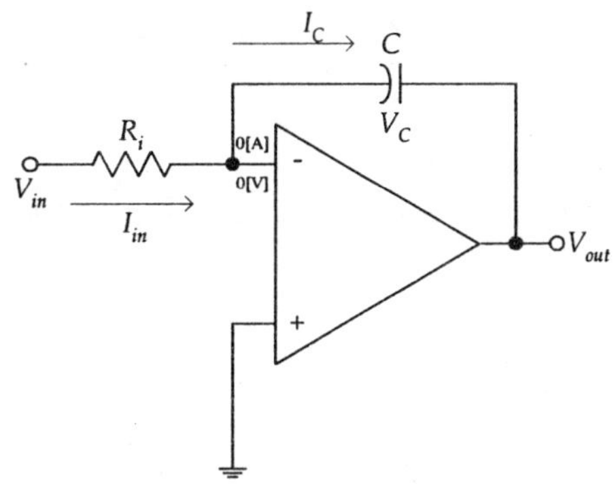

[그림 10-17] 적 분 기

전하량 $Q=I_C t$, $Q=CV_C$에서

$$V_C=\frac{Q}{C}=\left(\frac{I_C}{C}\right)t \tag{10-36}$$

이 식은 기울기가 I_C/C인 직선의 방정식을 의미한다.

한편, 입력전류는 $I_{in}=\dfrac{V_{in}}{R_i}$에서, V_{in}이 일정하다면 I_{in}도 일정하게 되므로 OP Amp의 높은 입력 임피던스를 고려하면 반전 입력전류는 무시할 수 있게 되어 $I_C=I_{in}$의 관계가 성립된다.

$I_C=V_{in}/R_i$이므로 출력의 변화율은 다음과 같다.

$$\frac{\Delta V_{out}}{\Delta t}=-\frac{V_{in}}{R_iC} \tag{10-37}$$

예제 8 다음의 적분기에서 단일 펄스 입력에 대한 출력 변화율을 구하여라. 단, 펄스 입력의 최대값은 5[V]이다.

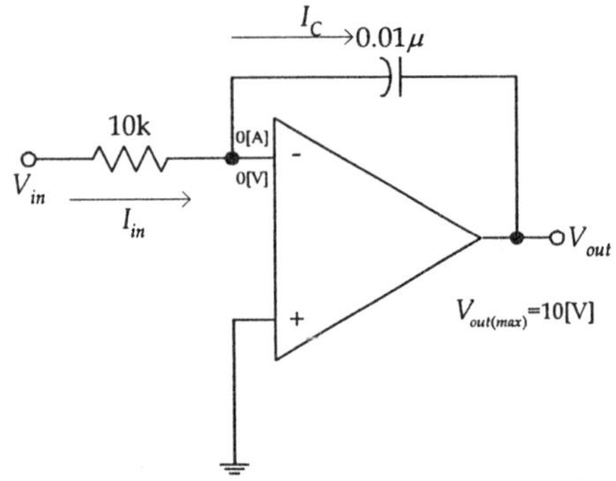

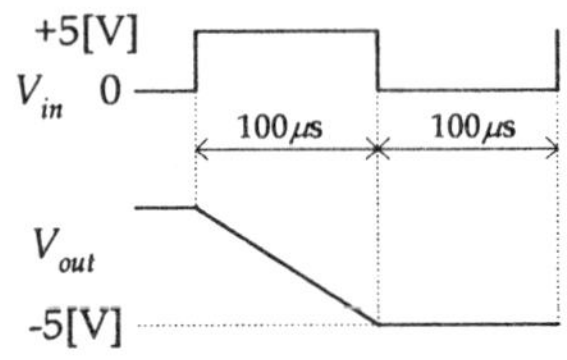

[출력파형]

〈풀이〉 $\frac{\Delta V_{out}}{\Delta t} = -\frac{V_{in}}{R_i C} = -\frac{5[V]}{10[k\Omega]\times 0.01[\mu F]} = -50[mV/\mu s]$

10-4-4. 미 분 기

OP Amp의 미분기(differentiator)는 함수의 순간적인 변화율을 구하는 수학적 과정이다. [그림 10-18]은 기본적인 미분기 회로를 나타낸 것으로 적분기와 비교하면, 저항과 커패시터의 위치가 서로 바뀌어져 있음을 알 수 있고, 미분기는 입력전압의 변화율에 비례하는 출력을 나타낸다.

$$V_C = \frac{Q}{C} = \left(\frac{I_C}{C}\right)t\text{에서},\quad I_C = \left(\frac{V_C}{t}\right)C = I_R \tag{10-38}$$

$$V_{out} = -I_R R_f = -I_C R_f = -\left(\frac{V_C}{t}\right)R_f C \tag{10-39}$$

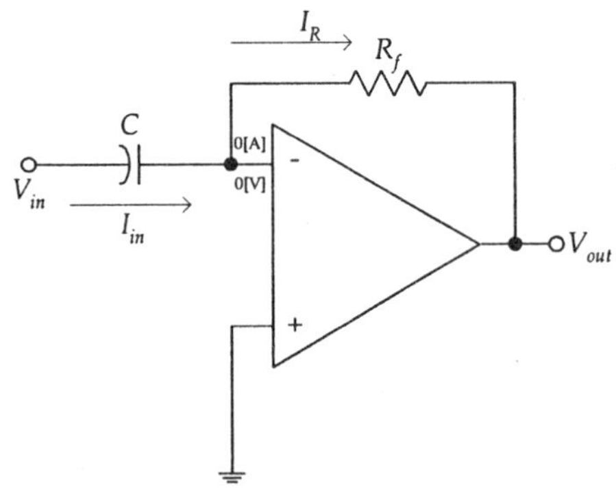

[그림 10-18] 미분기

예제 9 다음의 미분기에서 삼각파 입력이 인가되었을 때 출력파형을 구하여라.

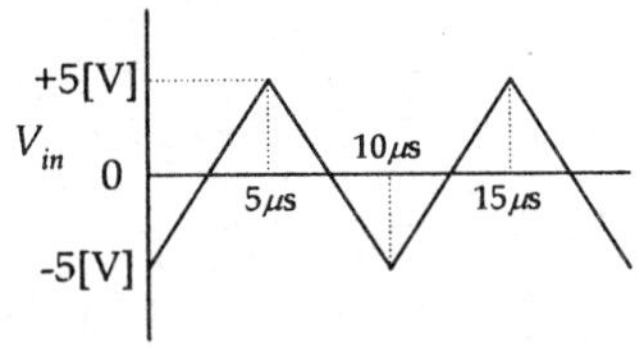

[입력파형]

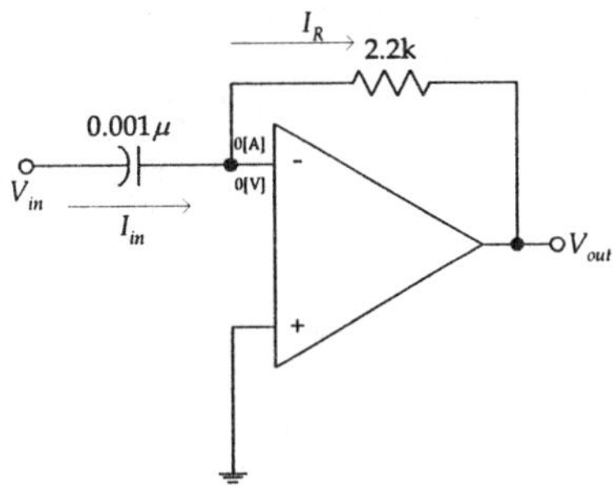

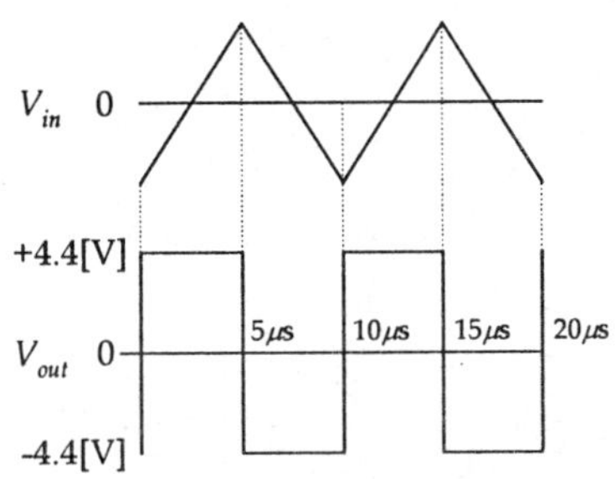

[출력 파형]

〈**풀이**〉 시정수 $R_f C = 2.2\,[\text{k}\Omega] \times 0.001\,[\mu\text{F}] = 2.2\,[\mu\text{s}]$

$$\left(\frac{V_C}{t}\right) = \frac{10\,[\text{V}]}{5}\,[\mu\text{s}] = 2\,[\text{V}/\mu\text{s}]$$

$$V_{out} = -\left(\frac{V_C}{t}\right) R_f C = -2\,[\text{V}/\mu\text{s}] \times 2.2[\mu\text{s}] = -4.4\,[\text{V}]$$

제 11 장 발 진 기

11-1. 발진기의 기본 개념

발진기(oscillator)는 직류적인 전기 에너지를 교류적인 전기 에너지로 바꾸는 것으로서 기본적인 발진기는 이득을 위한 증폭기와 위상 지연 및 감쇠를 나타내는 귀환회로로 구성된다. [그림 11-1]에 발진기의 개념도 및 기본 요소를 나타내었다.

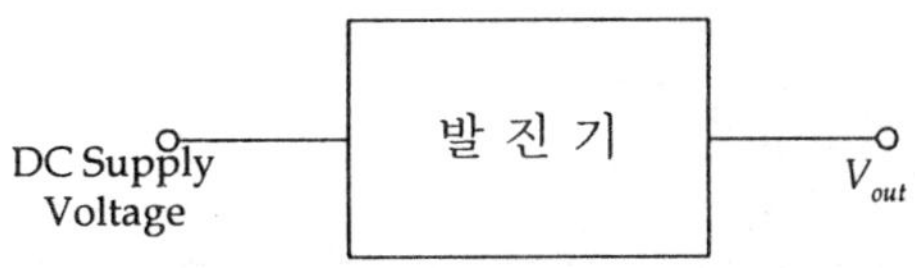

(a) 개념도

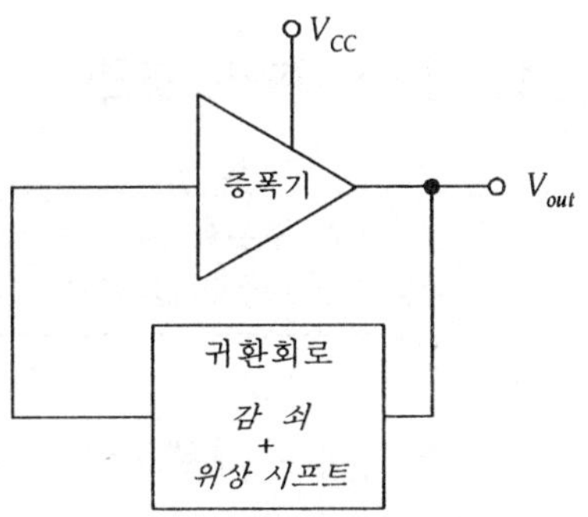

(b) 기본 요소

[그림 11-1] 발진기의 개념도 및 기본 요소

11-1-1. 정(+)귀환

발진 동작은 일반적으로 정(+)귀환을 이용하는데, 정귀환은 증폭기 출력의 일부가 이상 지연이나 출력의 보강 없이 귀환된다. 즉, 동상의 귀환전압이 증폭되어 출력되고 다시 귀환전압이 되므로 루프 회로는 연속적인 정현파를 만드는데 이를 발진(oscillation)이라 한다. [그림 11-2]에 발진을 위한 정귀환을 나타내었다.

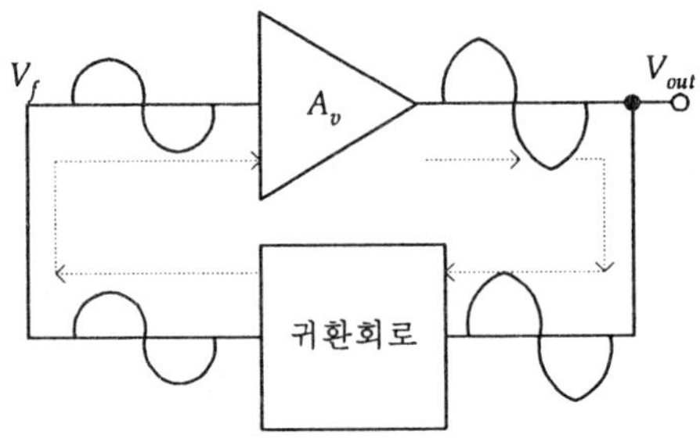

[그림 11-2] 정(+)귀환

11-1-2. 발진 조건

① 귀환 루프의 위상 지연이 0°이어야 한다. ② 폐루프의 전압이득이 1이어야 한다.

여기에서 폐루프의 전압이득(A_{cl})은 귀환회로의 전압이득(A_v)과 감쇠율(B)의 곱이다.

$$A_{cl} = A_v B = 1 \quad (11\text{-}1)$$

11-2. RC 귀환 발진기

RC 귀환 발진기는 1[㎒] 이하의 낮은 주파수의 발진에 적합하다.

11-2-1. 윈 브리지 발진기

윈 브리지(Wien bridge) 발진기는 [그림 11-3]에 나타낸 것처럼 회로 구성을 두 가지 형태로 만들 수 있다.

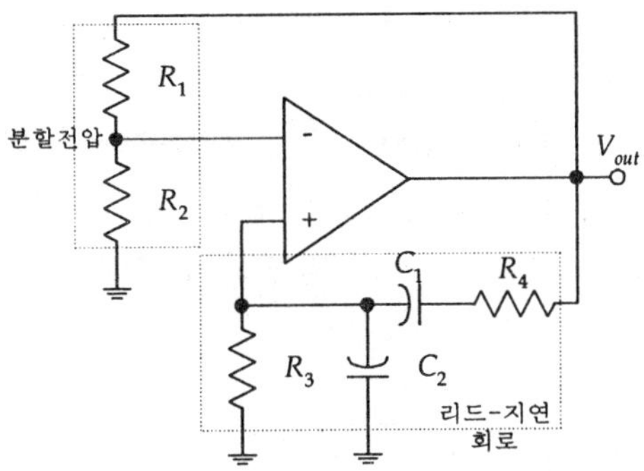

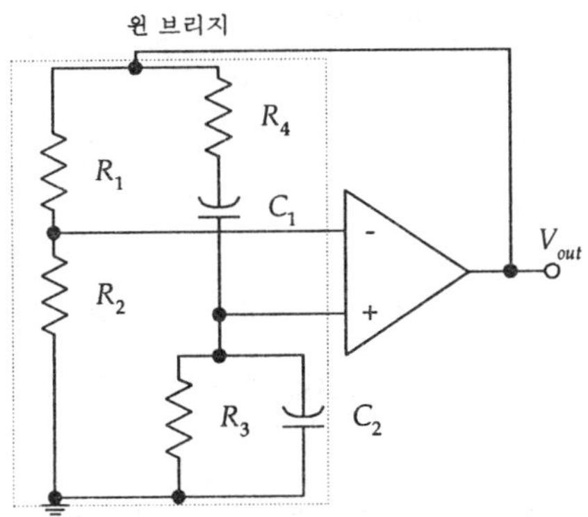

[그림 11-3] 윈 브리지 발진기

회로의 감쇠(V_{out} / V_{in})는 1/3로 주어지고, 발진 주파수는 다음의 식으로 구한다.

$$f_r = \frac{1}{2\pi RC} \tag{11-2}$$

발진을 위한 정귀환 조건은 폐루프 이득(A_{cl})이 3이어야 하는데 이를 만족하기 위해서는 다음의 조건이 필요하다.

$$A_{cl} = \frac{1}{B} = \frac{1}{R_2/(R_1+R_2)} = \frac{R_1+R_2}{R_2} = 3$$

$$\therefore R_1 = 2R_2 \tag{11-3}$$

11-2-2. 이상 발진기

이상 발진기는 [그림 11-4]에 나타낸 것처럼 귀환 루프의 3개의 *R-C* 회로로 구성되며 각각 최대 90°의 위상차를 갖는다. 3개의 *R-C* 회로를 통한 전체의 위상차가 180° 되는 주파수에서 발진이 일어난다. 이때 OP Amp 자체의 위상 지연이 180°, 귀환 회로망의 위상 지연이 180°가 되므로 전체 360°의 위상 지연이 발생하여 발진 조건을 만족한다.

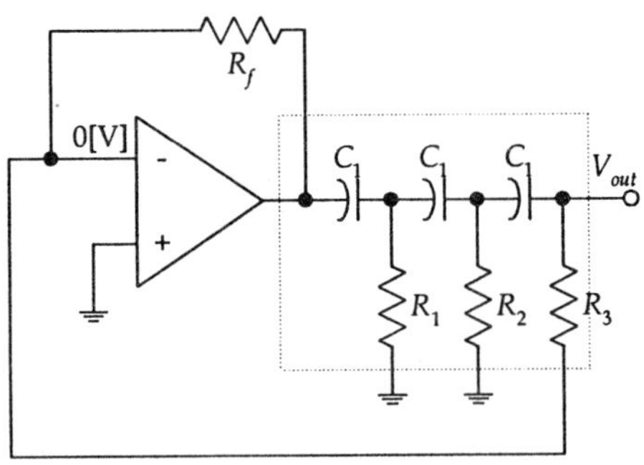

[그림 11-4] 이상 발진기

3개의 *R-C* 회로의 감쇠(V_{out}/V_{in})는 1/29로 주어지고, 발진 주파수는 다음과 같다.

$$f_r = \frac{1}{2\pi\sqrt{6}RC} \tag{11-4}$$

11-3. LC 귀환 발진기

LC 귀환 발진기는 높은 주파수의 발진에 사용되며, OP Amp의 주파수 제한(낮은 단위 이득 주파수) 때문에 트랜지스터가 이득 소자로 이용되기도 한다.

11-3-1. 콜피츠 발진기

콜피츠(Colpitts) 발진기는 공진회로 발진기로서 [그림 11-5]에 나타낸 것처럼 귀환 루프에 위상 지연을 시키거나 특정 주파수만을 통과시키는 공진 필터처럼 동작하기 위해 *L-C* 회로를 이용한다.

근사적인 발진 주파수는 *L-C* 회로의 공진 주파수이므로

$$f_r = \frac{1}{2\pi\sqrt{LC_T}} \qquad (11\text{-}5)$$

$$C_T = \frac{C_1 C_2}{C_1 + C_2} \qquad (11\text{-}6)$$

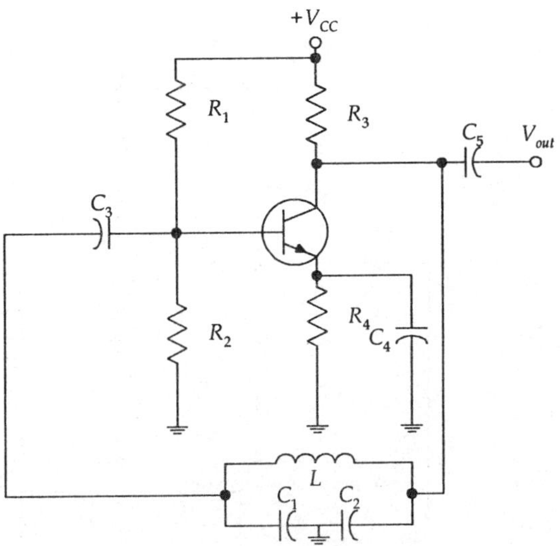

[그림 11-5] 콜피츠 발진기

$$B = \frac{V_f}{V_{out}} \cong \frac{IX_{C1}}{IX_{C2}} = \frac{1/(2\pi f_r C_1)}{1/(2\pi f_r C_2)}$$

$$= \frac{C_2}{C_1}$$

발진 조건 $A_v B > 1$을 고려하면

$$A_v > \frac{1}{B} = \frac{C_1}{C_2} \tag{11-7}$$

11-3-2. 클랩 발진기

클랩(Clab) 발진기는 콜피츠 발진기의 변형으로 공진회로의 인덕터에 커패시터(C_3)를 직렬로 연결시킨 형태이다. [그림 11-6]에 클랩 발진기를 나타내었다.

$$f_r \cong \frac{1}{2\pi\sqrt{LC_T}} \tag{11-8}$$

$$C_T = \left(\frac{1}{C_1} + \frac{1}{C_2} + \frac{1}{C_3}\right)^{-1} \tag{11-9}$$

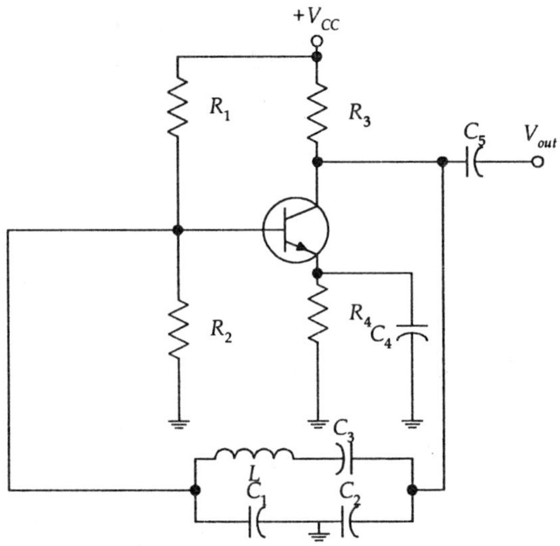

[그림 11-6] 클랩 발진기

11-3-3. 하틀레이 발진기

하틀레이(Hartley) 발진기는 콜피츠 발진기의 변형으로 커패시터와 인덕터의 배열이 반대로 연결시킨 형태이다. [그림 11-7]에 하틀레이 발진기를 나타내었다.

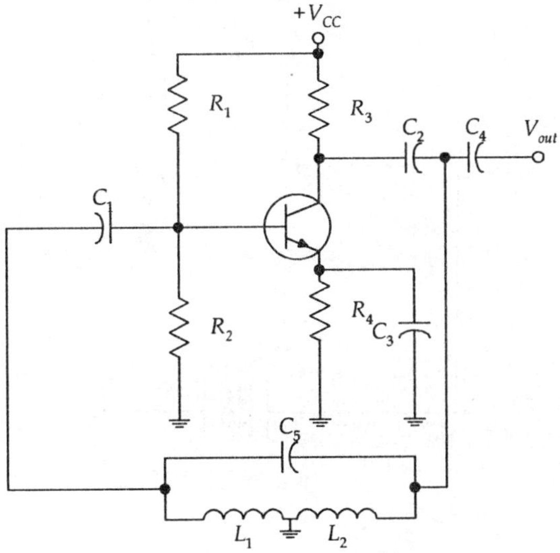

[그림 11-7] 하틀레이 발진기

$$f_r \cong \frac{1}{2\pi\sqrt{L_T C}} \tag{11-10}$$

$$L_T = L_1 + L_2 \tag{11-11}$$

$$B \cong \frac{L_1}{L_2} \tag{11-12}$$

$$A_v > \frac{1}{B} = \frac{L_2}{L_1} \tag{11-13}$$

11-3-4. 수정 발진기

수정(crystal) 발진기는 가장 안정되고 정확한 발진기로서 [그림 11-8]에 나타낸 것처럼 주파수 제어를 위해 귀환 루프에 피에조 결정(piezoelectric crystal)을 사용한다.

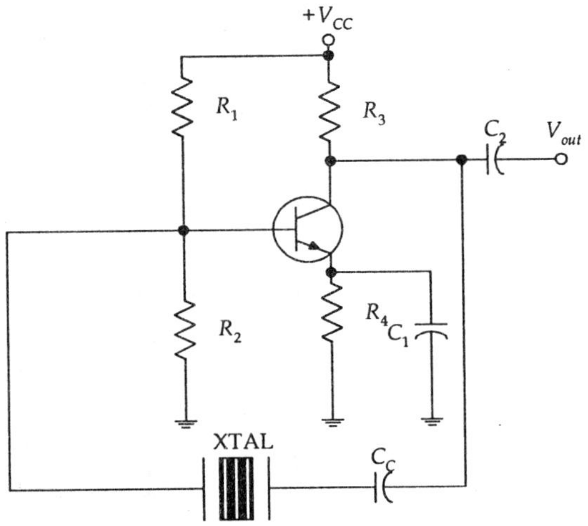

(a) 직렬공진 탱크 회로

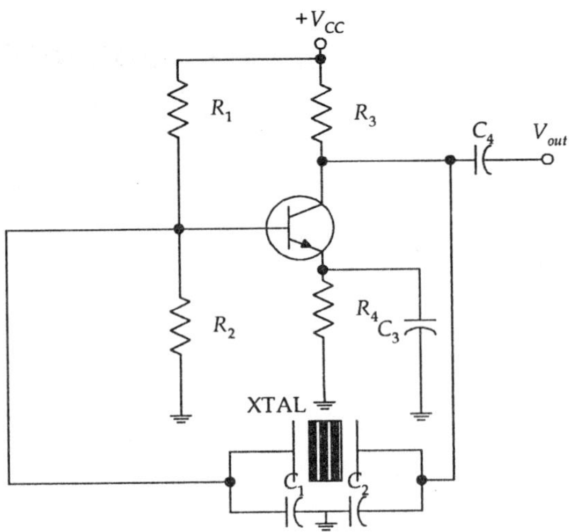

(b) 병렬공진 탱크 회로

[그림 11-8] 수정 발진기

[그림 11-8]의 (a)는 직렬공진 회로에서 수정을 사용한 발진기로 수정의 임피던스는 직렬공진에서 최소이므로 귀환율이 최대가 된다. 튜닝 커패시터(C_C)는 수정의 공진 주파수를 약간 높이고 낮춤으로써 발진 주파수를 미세 조정할 수 있도록 한다. [그림 11-8]의 (b)는 병렬공진 탱크 회로로 동작하는 수정을 사용한 발진기로 수정의 임피던스는 병렬공진에서 최대이므로 커패시터 양단전압을 최대로 한다. C_1의 양단전압은 입력으로 귀환한다.

찾아보기

기초 · 전자회로

2011년 8월 20일　1판 1쇄 발행

저　자　박건호 · 박영철

발행인　남　승　우

발행처　도서출판 상尙 학學 당堂

서울시 동작구 사당로9가길 6(사당동 220-43)

TEL : 02) 595-1692 ~ 4

FAX : 02) 595-1394

E-mail : namdoo6@unitel.co.kr

신고 : 2-155호 (1968. 11. 29)

정가 19,000원

ISBN 978-89-6587-026-5　93560

〈디자인〉 편집 이선경 / 표지 나아기획